高等院校材料类创新型应用人才培养规划教材

金属液态成型原理

贾志宏　编著

北京大学出版社
PEKING UNIVERSITY PRESS

内 容 简 介

本书阐述金属液态成型工艺过程的相关基本原理及规律。除绪论外，全书分为6章：第1章液态金属的结构与性质，主要阐述液态金属的结构特点、液态金属的黏度、表面张力以及遗传性等性质，半固态金属的特性等；第2章液态金属的流动与传热，讨论了金属在液态成型过程中温度场、流场的基本原理，以及金属及合金的充型能力；第3章液态金属的结晶，阐述液态金属结晶的热力学条件、液态金属形核的特点，金属结晶过程固液界面的特征及其模型理论；第4章单相合金的结晶，则着重讨论了溶质再分配理论、成分过冷理论等经典凝固理论及其对单相合金结晶的影响；第5章多相合金的结晶，分别阐述了共晶合金、偏晶合金、包晶合金及金属基复合材料的结晶特点，重点是共晶合金的特点、分类及凝固特征；第6章宏观凝固组织的形成与控制，主要介绍了凝固宏观组织的特点、晶粒游离理论、获得细化等轴晶组织的工艺原理，偏析、气孔、夹杂、缩松等凝固缺陷的形成机理及控制途径。同时，还有附录高斯误差函数表。

本书可作为普通高等学校材料成型及控制专业或相关专业本科生教材，也可作为材料加工专业研究生的参考用书，同时也可供有关工程技术人员参考。

图书在版编目(CIP)数据

金属液态成型原理/贾志宏编著. —北京：北京大学出版社，2011.9
(高等院校材料类创新型应用人才培养规划教材)
ISBN 978 - 7 - 301 - 15600 - 1

Ⅰ. ①金… Ⅱ. ①贾… Ⅲ. ①液态金属充型—高等学校—教材 Ⅳ. ①TG21

中国版本图书馆 CIP 数据核字(2011)第 178272 号

书　　　　名：**金属液态成型原理**
著作责任者：贾志宏　编著
策 划 编 辑：童君鑫
责 任 编 辑：郭穗娟
标 准 书 号：ISBN 978 - 7 - 301 - 15600 - 1/TG · 0022
出　版　者：北京大学出版社
地　　　址：北京市海淀区成府路 205 号　100871
网　　　址：http://www.pup.cn　http://www.pup6.cn
电　　　话：邮购部 62752015　发行部 62750672　编辑部 62750667　出版部 62754962
电 子 邮 箱：pup_6@163.com
印　刷　者：北京虎彩文化传播有限公司
发　行　者：北京大学出版社
经　销　者：新华书店
　　　　　　787 毫米×1092 毫米　16 开本　18.25 印张　423 千字
　　　　　　2011 年 9 月第 1 版　2023 年 1 月第 4 次印刷
定　　　价：54.00 元

高等院校材料类创新型应用人才培养规划教材
编审指导与建设委员会

前　　言

液态成型技术具有广泛的适应性，在装备制造、新材料等产业领域承担重要的基础支撑作用。对任何大小、任意形状的零件都可以通过液态成型工艺制造出来；对任何可熔化的金属与合金材质都可进行液态成型，特别是对脆性材料（如铸铁）等材料，液态成型技术几乎是唯一的途径。同时，对于蓬勃发展的新材料而言，如单晶合金、非晶合金、纳米金属、金属基复合材料等，液态成型也是其中主要的、甚至是某些领域唯一的制备手段。

液态成型原理则是阐述液态成型工艺过程的相关基本原理及规律。通过对液态成型原理的研究，有助于人们深入认识金属熔体的结构特征及性质、金属及合金在凝固过程中的形核及其生长、宏观组织的形成等自然界中存在的基本规律。更为重要的是通过这些科学问题的探索，对金属材料的冶金质量控制、零件的液态成型及加工、新材料合成及制备等实践工作也具有重要的指导意义。

除绪论外，全书分为 6 章：第 1 章液态金属的结构与性质，主要阐述液态金属的结构特点、液态金属的黏度、表面张力以及遗传性等性质、半固态金属的特性等；第 2 章液态金属的流动与传热，讨论了金属液态成型过程中温度场、流场的基本原理，以及金属及合金的充型能力；第 3 章液态金属的结晶，阐述液态金属结晶的热力学条件、液态金属形核的特点，金属结晶过程固液界面的特征及其模型理论；第 4 章单相合金的结晶，则着重讨论了溶质再分配理论、成分过冷理论等经典凝固理论及其对单相合金结晶的影响；第 5 章多相合金的结晶，分别阐述了共晶合金、偏晶合金、包晶合金及金属基复合材料的结晶特点，重点是共晶合金的特点、分类及凝固特征；第 6 章宏观凝固组织的形成与控制，主要介绍了凝固宏观组织的特点、晶粒游离理论、获得细化等轴晶组织的工艺原理，偏析、气孔、夹杂、缩松等凝固缺陷的形成机理及控制途径。

本书是为了适应新时期材料成型及控制专业的教学改革需要，依据材料成型及控制专业的教学大纲，并结合编者近几年的教学实践而编写的。全书由江苏大学材料学院贾志宏编写，从内容选取上，一方面，考虑与其他课程的分工，如先进凝固技术、凝固过程的数值模拟等内容涉及不多；另一方面，考虑现在材料成型及控制专业、课程改革现状及学时安排的差异，有些内容可以根据实际需要安排自学或进行取舍。作为教材，考虑读者学习的方便及需要，书后仅列出参考书目，而对于编写过程中参阅的诸多论文等其他资料并未一一列出，特此说明。同时对参阅相关教材、论著的作者表示感谢。

本书可作为材料成型及控制专业本科生的教材，也可作为材料加工专业研究生的参考用书。

由于编者水平所限，书中可能存在诸多缺点和不妥之处，恳请广大读者批评指正，以便修订完善。

编　者
2011 年 7 月

目　录

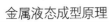

绪　　论

液态成型技术是将熔融金属或合金在重力场或其他外力场作用下注入铸型型腔中，待其冷却凝固后获得与型腔形状相似的铸件的一种成型方法，工业上这种成型方法通常称为铸造。更广义地讲，涉及金属或合金从熔炼到凝固这一过程的工艺方法都可称为液态成型技术。其范畴既包括传统的铸造成型(如重力铸造、压力铸造、连续铸造等)，也包括各种先进凝固技术(如快速凝固、定向凝固等)。液态成型工艺过程可以是利用特定形状的铸型(或结晶器)获得具有相应尺寸精度的零件或铸坯，也可以是利用电磁约束、雾化等工艺方法获得具有一定形状的构件或无定形金属粉末、碎片材料。液态成型工艺得到的金属或合金可以是常规的等轴晶材料，也可以是定向生长的柱状晶、单晶材料、甚至是纳米晶或非晶材料。

液态成型方法有几千年的发展历史，它之所以经久不衰，是因为有其突出的特点。对任何大小的零件，质量从几克到几百吨的零件；从仅 0.2mm 的薄壁零件，到数米厚度的零件；从小到几毫米，大到几十米零件；从形状简单到任意复杂的零件都可以通过液态成型工艺制造出来。对任何可熔化的金属与合金材质也都可进行液态成型，特别是对脆性材料(如铸铁)等，液态成型技术几乎是唯一的途径。所以说，液态成型技术的广泛适应性是其他任何金属成形方法所无法比拟的。此外，对于蓬勃发展的新材料而言，如单晶合金、非晶合金、纳米金属、金属基复合材料等，液态成型也是其中主要的、某些领域甚至是唯一的制备手段。

液态成型原理则是阐述液态成型工艺过程的相关原理，即围绕金属材料在液相向固相转变过程中熔体的结构及性质、成型过程中的温度场及流动场、液-固转变过程的凝固原理、凝固过程宏观组织的形成及控制等基本问题进行研究及讨论。

通过对液态成型原理的研究有助于人们深入认识金属熔体的结构特征及性质、金属及合金在凝固过程中形核及生长、宏观组织的形成等自然界中存在的基本规律；更为重要的是这些科学问题的探索对金属材料的冶金质量控制、构件的液态成型及加工、新材料合成及制备也具有重要的意义。

0.1　液态成型的发展历史

据出土文物的考证和文献的记载，传统的液态成型方法，即铸造工艺，在我国有着6000 年悠久的历史。纵观整个世界的文明史，我国具有最灿烂的青铜文化，是最早应用铁器的国度。我国古代的铸造技术成就推动了农业生产、兵器制造、人民生活以及天文、医药、音乐、艺术等方面的进步。

我国早在夏代就已经可以成熟利用陶范铸造青铜器具，在商、周两代创造了灿烂的青铜文化。在青铜器鼎盛时代，所谓"钟鸣鼎食"是当时贵族权势和地位的象征。其中商代青铜文化巅峰时期的代表作—后母戊鼎（即原司母戊大方鼎）（图0.1），高1.33m、长1.16m、宽0.79m，重达875kg。春秋时期最具代表性的是该时期出土的编钟、剑等器物。湖北随县曾侯乙墓出土的大型编钟，共65枚，总重达2.5t，其中形状及其复杂的甬钟，铸型分为两段四个层次，由百余块泥芯组成（图0.2）。

此外，古文献《周礼·考工记》中还出现了世界上最早的合金配方，对于青铜就有"四分其金（铜），而锡居一，谓之戈戟之齐；三分其金，而锡居一，谓之大刃之齐"的记载。

图0.1 后母戊鼎（商，河南安阳出土）

到西周东周之交，为了更复杂的器形和纹饰的铸造需要，我国还发明了熔模（失蜡）铸造工艺。先秦时期，制作的典型器物如青铜尊和盘。西汉的"鎏金长信宫灯"、明代的浑仪以及清乾隆时期的朝钟等国宝级文物都是前人利用熔模铸造工艺制得的。在古代典籍《天工开物》中还详细记载了失蜡法的工艺过程。

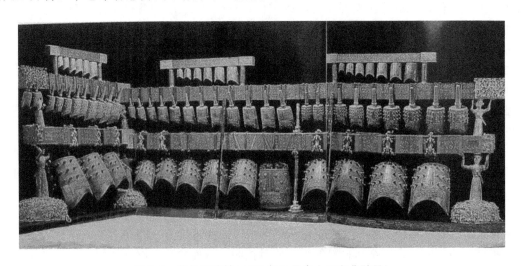

图0.2 曾侯乙编钟（1978年9月出土于湖北随县）

随着熔炼技术的发展，我国在公元前6世纪左右就发明了生铁和铸铁技术，战国时期开始有了铁制工具的使用，大大提高了农业的生产效率，并出现铁范（金属型）工艺如曾侯乙尊盘之尊（图0.3）。我国的铸铁技术与西方社会的铸铁技术形成了古代钢铁技术的两大流派。隋唐以后，随着社会经济的进一步发展，铸造技术向大型和特大型铸件发展。铸造于公元10世纪五代十国时期的河北沧州大铁狮、北宋时期（1061年）铸造的玉泉寺铁塔（图0.4）等都是这一时期的代表。

总之，我国古代铸造技术，在从商代中、晚期直到产业革命前，可以说一直是位于世界领先的水平，大大促进了当时生产力的发展，为人类文明做出了巨大的贡献。

图 0.3　曾侯乙尊盘之尊(战国早期)　　　　图 0.4　当阳玉泉寺铁塔(宋，湖北当阳)

　　随着近代工业的发展，凝固学科开始形成并逐渐发展，业已形成完整的理论体系，铸造及凝固技术也随之不断发展。一方面是新工艺、新技术的不断涌现，如在传统的砂型铸造、金属型铸造等基础上，消失模铸造、半固态铸造、电磁铸造等新工艺已经逐渐投入生产应用；已经能够制备出单晶叶片，用于航空涡轮发动机等。另一方面，生产装备的不断改进，生产线的自动化程度越来越高，如砂型铸造生产线，已经从机械化造型生产线发展到气冲造型、高压造型到静压造型生产线。汽车发动机用铝合金缸体和单晶叶片分别如图 0.5、图 0.6 所示。

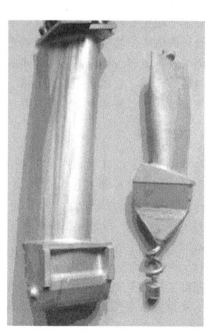

图 0.5　汽车发动机用铝合金缸体　　　　　图 0.6　单晶叶片

0.2 液态成型理论体系

虽然液态成型工艺已经经历了几千年的发展历史，但相关的基础性理论研究还仅限于近代。本课程涉及的成型理论有成型研究对象液态金属涉及的液态金属物理、温度场及流场涉及的传热学及流体力学、凝固原理等。其中凝固原理是最为核心的问题，也是液态成型理论研究的主要内容。

0.2.1 液态成型理论的研究对象及研究方法

液态成型理论所描述的是金属材料由液相向固相进行转变这一基本现象，因此其研究的对象是液态金属及处于液固相变过程中的金属。其内容包括液态金属的结构、性质及其成型性能；液态成型过程的流动、温度及其他外力场；液固相变的热力学、动力学等基本原理；宏观凝固组织的形成机制及其预测、控制等。

液态成型理论的研究可采用多种手段，简而言之，有数学解析方法、数值计算及数值模拟、实验研究方法、物理模拟方法等。这些研究方法是互为补充，相互完善的。数学解析方法是运用数学方法研究铸件和铸型的传热，主要目的是利用传热学的理论，建立表明铸件凝固过程传热特征的各物理量之间的方程式，即铸件和铸型的温度场数学模型并加以求解。但由于处理温度场、流场等物理场的微分、偏微分方程在绝大多数条件下无法得到精确的解析。此时，只能依靠数值计算及模拟的手段，获得足够精度的近似解。目前数值模拟方法日臻完善，应用范围也在进一步拓宽。在实现温度场模拟的同时，还能对工艺参数进行优化、宏观及微观组织的模拟等。物理模拟则通常是利用小试件，借助于某实验装置再现材料在凝固过程中受热、受力的物理过程，充分而精确地暴露与揭示材料或构件在凝固过程中组织与性能变化的规律。从上述研究方法的关系看，数学解析法得到的基本公式是进行数值模拟的基础，但通过物理模拟可以实现对某些暂时还无法获得完整理论公式的凝固或液态成型过程而建立的合理的数学模型；实验研究在液态成型理论研究中仍具有不可替代的作用，它是验证理论计算、模拟结果的必要途径。因此，只有将各种研究方法有机地结合起来，各司所职、各尽其能，才能更有效地解决液态成型过程中的复杂问题。

0.2.2 凝固理论

自从 20 世纪 40 年代以来，对凝固科学逐步建立起相关的理论体系，其中具有开创性、基础性的理论基础主要有以下几种。

(1) 液固相变形核理论。20 世纪 40～50 年代，Turnbull 和 Fisher 在经典形核理论的基础上建立了液-固相变中的形核理论，提出了形核率及熔体中晶核的生长速度的表达式。

(2) 晶体界面生长动力学理论。1951 年 Burton 和 Cabrera 在 Frank 非完整晶体生长理论的基础上建立了完整和非完整晶体光滑界面的结构模型与生长动力学理论（BCF 理论），奠定了光滑界面生长动力学的理论基础。

(3) 成分过冷理论。1953 年哈佛大学教授 Chalmers 和他的合作者通过对金属凝固中液固界面形态的研究，提出了界面稳定性概念和成分过冷理论，并导出了著名的成分过冷判据。首次从界面稳定性角度揭示了单相凝固结构出现复杂形态的内在原因。

（4）界面稳定性线性动力学理论。1964 年 Mullins 和 Sekerka 将流体动力学分析方法及干扰技术应用于凝固中界面稳定性问题，提出了界面稳定性的线性动力学理论。该理论表明，界面稳定性是由温度梯度、界面能和溶质边界层三方面因素决定的。

（5）共晶生长理论。从液相同时结晶出两个或多个不同固相的共晶凝固明显区别于单相合金的凝固。1966 年由 Jackson 和 Hunt 对正常共晶的耦合生长做了定量描述，所提出的模型常称为 J－H 模型，以后的许多模型都是在 J－H 模型基础上细化和发展的。该模型通过求解稳定扩散场方程，得到生长情况下耦合生长液固界面前沿液相中的溶质分布，从而得到界面过冷度和共晶间距的关系。

（6）枝晶生长边缘稳定性理论。对结构材料，特别是合金在凝固过程中以枝/胞晶形态出现占有绝对的比例，枝晶生长的稳定性问题成为关注的焦点。1977 年 Langer 和 Muller－Krumbhaar 在 Ivantsov 解的基础上，通过对枝晶尖端严格的稳定性分析，提出了边缘稳定性原理(LMK 原理)。

（7）快速凝固晶体生长理论。瑞士和美国科学家 Kurz 和 Trivedi 综合 M－S 平界面和 Langer 的枝晶尖端稳定性理论及 Aziz 的快速凝固条件下溶质的非平衡分配理论，建立了一个描述从枝晶到平界面绝对稳定区内的界面形态演化规律，及快速定向凝固下尖端半径与生长速度关系的 KGT 模型。

从时间跨度上，20 世纪 50 年代，溶质再分配理论及成分过冷理论等较完整地形成了凝固科学领域的理论体系，一般称之为经典凝固理论阶段。在此基础上，快速凝固、定向凝固等凝固新技术、新工艺不断涌现。但随着对凝固过程研究的深入，人们也认识到经典凝固理论的局限性，在凝固理论方面提出了快速凝固理论、凝固过程组织形态选择的时间相关性和历史相关性理论等。

在对上述凝固基础理论开展研究的同时，还有大量的研究工作是考虑其实际应用的，比如 20 世纪 40 年代俄裔捷克工程师 Chvorinov 创造性地引入了铸件模数的概念，得到了平方根定律，至今仍是铸造工艺设计的理论依据之一。再比如 20 世纪 60 年代后，Chalmers、大野笃美、Jackson、Southi 等人提出"激冷等轴晶游离"、"枝晶熔断"、"结晶雨"等假说并在实验上加以证实，从而使人们以前用静止的观点发展到用动态的观点来研究和分析凝固过程，以此为指导有效地控制了结晶过程和凝固组织。在此基础上，机械及超声波振动、机械及电磁搅拌、孕育处理、变质处理等技术得以发展与推广并仍在不断地改进和完善。

在最近二三十年中，凝固理论还由于计算机技术的应用得到了更快的发展。随着计算机的应用和发展，利用数值计算及数值模拟的手段，使定量描述液态金属和合金的凝固过程得以实现。在对温度场、外力场、热物理性能研究的基础上，实现凝固过程模拟，对凝固组织和缺陷进行预测，工艺进行优化，以便能更合理地对凝固过程进行控制，降低生产成本，节约资源消耗。如大型电站水轮机主轴、转子、叶片等在性能要求高、质重件大的铸件上已经有了成熟的应用。

0.2.3　液态成型理论的发展趋势

随着工业化进程的加快和科学技术的发展，也对液态成型领域提出了更高的要求及期望，如从节能环保及技术经济性要求上直接获得近终形铸件的凝固技术；对液态金属结构的深入了解，获得熔体处理的新工艺、新技术，以实现更有效地控制凝固组织；利用凝固技术制备、开发各类新材料；实现多尺度、多学科的凝固过程建模及仿真模拟等。

因此，要适应社会及科技的发展要求，液态成型理论还需深入地开展研究，具体体现在如下几个方面。

（1）计算机技术的深入应用和发展。虽然计算机技术在液态成型研究及工艺中已得到了较广泛应用，在凝固过程数值模拟及仿真、CAD/CAM技术、成型过程和成型设备的运行和监控等领域都得到了快速发展，但是仍还有很大的上升空间。

（2）高性能铸件的精确成型原理和技术。精密化、薄壁化、轻量化、复合化和高性能化等指标代表了铸件的发展方向，在汽车、航空航天器、导弹潜艇等的零部件产品制造等诸多领域具有广阔的前景。这就要求对其液态精确成型过程的温度/外力等物理场规律、此特殊条件下传热/传质/动量传输机制、组织控制等基础理论进行深入研究。

（3）多元多相合金的凝固理论。现代凝固理论在简单二元合金的研究中已经取得很大进展的同时，对工业上最具有发展前景的多元多相合金体系的凝固过程的认识还相当有限。这在很大程度上影响了实际中如何更精确、更有效地对凝固过程进行控制。因此，对多元多相合金凝固过程相的选择和形态选择成为凝固理论研究的重点方向之一。

（4）复杂体系合金液态结构与凝固行为的关系。通过对多组元合金液中的物理化学过程进行研究，包括不同元素的相互作用、原子团簇的形成及其演变、熔体中固相微粒及其稳定性等，揭示出合金结构对凝固过程热力学及动力学方面的影响规律。这已成为部分新材料制备和组织控制的主要理论依据。

（5）液态成型与其他学科的交叉与融合。比如通过激光、电子束等手段，实现对合金熔体及凝固过程的精确控制以大幅度提高材料的某些性能或获得新材料；通过高压装置，能在较大冷却速度下获得非晶材料，这给快速凝固技术提供了很大的潜在发展空间；液态成型与快速成型(RP)技术相结合，可高质量快速获得铸型；与电磁技术相结合，实现电磁铸造等。在与其他学科、技术相融合的过程中，必然要求对相应的成型原理进行深入的研究。

0.3　本课程的任务和要求

0.3.1　课程目标

金属液态成型原理课程是材料成型及控制工程专业的基础课程，其目的是通过本课程的学习，掌握与液态成型相关的理论基础，为后续专业课程学习及其专业生涯奠定重要基础。

0.3.2　课程要求

本课程要求学生对熔体的结构和性质、充型能力及温度场、液态金属结晶基本原理、凝固组织控制等几个主要内容有较全面的了解和掌握。具体要求概括为以下几点。

（1）了解液态金属研究的基本手段并掌握理想液态金属的结构特点；掌握液态金属黏度、表面张力、遗传性的定义及物理内涵，了解其测试或评价方法，掌握液态金属性质的影响因素及对成型过程的影响。

（2）了解和掌握液态成型过程中传热问题研究的基本途径、方法，熟悉动态凝固曲线及其作用、金属的凝固区域结构模型、金属的凝固方式及其影响方式、平方根定律、影响充型能力的因素及改善充型能力的途径等。

（3）掌握液态金属结晶的热力学条件、液态金属形核的特点；了解金属结晶过程固液界面的特征及其模型理论。

（4）理解单相合金的含义；掌握溶质再分配规律及成分过冷理论；了解成分过冷对单相合金结晶的影响规律。

（5）了解多晶合金的概念及多晶合金结晶的基本类型；掌握共晶合金结晶的特点、分类及其生长特点；了解包晶合金、偏晶合金、金属基复合材料的结晶特点。

（6）了解金属凝固宏观组织的类型及特点，掌握晶粒游离形成途径以及游离晶粒对宏观晶区形成的影响；理解获得完全细化等轴晶组织的工艺途径；理解和掌握凝固缺陷的主要类型、对铸件性能的影响及消除（或控制）缺陷的方法。

0.3.3　本课程与其他专业课程的联系

本课程从专业课程设置体系上应在系统学习物理化学、金属学及热处理（或材料科学基础）、冶金传输原理等先导课程之后进行讲授。而成型工艺、成型装备（设备）、成型过程数值模拟、铸造合金及熔炼、造型材料、先进凝固技术等专业课程（或选修课）则应安排在本课程之后。

第1章
液态金属的结构与性质

本章知识结构图

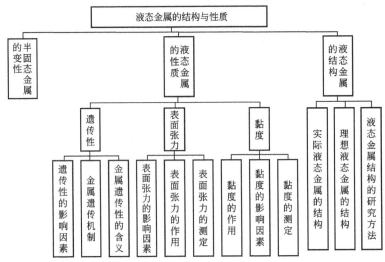

本章学习提示

（1）了解液态金属研究的基本手段，掌握液态金属研究中的偶分布函数、径向分布函数、配位数等函数的物理含义。

（2）掌握理想液态金属的结构特点，了解实际液态金属的特点。

（3）掌握液态金属黏度的定义、物理意义，了解其测试方法及原理，掌握液态金属黏度的影响因素及对成型过程的影响。

（4）理解表面张力的物理意义，了解熔体表面张力的测试方法及原理，了解表面张力的理论计算方法。掌握表面张力的影响因素及对成型过程的影响。

（5）理解金属遗传性的定义及内涵，了解金属的遗传机制，掌握遗传性的影响途径。

（6）理解金属半固态的物理意义，了解半固态铸造工艺，掌握半固态金属的流变特性及表观黏度。

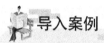 **导入案例**

众所周知，世界上所有的元素或化合物均以固体、液体或气体的形式存在，其存在方式取决于温度和压力条件，图1.1给出了P-T相图。图中分别标出了玻璃化转变温度T_{gt}、三相点T_1、熔点T_m、沸点T_b、临界点T_c，以及三相点的压力值P_1、常压P_{at}和临界点压力值P_c。用回绕临界点的带箭头的虚线路径表示液体与气体之间的无相变转化。在三相点，固体、液体和气体处于平衡态。图中临界点T_c代表液体可能存在的上限温度，三相点是液体存在的最低温度，但由于过冷现象，在$T<T_1$时，液体也可以以过冷的亚稳定状态存在。

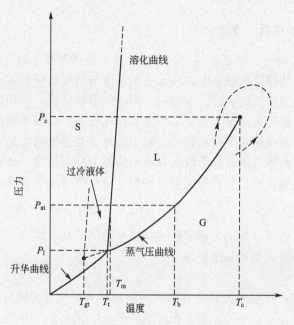

图1.1　简单物质的P-T相图

金属可以以固、液、气等形式中的任何一种状态存在，而液态金属的存在自然也应满足图1.1的相图规律。

液态成型是将金属熔体浇入铸型得到所需构件的成型方法。金属由液态→固态的凝固过程中的一些现象，如结晶、溶质的传输、晶体长大、气体溶解和析出、非金属夹杂物的形成、金属体积变化等都与液态金属结构及物理性质密切相关。

1.1　液态金属的结构

绝大多数的金属固体是以晶体的形式存在，在加热过程中，其体积及热物理性能（如比热容、密度、导热性等）会随着温度的变化而逐渐变化。但当温度达到熔点时，其热力学参数会发生突变（如体积、熔化潜热、熔化熵等）；同时在外来作用下，会产生宏观的流动，即产生了固相→液相的变化，也即熔化过程。

对于熔化过程，目前人们的认识还不统一。笼统地讲，主要以两种观点概括，一是认为金属固→液转变是通过单个原子间的分离途径来实现的，即有规则排列的固相晶体直接分裂成单独的原子；另一种观点认为，熔化机制是以原子集团为单位，通过逐步分解的方式进行，即固相首先裂解成若干小的原子集团。

而相对于固体金属成熟的结构理论来说，液态金属（或称之为金属熔体）由于受到观测及实验条件的制约，人们对其结构的认识远还未达到固体的水平。与金属固体具有晶体结构这样规则排列的特点相比，其熔体则可认为是一个无序体系，但又区别于气体这样一个完全由孤立粒子组成的无序体系。

1.1.1 液态金属结构的研究方法

近年来，利用 X 射线、中子衍射及同步辐射技术得到液态金属及合金的直接的结构信息，促进了液体金属物理研究的不断深入。在金属液态结构的研究历史上，可通过两种方法进行，一种是间接方法，即通过固→液态、固→气态转变后一些物理性质的变化判断液态的原子结合状况，近年来研究人员也采用诸如内耗技术、电阻率测定、黏度等物理性参数的变化来得到液态金属结构变化的信息；另一种是较为直接的方法，即通过液态金属的 X 射线衍射、中子衍射等结构分析手段研究液态的原子排列情况，通常采用实验测得衍射强度再经过一定的数据处理，得到相关分布函数以定量描述液态金属的结构。

1. 分布函数

分数函数是利用数学分析的方法来研究随机变量的工具。因而，对特定分布函数的获取及分析是研究液态金属结构的重要途径。

1）偶分布函数

对于粒子数为 N，体积数为 V 的体系中，假设均为平衡态的单原子金属熔体。选取其中任一原子作为坐标原点（$r=0$），则在距离该原子 r 处的厚度为 dr 的球壳中能找到的原子数 dN 如式（1-1）所示。

$$dN = 4\pi r^2 dr\left(\frac{N}{V}\right)g(r) \qquad (1-1)$$

式中：$g(r)$——偶分布函数，也称之为双体分布函数。

对于理想气体，假定原子间无相互作用，$g(r)$ 在任意位置的值都等于单位值（即为 1）。则在 $r \rightarrow r+dr$ 的球壳内的原子数如式（1-2）所示。

$$dN = 4\pi r^2 dr n_0 \qquad (1-2)$$

式中：n_0——平均单位体积中的原子数，$n_0 = \frac{N}{V}$。

对于熔体，由于原子间存在引力和电磁斥力这两种基本作用力，典型的简单液体偶分布函数与 r 的关系就变得复杂，如图 1.2 所示。当 r 较大时，随距离的增大，中心原子与外层原子的作用力会迅速减小，在 $r \rightarrow r+dr$ 的球壳内找到另一原子的几率与参考原子的存在无关，相当于完全无序，$g(r) \rightarrow 1$。当 r 小于原子间距时，则在 $r \rightarrow r+dr$ 的球壳内找到另一原子的几率趋向 0。因此，我们也可将偶分布函数理解为当以熔体中某一参考原子为坐标原点时，$g(r)$ 表示距参考原子 r 处找到其他原子的几率。

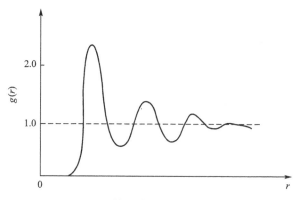

图 1.2　简单熔体的偶分布函数

偶分布函数可通过理论计算或实验测定得到。理论计算目前主要通过 Born‑Green(B‑G) 公式、Percus‑Yevick(P‑Y)公式等近似公式实现。一般熔体的偶分布函数主要通过 X 射线衍射、中子衍射或电子衍射测定，其中熔体的 X 射线衍射法较为常用(图 1.3)。

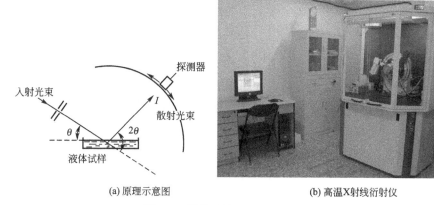

(a)原理示意图　　　　　　　　　(b)高温X射线衍射仪

图 1.3　熔体结构 X 射线衍射试验

对于图 1.3 所示的熔体结构 X 射线衍射试验，偶分布函数 $g(r)$ 可表示为式(1‑3)。

$$g(r) = 1 + \frac{1}{2\pi^2 n_0 r_0}\int_0^\infty Q\left(\frac{I}{Nf^2}-1\right)\sin(Qr)\mathrm{d}Q \tag{1-3}$$

$$Q = \frac{4\pi\sin\theta}{\lambda} \tag{1-4}$$

式中：θ——为 X 射线的散射角；

$\quad\ \ \lambda$——入射光(粒子)束的波长；

$\quad\ \ f$——原子的散射因子，即原子中电子密度的傅里叶(Fourier)变换；

$\quad\ \ I$——熔体反射光(粒子)束的强度。

同时，式(1-3)中$\dfrac{I}{Nf^2}$也被称为熔体的结构因子，或干涉函数，一般以$S(Q)$表示。

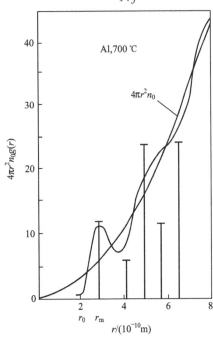

图 1.4　700℃时液态 Al 中径向分布函数曲线

2）径向分布函数与配位数

对于偶分布函数$g(r)$，将$4\pi r^2 n_0 g(r)$定义为径向分布函数(RDF)。其意义表示，在$r \to r + dr$的球壳中原子数的多少。图 1.4 表示 700℃时 Al 液的径向分布函数，当r在r_m(约为3×10^{-10} m)时，RDF 呈一明显的峰值(半峰范围在$r_0 \sim r_m$之间)，且与 Al 固相的峰值吻合；当r值进一步增大后，径向分布函数趋向于抛物线$4\pi r^2 n_0$。其中，RDF 曲线峰值下所包围的面积可理解为近邻原子数，即配位数(Z，其定义如式(1-5)所示)。图(1.4)中该曲线主峰下所包围的面积可理解为最近邻原子数，即第一配位数。

$$Z = 2\int_{r_0}^{r_m} 4\pi r^2 n_0 g(r)\,\mathrm{d}r \qquad (1-5)$$

式(1-5)中r_m、Z也都成为描述液态金属结构的重要参数。其中r_m表示参考原子到其第一配位层原子的平均原子间距，也通常被认为是金属液态的平均原子间距，单位为 Å($1 Å = 10^{-10}$ m)。

2. 偶势

偶势$\phi(r)$，也称双体势，是指液态中两相邻原子之间的势能。偶势$\phi(r)$与偶分布函数$g(r)$是液体性质中最基本的两个物理量，平衡态熔体的所有性质都可以用此表示。原则上可用量子力学推导$\phi(r)$，但目前除 H、He 等简单原子外，还尚未实现。

1.1.2　液态金属结构模型

1. 理想液态金属的结构

理想液态金属指没有任何杂质及缺陷的纯金属熔体。

1）从物质熔化(汽化)过程对纯金属液态结构的认识

如表 1-1 所示，金属物质熔化时的体积一般仅增加 3%～5%，即原子平均间距仅增加 1%～1.5%，熔化时的熵值变化量远小于加热膨胀过程。表明液体的原子间距接近固体，在熔点附近其系统的混乱度只是稍大于固体而远小于气体的混乱度。表 1-2 为一些金属的熔化潜热和汽化潜热。如果说汽化潜热(固→气)是使原子间的结合键全部破坏所需的能量，则熔化潜热只有汽化潜热的 3%～7%，即固→液时，原子的结合键只破坏了百分之几。因此，可以认为液态和固态的结构是相似的，金属的熔化并不是原子间结合键的全部破坏，液体金属内原子仍然具有一定的规律性，特别是在金属过热度不太高(一般高于熔点 100～300℃)的条件下更是如此。需要指出的是，在接近汽化点时，液体与气体的结构往往难以分辨，说明此时液体的结构更接近于气体。

表1-1　部分纯金属的熵值变化

金属	晶体类型	从25℃到熔点熵值变化 $\Delta S/(J \cdot K^{-1})$	熔点时的熵值变化 $\Delta S_m/(J \cdot K^{-1})$	$\Delta S_m/\Delta S$	熔化过程的体积变化(%)
Zn	h. c. p.	5.45	2.55	0.47	4.08
Al	f. c. c.	7.51	2.75	0.37	6.9
Mg	h. c. p.	7.54	2.32	0.31	2.95
Cu	f. c. c.	9.79	2.30	0.24	3.96
Au	f. c. c.	9.78	2.21	0.23	5.19
Fe	f. c. c. /b. c. c.	15.50	2.00	0.13	0.4～4.4

表1-2　几种金属的熔化热与汽化热的比较

金属	Zn	Fe	Cr	Mn	Al	Cu
$Q_{熔}/(J \cdot mol^{-1})$	6657	14905	16955	14445	10467	13028
$Q_{汽}/(J \cdot mol^{-1})$	121515	393578	368456	309838	211443	347521
$Q_{熔}/Q_{汽}$	5.5%	3.8%	4.5%	4.7%	5.0%	3.7%

2）通过偶分布函数

图1.5为典型纯金属的偶分布函数。$g(r)$曲线的峰值出现在1～4个原子直径(即横坐标)附近；在横坐标为1.5个原子直径时，$g(r)$有一个极小值；当横坐标超过四个原子距离后，$g(r)$趋向1。

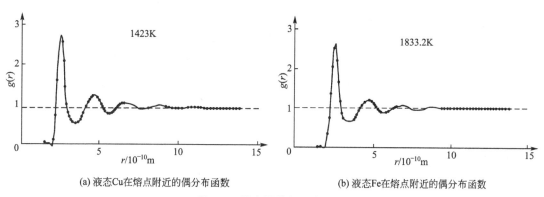

(a) 液态Cu在熔点附近的偶分布函数　　　　(b) 液态Fe在熔点附近的偶分布函数

图1.5　纯金属的偶分布函数

液态金属偶分布函数的特征表明，液态金属中在3～4个原子直径的范围内呈一有序排列状态；在更大的范围内，原子间呈无序状态，即 $g(r) \rightarrow 1$。

3）由径向分布函数和配位数

由图1.4可知，液态Al的径向分布函数的第一峰值与固态衍射峰值基本重合，第二峰值尚略可见，但在约5～10Å范围内，则与平均密度线基本重合，此时原子呈无序排列。而在较短距离(约5Å)内，液态金属的原子间距、配位数与固态结构也相近(见表1-3)。

表 1-3 部分金属的液、固态结构参数

金属	液态			固态	
	温度 /℃	原子间距 /Å	配位数	原子间距 /Å	配位数
Li	400	3.24	10①	3.03	8
Na	100	3.83	8	3.72	8
Al	700	2.96	10～11	2.86	12
K	70	4.64	8	4.50	8
Zn	460	2.94	11	2.65、2.94	6+6③
Cd	350	3.06	8	2.97、3.30	6+6③
Sn	280	3.20	11	3.02、3.15	4+2③
Au	1100	2.86	11	2.88	12
Bi	340	3.32	7～8②	3.09、3.46	3+3③

① 其配位数增大，密度却减小；

② 固态结构较松散，熔化后密度增大；

③ 这些原子的第一、二层近邻原子非常相近，两层原子都算作配位数，但以"+"号表示区别，在液态金属中两层合一。

4) 液态金属结构模型

从上述讨论中可知，液态金属在较小的范围内，呈现与固态相近的有序结构；而在较大范围内，则以无规则排列的形式存在。简而言之，液态金属的结构具有"短程有序，长程无序"的特点。

描述液态金属结构的模型有很多，如钢球模型、空穴模型、微晶模型等。下面简要介绍被广泛认同的综合模型。该模型认为，液态金属结构具有"短程有序，长程无序"特点同时，还存在"能量起伏"和"结构起伏"两种起伏作用。一方面，处于热运动的原子能量有高有低，同一原子的能量也会随时间不停地变化，时高时低，这种现象称为"能量起伏"。另一方面，液态金属中存在由大量不停"游动"着的原子集团组成，集团内为某种有序结构，处于集团外的原子则处于散乱的无序状态；并且这些原子集团不断的分化组合，时而增大，时而减小，时而产生，时而消失，此起彼落，这种现象称为"结构起伏"。

对于特定液态金属，其处于有序状态的原子集团具有一定的平均统计尺寸，并且其平均尺寸大小随温度的升高而减小。即短程有序的范围随温度升高而缩小，这点可从偶分布函数与温度的变化关系中得到印证（图 1.6）。由图 1.6 可见，在液态 Al 熔体中，随着温度的升高（从 943K 到 1323.2K）其偶分布函数的第二、三峰值明显减弱，意味着在此距离范围内液态原子的有序度降低。

2. 实际液态金属的结构

上述描述的是理想纯金属的液态结构，实际液体金属或合金的结构要比纯金属复杂得多。

一方面，实际液态金属是存在杂质原子的。实际上，即使非常纯的金属中总存在着大

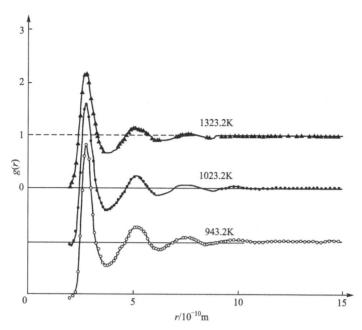

图 1.6 液态 Al 的偶分布函数随温度的变化关系

量杂质原子。例如，纯度为 99.999999％的纯铁，即杂质量为 10^{-8}，每摩尔体积（7.1cm³）中总的原子数为 6.023×10^{23}，则每 1cm³ 纯铁液中所含杂质原子数约相当于 10^{15} 个数量级。并且杂质原子往往不只是一种，而是多种多样的，它们在液体中不会很均匀地分布。其存在形式也是不同的，有的以溶质方式，有的与其它原子形成某些化合物（液态、固态或气态的夹杂物）。

另一方面，实际液态合金存在多个组元。当金属中存在第二种原子时（如合金），情况就复杂多了。由于同种元素及不同元素之间的原子间结合力是不同的，结合力较强的原子容易聚集在一起，把别的原子排挤到别处。下面以最简单的二元合金例子作分析。

在游动的原子集团中有的 A 种原子多，有的 B 种原子多，即游动集团之间存在着成分不均匀性，称为"浓度起伏"。因此，实际金属和合金的液体结构中存在着三种起伏：一类是能量起伏和结构起伏，表现为各个原子间能量的不同和各个原子集团间尺寸的不同；另一类是浓度起伏，表现为各个原子集团之间成分的不同。

如果 A-B 原子间的结合力较强，则足以在液体中形成新的化学键，在热运动的作用下，出现时而化合，时而分解的分子，也可称为临时的不稳定化合物，或者在低温时化合，在高温时分解。例如，S 在铁液中高温时可以完全溶解，而在较低温度下则可能析出 FeS。当 A-B 原子间或同类原子间结合非常强时，则可以形成比较强而稳定的结合，在液体中就出现新的固相（如氧在铝中形成 Al_2O_3，氧与铁中的硅形成 SiO_2 等）或气相。一般来说，状态图上具有较稳定的化合物的合金，在一定的成分范围内熔化以后，这种化合物不易分解，即在液态中容易保留相近成分的原子集团。

有些熔点较低而在金属中固溶能力很低的元素，同类原子间（B-B）的结合力比金属（A-A）及其与金属的原子结合力（A-B）较小时（不形成化合物），则 A-A 原子易聚集在一起，而把 B 原子排挤在原子集团外围和液体的界面上，如同吸附在其表面一样。但当这

金属液态成型原理

种元素的加入量较大时，则也可以被排挤在一起形成 B-B 原子集团，甚至形成液体的分层。

总之，实际金属和合金的液体在微观上是由成分和结构不同的游动原子集团、空穴和许多固态、气态或液态杂质或化合物组成，同样具有"短程有序、长程无序"结构特点，并存在着能量起伏、结构起伏及浓度起伏等三种起伏作用。

对于实际液态金属的结构若采用偶分布函数进行理论分析，则较理想液态金属困难得多。以二元合金为例(假设为 A、B 两组元)，欲求其结构，必须同时得到三个偶分布函数 $g_{AA}(r)$、$g_{AB}(r)$、$g_{BB}(r)$。其中 $g_{AA}(r)$、$g_{BB}(r)$ 分别为单质 A、B 熔体的偶分布函数。$g_{AB}(r)$ 也称为偏偶分布函数，其含义为距参考原子 A 为 r 处，在球壳 $r \rightarrow r+dr$ 内找到另外一类原子 B 的几率，也可如式(1-6)表示。

$$g_{AB}(r) = 1 + \frac{1}{2\pi^2 n_0 r_0} \int_0^\infty Q[S_{AB}(Q)-1]\sin(Qr)dQ \qquad (1-6)$$

式中：$S_{AB}(Q)$——偏结构因子。

通过试验测定的结构因子 $S(Q)$，则可了解合金熔体的特性。图 1.7 所示为 Al-Mg、Ag-Sb 二元合金的偏结构因子。可见，在 Al-Mg 体系中，$S_{Al-Mg}(Q)$ 曲线上的第一主峰位于 $S_{Al-Al}(Q)$、$S_{Mg-Mg}(Q)$ 两个曲线主峰中间；Ag-Sb 二元体系中，$S_{Ag-Sb}(Q)$ 曲线上的第一主峰和 $S_{Ag-Ag}(Q)$ 曲线上的第一主峰几乎重叠，而不是像随机混合假设预测的那样位于 $S_{Ag-Ag}(Q)$ 和 $S_{Sb-Sb}(Q)$ 曲线第一主峰的中间，表明 Ag-Sb 二元系中可能存在某种化合物或有序相。

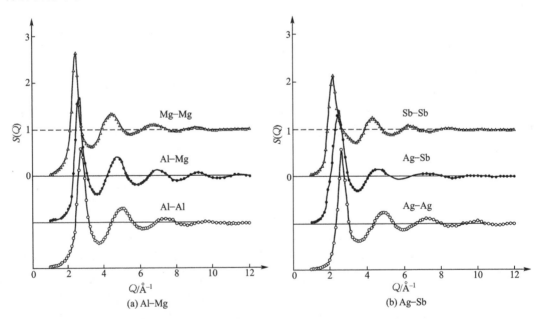

图 1.7　二元合金的偏结构因子

以铸铁为例，铸铁是含铁、碳、硅、锰、硫等元素的复杂多元合金。其熔体在结构上具有一般金属溶体的共同特性，即近程有序，同时伴随着温度起伏、结构起伏和浓度起伏。Steeb 和 Maier 通过 X 射线衍射和中子衍射手段测定 Fe-C 合金，其结果如表 1-4 所示，表明铸铁熔体并非呈单相液体状态，而是存在未溶解的石墨分子(C_n)和渗碳体分子

$((Fe_3C)_n)$的多相体。同时，其他研究也印证了此结论，碳含量超过2‰的Fe-C系熔体中存在着C_n显微集团，每个原子集团中含有15个以上的碳原子，在1573~1673K之间石墨区域直径为1~10nm(表1-5)。据估算，C_{15}的稳定时间间隔为10^{-10} s，在铁水中存在的数量为$2.7 \times 10^7 mm^{-3}$。当然，铸铁熔体中还存在硅酸盐等非金属夹杂、气体、大量空穴和空位等结构。

表1-4 Fe-C合金熔体的原子间距和配位数(温度在1423~1873K之间)

含碳量(%)	原子间距 r_m/nm	配位数 Z
0(纯铁)	0.260	9
1.8	0.267	10.4
1.8~3.0	0.267	11.2
>3	0.267	11.2

表1-5 铸铁熔体中碳原子集团(石墨结构起伏)的尺寸

含碳量(%)	3.30	3.30	3.45~3.50	3.45~3.50
实验温度/K	1573	1643	1553	1623
尺寸/nm	0.965	0.69	0.98	0.70

1.2 液态金属的性质

液态金属的性质有很多物理量进行衡量，如密度、热容、蒸汽压、黏度、表面张力等。下面着重讨论对液态成型过程有着主要影响的黏度、表面张力等性能。

1.2.1 黏度

液态金属的黏度(也称黏滞性)对其充型过程、液态金属中的气体及非金属夹杂物的排除、一次结晶的形态、偏析的形成等，都有直接或间接的作用。

1. 黏度的定义

黏度，是熔体在不同层面存在相对运动时才表现出来的一种物理性能，其本质反映的是质点间(原子间)结合力大小。

如图1.8所示，当外力$F(x)$作用于液体表面时，由于质点间作用力引起的内摩擦力，使得最表面的一层移动速度大于第二层，而第二层的移动速度大于第三层，……。设各层之间的速度梯度为$\dfrac{dv_x}{dy}$，根据牛顿的液体黏滞流动定律，有

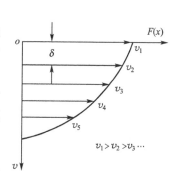

图1.8 液体各层的流速

$$F(x) = \eta S \frac{\mathrm{d}v_x}{\mathrm{d}y} \tag{1-7}$$

$$\tau(x) = \eta \frac{\mathrm{d}v_x}{\mathrm{d}y} \tag{1-8}$$

得

$$\eta = \frac{\tau(x)}{\dfrac{\mathrm{d}v_x}{\mathrm{d}y}} \tag{1-9}$$

式中：η——黏滞系数，或称动力黏度；

  S——液层的接触面积；

  τ——切应力。

在流体力学中，式(1-9)定义的是动力黏度，而运动黏度 γ 则由如式(1-10)定义，且满足式(1-9)的流体称之为牛顿流体。

$$\gamma = \frac{\eta}{\rho} \tag{1-10}$$

式中：γ——运动黏度；

  ρ——熔体的密度。

2. 黏度的测定

液态金属或合金的黏度主要通过毛细管法、振荡容器法、旋转法、振荡片法等实验方法测定。

1) 毛细管法

其方法是利用一定体积的熔体在恒压条件下流经一个毛细管所需的时间取决于熔体的黏度这一原理，通过测量此流动时间来求得熔体的黏度。如图1.9所示，先将一定体积的液体注入左边容器内，然后将其吸到测量球内。测量球两端各有一个环形片 m_1 和 m_2，以 m_1、m_2 为基准，测量液体充满球所需要的时间 t。则黏度可用如下 Hagen-Poiseuille 公式计算。

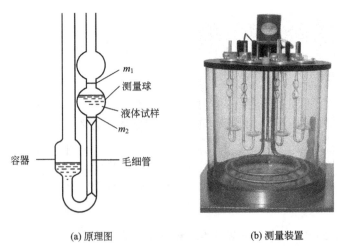

(a) 原理图   (b) 测量装置

图1.9　毛细管黏度计

$$\eta = \frac{\Delta h \pi r^4 \rho g t}{8V(l+nr)} - \frac{m\rho V}{8\pi(l+nr)t} \qquad (1-11)$$

式中：r——毛细管半径；

$\quad\quad l$——毛细管长度；

$\quad\quad \Delta h$——左右两侧液面高度差；

$\quad\quad \rho$——液体密度；

$\quad\quad V$——t 时间内流过的液体体积；

$\quad$ m、n——常数，m=1.1~1.2，n=0~0.6；

$\quad\quad nr$——端部修正项。

2）振荡容器法（扭摆法）

该方法的原理如图 1.10 所示，将一装有液体的容器悬挂在一细的悬线上，给容器一个初始的扭矩，使其作自由振动，由于液体内摩擦力消耗振动能，系统的扭摆振动将慢慢衰减。

据此原理，通过测量不同金属液体样品振动振幅的减小量以及振动时间，可以求出熔体的黏度，图 1.11 所示为振荡容器法装置。但由于振动衰减很难获得精确数学表达式，实际通过实验研究，获得一些经验公式进行计算。式（1-12）即为其中一个较为简单的 Knapp-wost 公式。

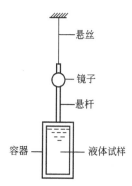

图 1.10 振荡容器黏度计原理图

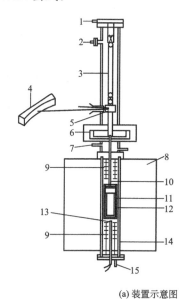

(a) 装置示意图

(b) 高温黏度计

图 1.11 振荡容器法装置

1—振荡器 2—进气口 3—双丝悬线 4—照相机 5—镜子 6—惯性环 7—水冷套 8—电阻炉(Mo 加热器)
9—热辐射挡板 10—悬杆 11—Mo 容器 12—三氧化二铝容器 13—电热偶 14—三氧化二铝管 15—出气口

$$\delta T^{\frac{3}{2}} = K(\rho\eta)^{\frac{1}{2}} \qquad (1-12)$$

式中：η——黏度；

δ——振幅变化量；

T——振荡周期；

ρ——熔体密度；

K——常数，需要利用标准黏度熔体(如 Hg、Sn、Pb 等)进行标定。

3) 旋转法

将液体填充到两个同轴的圆柱(或同心球)之间，当内层圆柱静止，外层圆柱以恒定的角速度旋转时，熔体的黏度会对内层圆柱施加一定的旋转力矩。若内层圆柱用细丝悬挂着，那么可以通过测量悬线的角位移来估算内圆柱所受的力矩，并进而计算出熔体的黏度，图 1.12 所示为旋转黏度计。

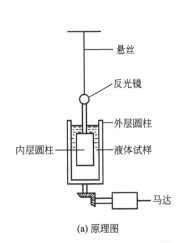
(a) 原理图

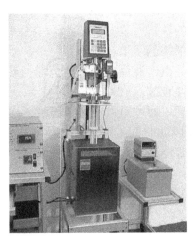
(b) 装置图

图 1.12　旋转黏度计

此种方法有很多形式，可以用球、薄片或圆柱等来作旋转体。其中用圆柱旋转体时又有两种方法，一种是内层圆柱悬挂，旋转外层圆柱；另一种是将外层圆柱固定，旋转内层圆柱。

4) 振荡片法

将一个作线性振动的薄平板片浸入到熔体中，由于受到熔体的黏滞力的阻碍而逐渐减慢。若给浸在熔体中的薄片施加恒定的驱动力，则其共振振幅与熔体的黏度存在一定的关系(如式(1-13))。振荡片法即利用此原理，分别测量出薄片在熔体及空气(或真空)中的共振振幅，从而计算出熔体的黏度。

$$\rho\eta = K_0\left(\frac{f_a E_a}{fE} - 1\right)^2 \tag{1-13}$$

$$K_0 = \frac{R_M^2}{\pi f A^2} \tag{1-14}$$

式中：f_a、f——薄片在空气和液体中的共振频率；

　　　E_a、E——薄片在空气和液体中的共振振幅；

　　　K_0——常数，由标准黏度试样来确定；

　　　R_M——实际机械衰减分量；

　　　A——薄片有效面积。

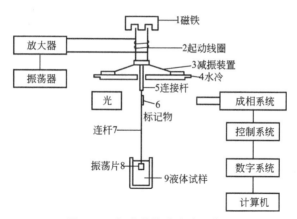

图 1.13　振荡薄片黏度计示意图

3. 纯金属熔体黏度的理论计算

目前可以通过偶势理论、硬球模型等理论模型对纯金属熔体黏度进行精确计算,其计算值与试验数据都有一定的吻合性。

Born 和 Green 最早利用动力学理论得到了利用偶分布函数 $g(r)$ 和偶势 $\phi(r)$ 表示的液态黏度公式,如式(1-15)所示,即经典的 B-G 公式。

$$\eta = \frac{2\pi}{15}\left(\frac{m}{kT}\right)^{\frac{1}{2}} n_0^2 \int_0^\infty g(r) \frac{\partial\,\phi(r)}{\partial\,r} r^4 \mathrm{d}r \tag{1-15}$$

式中:m——原子(或分子)质量。

另外,也可通过实验测定及建立一定简化模型方法获得经验(或半经验)公式来计算或预测熔体的黏度。典型的有 Frenkel 的空穴理论、Andrade 的准晶理论、Cohen 和 Turnbull 的自由体积理论、Eyring 的反应速率理论等。

如准晶理论认为,在熔点时,液体中的原子与固体时类似,以平衡位置为中心,在随机的方向上以一定振幅作振动。以此为基础,熔体的黏度是由于原子振动的能量由一个原子层面传递到相邻的原子层面而引起的,得到简单液体在熔点附近的黏度 η_m 如式(1-16)所示。

$$\eta_m = \frac{4vm}{3a} \tag{1-16}$$

式中:v——原子振动的频率;

a——原子间的平均距离;

$\frac{4}{3}$——估算的修正因子;

m——原子质量。

4. 液态金属黏度的影响因素

从式(1-15)、(1-16)可见,黏度与原子大小、性质以及原子间作用力大小相关,从宏观上表现为与熔体的成分、温度等因素密切相关。

1) 化学成分

黏度反映原子间结合力的强弱,与熔点有共同性。因此,合金成分的改变也决定着黏度的大小，图 1.14 所示为 Mg‐Sn 系合金的相图与黏度的关系。可见，在合金系中纯金属、金属间化合物的熔点较高，其黏度也相应较大；而熔点低的共晶成分合金的黏度最小。

对于二元合金，研究者也正在寻求通过理论的计算对黏度进行精确描述。基础性的工作如 Moelwyn 和 Hughes 提出的 M‐H 关系，其二元合金的黏度 η 如式（1‐17）所示。

$$\eta = (x_1\eta_1 + x_2\eta_2)\left(1 - 2x_1x_2\frac{\Delta u}{kT}\right) \quad (1-17)$$

式中：x_1、x_2——组元 1、2 的摩尔分数；

η_1、η_2——组元 1、2 的黏度；

Δu——两组元间交互作用能；

2）温度

图 1.15 为常用金属动力黏度与温度的关系。表明随着温度的升高，金属熔体的黏度 η 值减小。

一般来说，液态金属的黏度随温度的变化规律符合 Arrhenius 关系，即

$$\eta = Ae^{\frac{H}{RT}} \quad (1-18)$$

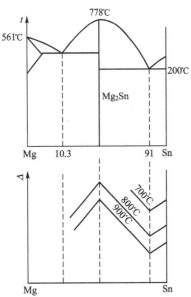

图 1.14 黏度与状态图的关系示意图

式中：A、H——常数。

3）非金属夹杂物

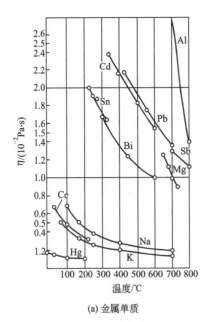

(a) 金属单质

(b) Fe‐C合金

图 1.15 常见金属的 η 与温度的关系

1—$w_C = 0.75\%$ 2—$w_C = 2.1\%$ 3—$w_C = 2.52 \sim 2.55\%$

4—$w_C = 3.4 \sim 3.43\%$ 5—$w_C = 4.4\%$

由于液态合金中存在呈固态的非金属夹杂物，使液态合金成为不均匀的多相系统，液体流动时内摩擦力增加，造成液态合金的黏度增加，如钢中的硫化锰、氧化铝、氧化硅等。一般来说，夹杂物数量越多，对黏度的影响也越大；夹杂物的形态对液态金属的黏度也有一定影响。

在液态成型中，通常要对熔体进行各种处理(如变质、孕育、细化、净化等)，这些冶金处理对黏度也有显著影响。如工业应用较广的铝硅合金，进行变质处理后，改变及细化了初生硅或共晶硅相，从而使熔体的黏度下降。

5. 黏度对液态成型过程的影响

黏度对液态成型过程的影响具体体现在影响充型能力、熔体的流动、熔体净化等方面。对熔体流动的影响将在第2章进行讨论，下面着重讨论黏度对金属熔体流态及净化的影响。

1) 对液态金属流态的影响

流体的流态决定于雷诺数 Re。据流体力学，临界雷诺数 $Re_临$ 等于2300，$Re>2300$ 为紊流，$Re<2300$ 为层流。雷诺数 Re 的表达式如式(1-19)所示。

$$Re=\frac{Dv}{\gamma}=\frac{Dv\rho}{\eta} \tag{1-19}$$

式中：D——管道直径；

v——流动速度；

γ——运动黏度。

设 f 为流动阻力系数，则有

$$f_层=\frac{32}{Re}=\frac{32\eta}{Dv\rho} \tag{1-20}$$

$$f_紊=\frac{0.092}{Re^{0.2}}=\frac{0.092\eta^{0.2}}{(Dv\rho)^{0.2}} \tag{1-21}$$

从以上二式得知，$f_层 \propto \eta$，而 $f_紊 \propto \eta^{0.2}$。可见，液态金属的流动阻力在层流时受黏度的影响远比在紊流时的大。液态金属的动力黏度一般都大于水的动力黏度，但它们的运动黏度和水的接近。所以，一般浇注情况下，液态金属在浇注系统和型腔中的流动皆为紊流。在型腔的细薄部分，或在充型的后期，由于流速显著下降，才呈现层流流动。

2) 对液态金属净化的影响

若球形杂质的密度小于液体的密度，就会受浮力而上浮，其运动力为

$$F_动=V(\rho_液-\rho_杂)g=\frac{3}{4}\pi r^3(\rho_液-\rho_杂)g \tag{1-22}$$

式中：V——杂质的体积；

$\rho_液$——液体的密度；

$\rho_杂$——杂质的密度；

g——重力加速度。

根据斯托克斯的实验，杂质上升过程中保持球形或近似球形，且上升很慢或杂质半径很小($r<0.1mm$)，满足以下条件。

$$Re=\frac{2rv}{\gamma}\leqslant1 \tag{1-23}$$

这时杂质受到的阻力为

$$F_{阻}=6\pi rv\eta \tag{1-24}$$

当 $F_{动}=F_{阻}$ 时，杂质的上浮速度为

$$v=\frac{2}{9}\ \frac{r^2(\rho_{液}-\rho_{杂})g}{\eta} \tag{1-25}$$

式(1-25)为斯托克斯公式。可见，液体的黏度 η 越大，杂质留在铸件中的可能性就越大。

【例1】 钢液中的 MnO，当钢液温度为 1550℃时，$\eta=0.0049\mathrm{N\cdot s/m^2}$，$\rho_{液}g=7000\times9.81\mathrm{N/m^3}$，$\rho_{杂}g=5400\times9.81\mathrm{N/m^3}$，对于 $r=0.0001\mathrm{m}$ 的球形杂质，其上浮速度为

$$v=\frac{2\times(0.0001)^2\times(7000-5400)\times9.81}{9\times0.0049}=0.0071(\mathrm{m/s})。$$

【例2】 铝中的 Al_2O_3，当铝液为 780℃时，$\eta=0.00106\mathrm{N\cdot s/m^2}$，$\rho_{液}g=2400\times9.81\mathrm{N/m^3}$，$\rho_{杂}g=4000\times9.81\mathrm{N/m^3}$，对 $r=10^{-6}\mathrm{m}$ 的球形 Al_2O_3，其下沉速度为

$$v=\frac{2\times(10^{-6})^2\times(4000-2400)\times9.81}{9\times0.00106}=0.0033\times10^{-3}(\mathrm{m/s})。$$

由以上两例可见，铝中 Al_2O_3 的运动速度较钢中 MnO 颗粒低三个数量级，比较难以去除，因此铝合金在熔炼时采用精炼净化措施是非常必要的。

1.2.2 表面张力

液体与环境接触的表面具有特殊性质，如荷叶上的水珠、天空中的雨滴等，都呈近似球状的形态。这是由于液体表面层质点(原子或分子)受力不均匀而产生的，对于液体(或气体)界面上的质点，由于液体的密度大于气体的密度，故气相对它的作用力远小于液体内部对它的作用力，使表面层质点处于不平衡的力场之中。因此表面层质点受到一个指向液体内部的力，使液体表面有自动缩小的趋势，这样的作用力称为表面张力。金属熔体同样如此，具有特定的表面张力。

从物理化学原理可知，表面自由能是产生新的单位面积表面时系统自由能的增量。设恒温、恒压下表面自由能的增量为 ΔF，表面自由能为 σ。当使表面增加 ΔS 面积时，外界对系统所做的功为 $\Delta W=\sigma\Delta S$。外界所做的功仅用于抵抗表面张力而使系统表面积增大所消耗的能量，该功的大小等于系统自由能的增量，即

$$\Delta W=\sigma\Delta S=\Delta F \tag{1-26}$$

$$\sigma=\frac{\Delta F}{\Delta S} \tag{1-27}$$

由此可知，表面自由能即单位面积上的自由能，其物理量纲为

$$[\sigma]=\frac{\mathrm{J}}{\mathrm{m^2}}=\frac{\mathrm{N\cdot m}}{\mathrm{m^2}}=\frac{\mathrm{N}}{\mathrm{m}}$$

这样，σ 又可理解为物体表面单位长度上的作用力，即表面张力。因此，表面自由能与表面张力在数值上是相同的，它们是从不同角度描述了同一现象。在习惯上往往都采用表面张力这个名词。

显然，根据形成表面张力的原因可以推知，不仅在上述的液-气界面，而且在所有两相界面，如固-气、液-固、液-液上都存在表面张力。故广义地说，表面张力应称为界面张力，可分别用 $\sigma_{固-气}$、$\sigma_{液-固}$、$\sigma_{液-液}$ 表示之，不特别指明时，通常皆指液相与气相的界面

张力。

衡量界面张力的标志是润湿角 θ，它与界面张力的关系由式(1-28)决定。

$$\cos\theta = \frac{\sigma_{SG} - \sigma_{LS}}{\sigma_{LG}} \qquad (1-28)$$

式(1-28)称为杨氏方程式，可以看出，接触角 θ 的值与各界面张力的相对值有关。

(1) $\sigma_{SG} > \sigma_{LS}$ 时，$\cos\theta$ 为正值，即 $\theta < 90°$。通常把 θ 为锐角的情况，称为液体能润湿固体。$\theta = 0°$ 时，液体在固体表面铺展成薄膜，称为完全润湿。

(2) $\sigma_{SG} < \sigma_{LS}$ 时，$\cos\theta$ 为负值，即 $\theta > 90°$。此情况下，液体倾向于形成球状，称之为液体不能润湿固体。$\theta = 180°$ 为完全不润湿。θ 角又称润湿角。

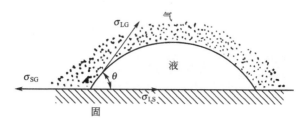

图 1.16　接触角与界面张力

1. 表面张力的测定

测定液态金属表面张力的方法有很多，如毛细管上升法（Capillary Rise Method）、最大液滴法（Maximum Drop Method）、最大气泡压力法（Maximum Bubble Pressure Method）、座滴法（Sessile Drop Method）、滴重法（Drop Weight Method）、振动液滴法（Oscillating Drop Method）等。其中，最常用的是座滴法、最大气泡压力法。

1）座滴法

座滴法是用于液态金属及合金表面张力测定的最广泛的一种方法，其基本思路是测量置于水平基体上一静止液滴的外形曲线，得到相应的几何参数来计算出表面张力。该方法同时也可测量接触角、铺张系数、黏着功和密度等物理量。

图 1.17(a) 所示的静止液滴，通过光学测量系统得到相应得 X、Y、Z 等参数，其表面张力 γ 可通过 Wrothington 公式(1-29)计算。该方法不足在于避免测量时基体表面的污染，以及几何参数的测量精度控制。

$$\sigma\gamma = \frac{1}{2}\rho g Z^2 \frac{1.641X}{1.641X+Z} \qquad (1-29)$$

2）最大气泡压力法

最大气泡压力法测量表面张力是利用一插入金属熔体的毛细管，吹入惰性气体，测量毛细管尖端产生的最大气泡压力，然后通过公式计算得到表面张力。该方法的主要优点在于它可在新形成的表面上连续测量，使表面污染效应减至最小。常用的计算公式如式(1-30)所示。

$$\gamma = \frac{rP_\gamma}{2}\left[1 - \frac{2r\rho g}{3P_\gamma}\times10^{-3} - \frac{1}{6}\left(\frac{r\rho g}{P_\gamma}\right)^2\times10^{-6}\right] \qquad (1-30)$$

式中：P_γ——修正因子，$P_\gamma = P_m - \rho g h$；

　　　P_m——浸入深度为 h 时的最大气泡压力；

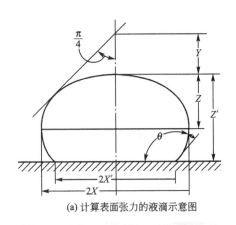

(a) 计算表面张力的液滴示意图

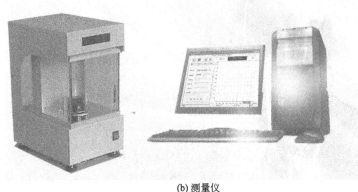

(b) 测量仪

图 1.17 座滴法测表面张力

r——毛细管半径。

2. 表面张力的计算

在熔体表面张力的计算领域，目前通过统计热力学、波动理论、自由电子模型以及硬球模型等途径可建立相应的方程。

1) Fowler 公式

Flowler 首先利用统计热力学方法建立了气-液界面作用的分子间力和表面张力之间的关系，假设液-气界面存在一个密度不连续的表面，其表面张力如式(1-31)所示。

$$\sigma = \frac{\pi n_0^2}{8}\int_0^\infty g(r)\frac{\partial\phi(r)}{\partial r}r^4\mathrm{d}r \qquad (1-31)$$

2) 基于波动理论的方程

Cahn 等根据非均匀系统中密度波动理论，将表面张力表达为式(1-32)。其中，第一项代表由偶然的密度波动引起的表面不均匀性对表面张力的贡献；第二项为密度梯度对表面张力的贡献。

$$\sigma = \sigma_1 + \sigma_2 = \frac{l(\Delta\rho)^2}{2\rho^2 k_T} + \mathrm{B}l\left(\frac{\Delta\rho}{l}\right)^2 \qquad (1-32)$$

式中：l——界面的有效厚度；

$\Delta\rho$——数密度的波动；

B——常数。

3. 合金表面张力的影响因素

1）熔点

原子间结合力大的物质，其熔点高，表面张力也大。表 1-6 为几种金属的熔点和表面张力。

表 1-6 几种液态金属在熔点时的表面张力

金属	Na	Mg	Al	Ti	V	Fe	Cu	Zn
熔点/℃	98	650	660	1668	1900	1537	1083	420
表面张力/$(10^{-3}\text{N}\cdot\text{m}^{-1})$	191	559	914	1650	1950	1872	1360	730

2）温度

对于多数金属和合金，温度升高，表面张力降低，即 $\dfrac{\mathrm{d}\sigma}{\mathrm{d}t}<0$。这是因为，温度升高时，液体质点间距增大，表面质点的受力不对称性减弱，因而表面张力降低。当达到液体的临界温度时，由于气-液两相界面消失，表面张力等于零。但是，对于某些合金，如铸铁、碳钢、铜及其合金等，其表面张力却随温度的升高而增大，即 $\dfrac{\mathrm{d}\sigma}{\mathrm{d}t}>0$。对于这种"反常"现象，目前尚无一致的解释。

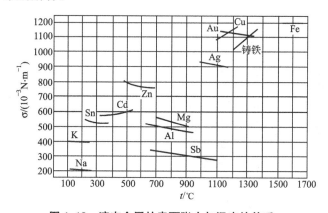

图 1.18 液态金属的表面张力与温度的关系

3）溶质

不同的溶质元素对金属的表面张力有不同的影响。使表面张力降低的溶质元素，称为该金属的表面活性物质；使表面张力增加的溶质元素，称为该金属的非表面活性物质。溶质元素对表面张力的影响，可用计算单位表面积上吸附量的吉布斯公式衡量，其表达式为

$$\Gamma=-\frac{c}{RT}\frac{\mathrm{d}\sigma}{\mathrm{d}t} \tag{1-33}$$

式中：Γ——单位表面积上较内部多（或少）吸附的溶质的量；

c——溶质浓度；

T——热力学温度；

R——气体常数。

当 $\dfrac{d\sigma}{dt} < 0$，即溶质浓度增加，引起表面张力减少时，$\varGamma > 0$，为正吸附；$\dfrac{d\sigma}{dt} > 0$，即溶质浓度增加，引起表面张力增大时，$\varGamma < 0$，为负吸附。由此可知，所谓正吸附就是溶质元素在表面上的浓度大于在液体内部的浓度，负吸附则是溶质元素在表面上的浓度小于在内部的浓度。因此，表面活性物质具有正吸附作用；而非表面活性物质具有负吸附作用。

图 1.19 所示为 Al、Mg 中加入第二组元后表面张力的变化情况以及铸铁熔体中 S、P、Si 等元素对其表面张力的影响。

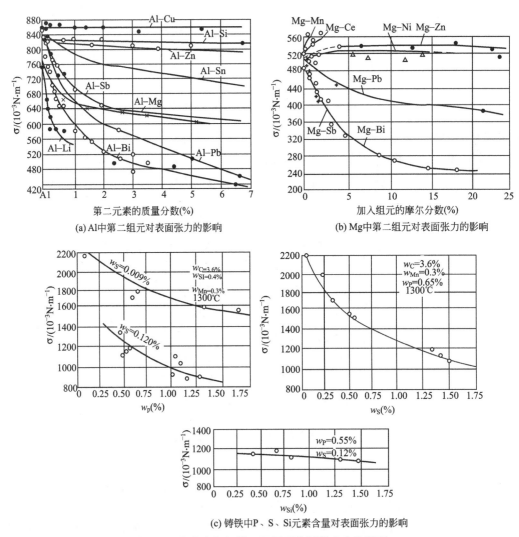

(a) Al中第二组元对表面张力的影响

(b) Mg中第二组元对表面张力的影响

(c) 铸铁中P、S、Si元素含量对表面张力的影响

图 1.19　合金中加入第二组元后表面张力变化情况

4. 表面张力对液态成型过程的影响

由于存在表面张力的作用，熔体在充型等液态成型过程中会出现毛细现象（Capillarity），如图 1.20 所示。将内径很细的玻璃管插入液体中，若液体对管壁呈润湿状态，则管内液面上升，且呈凹面状；若液体不润湿管壁，则管内液面下降，且呈凸面状。

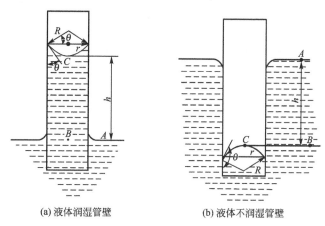

(a) 液体润湿管壁   (b) 液体不润湿管壁

图 1.20 毛细现象示意图

假设液体中有一半径为 r 的球形气泡，由于液体表面张力造成了指向内部的力 p（图 1.21）。若将球的体积增大 ΔV，则必须克服阻力 p 而对它作功：$\Delta W = p\Delta V$。而这一所做之功变为表面积增大后的表面自由能增量：$\Delta F = \sigma\Delta S$（$\Delta S$ 为球体增大之表面积）。

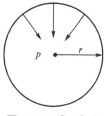

图 1.21 球形气泡

由于能量守恒，有

$$\Delta W = \Delta F \tag{1-34}$$

即

$$p\Delta V = \sigma\Delta S \tag{1-35}$$

而对单位球体，有

$$\Delta V = 4\pi r^2 \mathrm{d}r \tag{1-36}$$

$$\Delta S = 8\pi r \mathrm{d}r \tag{1-37}$$

将式（1-36）、式（1-37）代入式（1-35），得

$$p = \frac{2\sigma}{r} \tag{1-38}$$

由此可见，因表面张力而造成的附加压力 p 的大小与曲率半径 r 成反比。在较细的圆管中液体的凸面或凹面可以看作球面的一部分，其曲率半径即球的半径。

更普遍的情况，对于任意形状的弯曲液面，附加压力可用式（1-39）（拉普拉斯公式）表示。

$$p = \sigma\left(\frac{1}{r_1} + \frac{1}{r_2}\right) \tag{1-39}$$

式中：r_1、r_2——液体曲面上两个相互垂直弧线的曲率半径，如液面弯曲成球形，则 $r_1 = r_2 = r$；

$\qquad$ p——附加压力，也称拉普拉斯压力。

如液面凸起（不润湿），附加压力为正值，液面下凹（润湿），附加压力为负值，如图 1.20 所示。造型材料一般不被液态金属润湿，即润湿角 $\theta > 90°$。故液态金属在铸型细管道内的表面是凸起的，此时产生指向内部的附加压力。r 是凸面的曲率半径，将其转化为型腔管道的半径后，附加压力为

$$p=-\frac{2\sigma\cos\theta}{r} \tag{1-40}$$

为了平衡此附加压力，由液面高度差 h 造成的静压力为

$$p_{\text{压}}=h\rho g \tag{1-41}$$

式中：ρ——液态金属的密度；

g——为重力加速度。

当两压力相等，处于平衡态时，有

$$-\frac{2\sigma\cos\theta}{R}=h\rho g \tag{1-42}$$

因此

$$h=\frac{-2\sigma\cos\theta}{\rho g r} \tag{1-43}$$

因此，要克服铸型中由表面张力引起的附加压力，必须附加一个静压头，其值不小于 h。

由式(1-43)可见，表面张力越大，所要求的附加压头就越大。对于一定的金属和造型材料，σ 和 η 为定值，则管道半径越小，要求的附加压头则越大。对于液态成型中，为保证薄壁、小孔等结构的充型，克服此附加压力，就需要适当加大直浇口的高度，或采取提高充型压力、浇注温度、预热铸型等工艺措施。

更广义地理解，不仅液态金属的表面张力，在液态成型过程中，熔体中各相界面张力的润湿性对材料形核、生长以及缩松、裂纹等缺陷都有重要的影响。如液态法制备金属基复合材料，作为增强颗粒或纤维要与基体能有很强的结合，增强相与熔体间的界面润湿性就起到了重要的作用。

1.3 遗 传 性

早在20世纪20年代，法国的学者Levi通过对Fe-C系合金的研究发现片状石墨组织与炉料中石墨的尺寸有关，首次提出了金属遗传性的概念。随后的研究工作表明，在相同的生产条件下，合金的组织和性能取决于微观组织和质量，其原始状态对合金熔体及最终产品微观结构的特殊影响，即称之为"遗传性"。

1.3.1 金属遗传性

广义上说，金属的遗传性理解为在结构上(或在物性方面)，由原始炉料通过熔体阶段向铸造合金的信息传递。具体体现在原始炉料通过熔体阶段对合金零件凝固组织、力学性能以及凝固缺陷的影响。

1. 力学性能的遗传性

金属及合金遗传性在力学性能方面可利用合金"遗传系数"的概念进行衡量，表1-7所示为Al-Si合金的机械性能及遗传性系数，遗传系数 K_H 定义如式(1-44)所示。

$$K_H=\frac{M_T}{M_{NT}} \tag{1-44}$$

式中：M_T——特殊处理合金炉料重熔后的力学性能；

$\quad\quad M_{NT}$——未处理炉料重熔后的力学性能。

表 1 - 7　Al - Si 合金的机械性能及遗传性系数

熔体温度/℃	抗拉强度 σ_b/MPa		断后伸长率 δ(%)	
	M_T/M_{NT}	K_H	M_T/M_{NT}	K_H
700	163/150	1.08	4.0/2.6	1.54
800	166/160	1.04	4.5/4.1	1.10

注：合金中 Si 含量为 10.6%。

2. 微观组织的遗传性

图 1.22 分别为工业纯铝中加入 Al - Ti - B 中间合金试样及其重熔后的晶粒组织照片。可见，两种不同的晶粒在重熔三次后仍保持下来，显示出一定的组织遗传性。这是由于在重熔的铝熔体中仍然存在有较为稳定的固体颗粒或原子集团，在加入少量 Al - Ti - B 中间合金的情况下，这些固体颗粒是一些金属间化合物粒子（如 $TiAl_3$、TiB_2 等）。按照原固态组织中的作用可将这些粒子分成两类：第一类是作为 α - Al 晶核的金属间化合物；第二类是未能成为 α - Al 晶核，以夹杂物形式存在于铝合金组织中的金属间化合物。

(a) 加入Al-5Ti-1B中间合金(850℃,中等凝固速度)

(b) 加入Al-5Ti-1B中间合金(纯Ti颗粒法制备)

图 1.22　晶粒组织的遗传性（700℃，10min，金属型）
0—重熔前　1—重熔一次　2—重熔两次　3—重熔三次

对于已经成为 α - Al 晶核的第一类粒子，则与 Al 产生了界面反应并形成了一较厚的过渡层，在这一过渡层内，Al 与 Ti 原子的晶格点阵互相置换，形成了 Ti 在 α - Al 中的固熔体。要使其中的 Al 原子分离出来，需要克服较高的势垒或需要较高的激活能，从而提高了该过渡层的稳定性。因此此类粒子在熔体中处于"预结晶"状态下仍具有较高的稳定

性,可仍旧保持作为结晶过程的有效晶核。

因此,在 Al 合金中原始固体组织晶粒细小者,其 α-Al 晶核数目较多,重熔后其"预晶核"数量也随之增加,导致在一次结晶过程形核数量的增多,从而仍保持重熔前晶粒细小的组织特征,反之亦然。其遗传过程如图 1.23 所示。

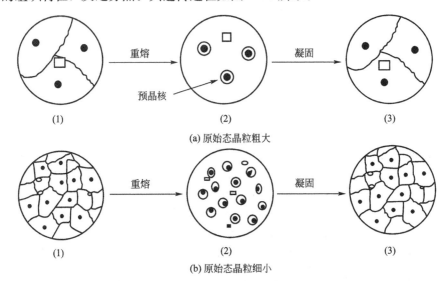

(a) 原始态晶粒粗大

(b) 原始态晶粒细小

图 1.23 晶粒组织遗传性示意图

(1)—原始组织 (2)—液态结构 (3)—重熔后组织

3. 凝固缺陷的遗传性

凝固过程中由于收缩、瞬时应力等现象的产生以及熔体内部存在气体、夹杂等,不可避免会产生诸如气孔、缩松、夹杂等缺陷。研究表明,某些缺陷的形成也具有典型的遗传性特征。下面仅以铝合金气孔缺陷的遗传性为例进行说明。

表 1-8 和图 1.24 为山东大学边秀房等学者在 ZL109 和 ADC12 铝合金中得到的实验结果,表明在原料(或原合金锭)气孔度较高的条件下,重熔后合金仍旧保持较高的气孔度。

表 1-8 铝合金原锭及重熔试样的气孔度和气孔率

序号	原锭		重熔后试样					
	气孔度 /cm^{-2}	气孔率 (%)	气孔度 /cm^{-2}	气孔率 (%)	气孔度 /cm^{-2}	气孔率 (%)	气孔度 /cm^{-2}	气孔率 (%)
			干砂型样		金属型样		其他试样	
1#	4.00	0.50	4.93	0.62	4.17	0.31	6.16	0.61
2#	9.05	0.51	7.00	0.90	7.25	0.60	10.10	0.82
4#	0.08	0.10	0.46	0.06	0.07	0.02	0.37	0.05
5#	1.20	0.13	—	—	—	—	2.60	0.23
6#	8.00	0.63	7.80	0.60	—	—	8.10	0.75

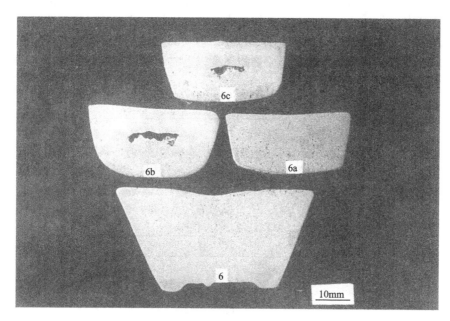

图 1.24　试样气孔遗传性

(试样为表 1-8 中 6♯试样)

1.3.2　金属遗传机制

金属和合金在固(原始炉料)-液(熔体)-固(金属制品)转变过程中的组织遗传行为,主要涉及熔化机制、尤其是熔点附近液态金属的结构和性质,它们对材料加工及产品性能有着重要的影响。目前对熔化机制的研究大多基于 Я. И. 弗伦克尔的液态结构理论模型,认为液体中粒子的配位数及分布基本上与固态相似。即熔化过程中,原子集团由大到小逐渐分裂,在熔点附近的液态金属中仍保留一部分类似固相结构的尺寸较小的原子集团。

近年来,国内外众多的学者在熔体结构及其遗传性领域得到如下的几点基本结果。

(1) 大多数铸造合金的过热温度都不高,大大低于液态结构无序化温度,合金或金属由结晶状态向熔体状态的转变不会引起近程有序结构的重构。

(2) 多元合金熔体在较长时间内保持近程有序结构,熔体中有序原子集团结构单元的尺寸和数量影响结晶动力学和铸件的性质。

(3) 与固相的同素异构转变类似,液态金属也存在晶型结构的转变。

(4) 熔体中的弥散质点(或原子集团)是炉料金属组织信息的遗传因子(或载体),合金遗传性的倾向大小取决于合金基体与合金组元之间的物理-化学作用特点。

(5) 当合金中存在活性变质元素时,会形成具有不同稳定程度的金属间化合物形式的原子集团,从而改变遗传效果。

为了对金属的遗传性进行合理的解释并最终了解其本质性规律,提出了多种模型,如准化学模型、胶体模型、准晶模型等,下面仅举胶体模型做简要说明。图 1.25 列出了几种铝合金熔体的物性变化规律,按照胶体模型的假设,合金熔体接近液相线时,呈显微分层状态。这种显微分层可视为亚稳定的胶状粒子，并保留有原料的组织特征，成为冶金组织遗传性的载体。同时，显微胶状体在熔体中所占的体积及其大小、弥散性与熔体过热温度、电磁搅拌、超声波处理等工艺有关。图 1.25 中所示的二元铝合金中胶状粒子的亚温度范围，研究证实，当合金加热到图中虚线温度以上时，在相同的凝固条件下，合金的组织会发生明显的变化。

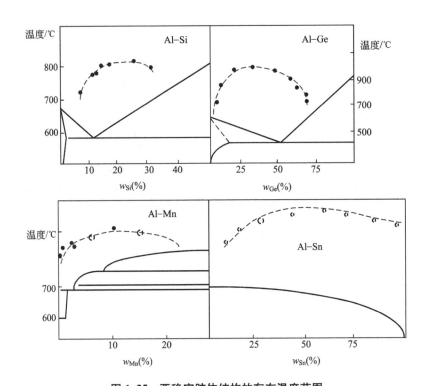

图 1.25 亚稳定胶体结构的存在温度范围
（虚线是根据熔体运动黏度、密度、电阻率等物理性质随温度变化的转折点所得）

当温度上升到临界温度（即图中虚线温度），具有类似于固相结构特征的胶状粒子（即有序原子集团）将从亚稳定状态不可逆地过渡到完全的溶解状态，即理想熔体。此时，合金遗传因子（或载体）遭到破坏，金属的凝固组织自然随之发生变化，并不会具有某些原始炉料的遗传性特征。

1.3.3 遗传性的影响因素

遗传性是铸造过程中普遍存在的客观规律，了解遗传性的作用途径，对于掌握其规律，认清液态成型过程中熔体凝固过程的规律以及指导生产实际都具有重要的意义。下面从炉料、熔体结构、熔体处理以及凝固过程的工艺条件等几个方面做简要讨论。

1. 原始炉料

炉料，即原始铸锭，作为金属遗传性中遗传信息的载体当然对铸件的凝固组织及力学性能起到重要的影响。研究证实，炉料的保存状态（如存储环境及时间）、原始组织（如晶粒度、变形量等）、熔化过程（如熔化速度、保温温度及时间等）等对遗传性都会产生一定的影响。

图 1.26 所示为采用不同的炉料及熔化速度的 AlMgMnTi 合金抗拉强度、断后伸长率的变化规律,很清楚地反应出炉料对力学性能遗传性的影响。在其他工艺相同的条件下,对于变形量越大的炉料,由于经过较强的塑性变形,晶粒得到明显的细化,因此最终试样的力学性能得到显著提高。

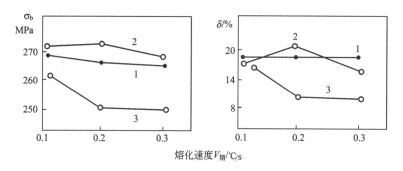

熔化速度$V_{熔}$/℃/s

图1.26　炉料变形度与熔化速度对 AlMgMnTi 合金力学性能的影响
1—普通炉料　2—变形量为 20% 的炉料　3—变形量为 100% 的炉料

2. 熔体结构

由金属遗传性的定义可知,熔体是原始炉料的信息遗传到凝固组织的中间载体,因此熔体的结构特征直接决定了遗传性的作用。下面根据对共晶铸铁的研究做讨论。

研究表明,共晶铸铁在加热至液相线以后,其熔体的表面张力随温度的变化呈阶段性特征。如图 1.27 所示,当熔体加热温度在 $t_{液} \sim t_1$ 阶段时,表面张力变化较小,此时铸铁熔体由微观多相结构组成,存在未完全溶解的石墨颗粒;当加热至 $t_1 \sim t_2$ 温度时,熔体的表面张力随温度上升而显著提高,说明该阶段熔体微观不均匀性结构的存在和均匀性程度的不断提高,即存在造成微观不均匀性的有序原子集团,随着加热温度的提高或保温时间的延长,此原子集团逐渐减弱,熔体结构趋于均匀;当加热温度达到 t_2 时,熔体结构发生明显变化,这与熔体中碳化物(或 Fe_xC_y 有序结构)的破坏有密切联系。

图 1.28 给出了石墨形态与加热温度之间的关系示意图。在 $t_{液} \sim t_1$ 温度之间,当过热度较低时,铸铁组织中存在粗大板片状石墨;随着温度的升高,石墨形态向细小弥散的板片状、球状转变。这是与图 1.27 中熔体中起遗传载体作用的原子集团的存在及其强弱直接相关的。因此,当需要获得高强度铸铁时,应将铸铁加热到 t_2 以上,以避免受到原始炉料中碳化物及不良石墨形态遗传性的影响。

3. 工艺条件

从上述的讨论可以看出,熔体加热速度、过热度、保温时间等对熔体的结构有着直接的影响,从而也决定了遗传性作用的强弱。下面以其中的热速处理为例进行讨论(图 1.29)。

为避免合金遗传性的不利影响,改善铸锭或铸件组织,提高其力学性能,国内外学者提出了热速处理的概念。所谓液态金属的热速处理,即在合金熔炼时,将熔体过热到液相线以上一定温度(一般为高于液相线 250~350℃),然后再迅速冷却到浇注温度进行浇注的工艺。其关键的工艺参数是过热温度、保温时间以及熔体从过热温度到浇注温度的冷却速度。

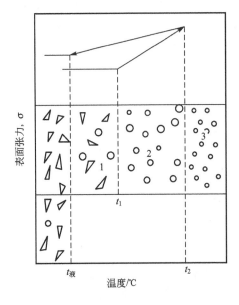

图1.27 熔体结构、表面张力随熔
体热历史的变化示意图

1—以碳化物形式存在的碳 2—以 Fe_x-C_y-M_z
形式存在的原子集团 3—以理想溶液
形式存在的碳

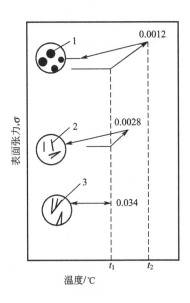

图1.28 铸铁熔体加热温度与石墨形态曲线
旁的数字为试验后试样中氧的浓度/质量分数

1—球状和蠕虫状石墨 2—细小
弥散的板片状石墨 3—粗大
板片状石墨

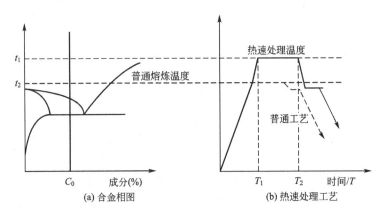

图1.29 热速处理工艺示意图

t_1—热速处理过热温度 t_2—普通工艺熔炼温度

图1.30为利用热速处理的 ZL108 合金的实例，该合金含 Fe 量为 1.8%，在不同的过热温度下保温 20min，在 800℃时浇注于金属型中。从图中的铸态组织可见，其中 Fe 相（白色组织）由粗大的针状转变为颗粒状。

图1.31所示为 Al-13%Si 共晶合金通过热速处理时力学性能与最高处理温度之间的关系，可见合金的力学性能随热速处理温度的提高而增加，特别是在 900～1000℃ 范围内变化最明显。

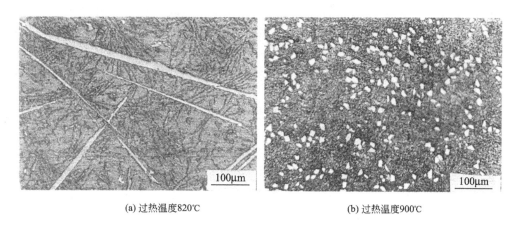

(a) 过热温度820℃ (b) 过热温度900℃

图1.30 ZL108活塞合金铸态组织

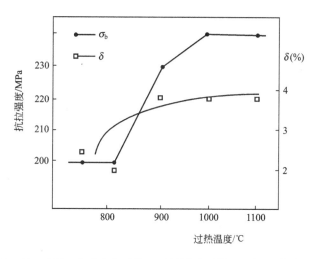

图1.31 Al-13%Si合金在热速处理时的最高过热温度与力学性能的关系

1.4 半固态金属的流变性

在1.2.1的1.黏度的定义中满足式(1-9)的流体称为牛顿流体。在液态成型过程中，熔体有较大的过热度时，在浇注前或浇注时可近似认为牛顿流体。但当合金处于凝固过程，开始析出一定体积分数的固相后，合金即开始具有固相特征，无流动性。但随着半固态铸造工艺的出现，通过压铸或挤压装置对半固态浆料施加较大的作用力，使其具有良好的充型能力，此时流动的半固态金属已不再遵循牛顿流体的运动规律，而呈现相应的流变特性。

1.4.1 半固态铸造

所谓金属半固态成型，就是在其凝固过程中，对金属施加剧烈的搅拌或扰动、或改变金属的热状态、或加入晶粒细化剂、或进行快速凝固，即改变初生固相的形核和长大过程，得到的一种液态金属熔体中均匀地悬浮着一定球状初生固相的固-液混合浆料（即半固态浆料），然后利用此浆料进行成型的工艺。图1.32为初生固相由枝晶状向球状（或粒状）转变的示意图。

增大剪切速率　延长变形时间　减小冷却速率

图1.32　强烈搅拌下初生固相形态的变化

半固态铸造的成型工艺主要分为两大类，流变成型和触变成型。流变成型是对制备得到的半固态浆料进行保温，直接通过压铸或挤压铸造成型（图1.33）。触变成型是将制备得到的半固态浆料凝固成铸锭（或坯料），在将其切成所需大小，然后二次加热至固液两相区，再通过压铸或挤压铸造成型（图1.34）。

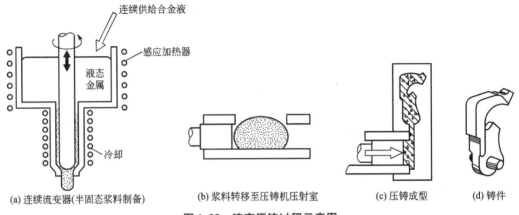

(a) 连续流变器(半固态浆料制备)　　(b) 浆料转移至压铸机压射室　　(c) 压铸成型　　(d) 铸件

图1.33　流变压铸过程示意图

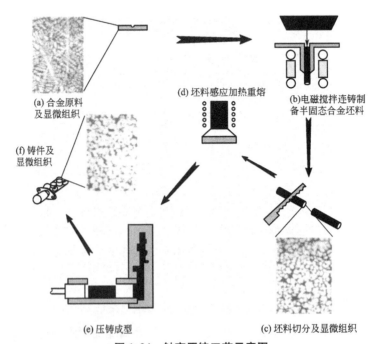

(a) 合金原料及显微组织
(b) 电磁搅拌连铸制备半固态合金坯料
(c) 坯料切分及显微组织
(d) 坯料感应加热重熔
(e) 压铸成型
(f) 铸件及显微组织

图1.34　触变压铸工艺示意图

1.4.2 半固态金属的流变性

对于非牛顿流体，类似于式(1-9)，根据其切应力与速度梯度之间的关系，有宾汉体(Bingham Body)、开尔文体(Kelvin Body)、麦克斯韦体(Maxwell Body)、施韦道夫体(Schwedoff Body)等类型。而对于半固态金属在成型过程中遵循的流变特性，主要满足宾汉体的流变特性，即其切应力与速度梯度的关系满足式(1-45)。

$$\tau = \tau_0 + \eta \frac{\mathrm{d}v_x}{\mathrm{d}y} \qquad (1-45)$$

一般将稳定态下的速度梯度 $\frac{\mathrm{d}v_x}{\mathrm{d}y}$ 定义为剪切速率，用 $\dot{\gamma}$ 表示(图1.35)。要使这类流体流动，需要施加一定的切应力 τ_0(塑变应力)。当施加的切应力 τ 小于屈服应力 τ_0 时，呈固体特性，不具有流动性，并可进行夹持或搬运；当切应力大于或等于屈服应力 τ_0 时，即使在很高的固相体积分数(可达50%～70%)条件下，合金浆料仍具有良好的流动性。因此，在施加一定的压力(如压铸或挤压铸造)时，即可实现充型。

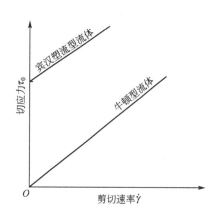

图1.35 流体的切应力与剪切速率之间的关系

在很宽的剪切速率范围内，计算半固态浆料黏度的经验公式，可利用"幂定律"模型，即半固态浆料的表观黏度与剪切速率呈指数关系，如式(1-46)所示。

$$\eta_a = K \dot{\gamma}^{n-1} \qquad (1-46)$$

式中：η_a——表观黏度；

K——稠密度；

n——幂指数系数。

当剪切速率一定时，浆料中的固相体积分数越大，其表观黏度也越大，如图1.36(a)所示。可见，表观黏度的增长速度与剪切速率有密切关系，剪切速率越小，表观黏度的增长速度越快。图中当 $\dot{\gamma}=90s^{-1}$ 时，浆料中的固相率 f_s 约为38%时，浆料已无流动性，即呈固态；当剪切速率为 $560s^{-1}$ 时，浆料中的固相率 f_s 达60%，仍呈现一定的流动性。

图1.36(b)所揭示的半固态金属表观黏度与冷却速度的关系，在相同的剪切速率下，金属的冷却速度越小，则其表观黏度越低。图1.36中所揭示的是金属熔体在凝固过程中，随着温度的冷却，同时进行连续搅拌，形成半固态浆料，其表观黏度是连续、动态变化的。这个表观黏度也称为半固态金属的非稳态表观黏度。

而当将处于凝固范围的熔体在特定温度下保温(即固相分数一定)，同时施加长时间搅拌，此时表观黏度将逐渐趋于一稳定值，此稳定值即称为稳态表观黏度。图1.37所示为

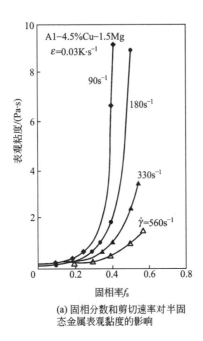

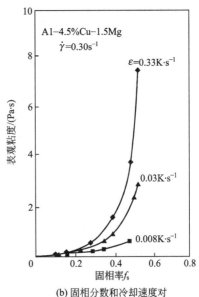

(a) 固相分数和剪切速率对半固
态金属表观黏度的影响

(b) 固相分数和冷却速度对
半固态金属表观黏度的影响

图 1.36　半固态金属表观黏度的变化规律

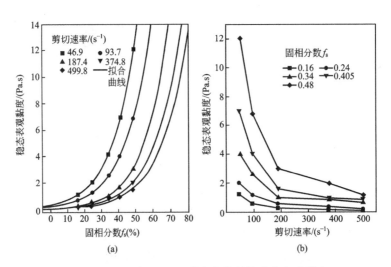

(a)

(b)

图 1.37　半固态 AZ91D 镁合金浆料的稳态表观黏度

固相分数、剪切速率对 AZ91D 合金半固态浆料稳态表观黏度的影响。可见，在相同固相
体积分数的条件下，剪切速率越大，则浆料的稳态表观黏度越小；浆料的固相分数增大，
其稳态表观黏度也随之增大。

半固态铸造一般采用压铸或挤压铸造工艺完成浆料的充型过程，而此过程是在较短的
时间内完成的(通常不超过 1s)，因此，半固态浆料的非稳态表观黏度对于揭示其成型过程
中的规律更具有实际意义。

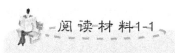

近年来液态结构研究的新进展

李先芬

1. 液体中的短程有序

虽然液态结构的"短程有序"很早就提出，且为一些理论模型所支持，但近二十多年的研究结果却赋予"短程有序"更丰富、具体的物理内涵。一些衍射实验及计算模拟结果均揭示液体中存在局部有序结构，并且有人认为单组元液体中存在的是拓扑短程序（topological short-range），而且多组元液体中则可能同时存在化学短程序（CSRO - chemical short-range ordering）。

如果液体由不同种类的原子所组成，则除了考虑一定尺寸的短程序外，还要考虑短程序的种类。短程序的种类不仅决定于原子的总数量，还决定于围绕中心质点的原子种类。随着温度的升高，合金中的长程序消失，导致在衍射图上一些超点阵线条的消失，在某个温度下液体合金中仅仅保留着不同种类组元的短程序。另外，在液体中除了在单组元熔体中所具有的一般尺寸的短程序，仍保持着取决于原子种类的、一定程度的近程有序性。

Richter 等人利用 X 射线衍射、中子及电子衍射手段，对贵金属 Au、Ag、Pb 和 Tl 等熔体进行了十多年的系统研究，经过仔细分析后认为，液体中存在着球状密排以及层状结构，它们的尺寸范围为 $10^{-7} \sim 10^{-6}$ cm。许多不同的研究者发现，Sn、Ga、Si 等固态具有共价键的单组元液体，衍射第一峰的右侧出现明显的肩膀，表明液体原子间的共价键并未完全消失，存在着短程有序结构。

电负性差别较大的二元液体体系，一般具有负的混合热，异种原子之间吸引力强，并存在着电荷转移，势必影响原子间距和配位数，并可能形成化学短程序。Mg - Sn 是较早被发现具有这种短程序的合金熔体。Li - Pb、Cs - Au、Mg - Zn、Cu - Ti、Cu - Sn、Cu - Ge 等固态具有金属间化合物的二元熔体中均发现有化学短程序的存在。

近十几年来，对于尺寸较大的拓扑及化学有序提出了中程序的概念，认为对应于径向分布函数 RDF 第一峰及第二峰的最近邻和次近邻配位层以内的有序性为短程序，范围一般为 0.3nm～0.5nm。而中程序则处在大于短程序但远小于晶体的长程序的有序情况，范围一般为 2.0nm。教育部液态结构遗传重点实验室曾对国内外中程序的研究情况及其特征和分类作了详细综述和分析，开展了 Al - Fe 等合金熔体中程序的研究，并给出了 Al - Fe 熔体中程序超结构模型。通过实验室和计算机模拟研究中程序，能够获得原子团簇的微观和介观信息，从而可将液体、非晶体的具体结构进行类比，提供更多的关于液体、固体和非晶体之间的联系信息，是微观到介观再到宏观的纽带和桥梁，使得对液体或非晶体的结构认识更接近于实际物质。

近几年的研究又有新进展，Reichert 于 2000 年在《自然》杂志上撰文报道，观察到了液态 Pb 局部结构的五重对称性，及二十面体的存在，并推测二十面体存在于所有的单组元简单液体。随后 Spaepen 总结认为，简单液体中存在着许多种五重对称性的局部结构，并称这是液体结构领域的重要结论。

2. 压力诱导的液-液结构转变

近年来，人们研究发现液态 Se、S、Bi、P、I_2、Sn、As_2Se_3、As_2S_3 和 Mg_3Bi_2 等

元素和合金以及石墨熔体的某些物理性质虽压力变化出异常变化，揭示了其间发生压力诱发非连续液-液结构转变的可能性。1997年，Poole在《科学》杂志上撰文从理论上分析认为，过冷条件下的压力诱发液-液结构转变容易发生在低压下具有开发型配位的分子结构液态物质中，比如局域呈四面体分子的单组元液体：Si、Ge、C、SiO_2、GeO_2及H_2O。

Katayama及其课题组人员利用S-Ping8第三代同步辐射装置对液态磷(P)作了细致的高压X射线衍射实验，于压力$P=1GPa$左右在极小的压力差范围内(小于0.02GPa)发现其结构仅几分钟就发生了十分明显的突变，液态P由低密度(2.0g/cm³)结构转变成高密度(2.8g/cm³)结构，而且这一结构转变是可逆的。这项研究立即引起科学界高度重视，McMillan在《自然》杂志上撰文对这一研究结果给予了极高的评价：第一次为压力诱导型非连续液-液结构转变提供了直接的实验依据，表明人类必须修正传统的液体结构连续变化的观念，并重新考虑对液体结构的整体认识。此后的模拟计算也同样证明了液态磷的压力诱导的液-液结构转变的存在。

此外，对于C、SiO_2和Si的理论模拟等的计算结果也表明它们的液态存在由低密度向高密度的液态结构转变，液态金属如Co的黏度实验结果也说明了其液态存在液-液结构转变的可能性。

3. 温度诱导的液-液结构转变的研究

相对于压力诱导的液态结构转变研究来说，温度诱导金属和合金的液态结构转变的研究内容和研究手段更丰富。

2000年开始，内耗技术开始应用于液态结构研究。内耗技术、热分析(DTA、DSC)、液态X射线衍射等手段的实验研究揭示，一些合金熔体，如Pb-Sn、Pb-Bi、In-Sn、In-Bi，在高于液相线(T_L)2~3倍的温度范围可能发生温度诱导的非连续液-液结构转变。In-Sn80%合金液的衍射结果表明，液-液结构转变过程中配位数N_1和原子间距r_1出现不连续异常变化，原子团簇半径R_C、团簇原子数N_C以及有序度(参量$\xi=R_C/r_1$)在转变后期突然下降。In-Sn20%的偶熵在升温过程中也发生了不连续的变化。后来以电阻法研究了这些二元合金的电阻率随温度的变化，发现这些合金在高温范围内的电阻率-温度曲线上均出现了异常变化。这些结果表明了液态合金在高于液相线的数百度温度范围内发生了温度诱导的液态结构转变。

相关文献以电阻法、EXAFS(the extended X-ray absorption fine structure)和XANE(the X-ray absorption near edge structure techniques)技术、分子动力学模拟等研究了GaSb和InSb的原子结构和电子结构，结果表明熔化破坏了大部分的GaSb和InSb的网状共价结构。然而在液态中仍然存在着一些类似晶态的共价键，并认为电子传输特性的特殊变化是由于在熔点以上的液态中虽温度的升高进一步发生结构变化的结果。

一些文献以理论计算和黏度测试等方法研究了合金Bi-Sb、Al-Cu、Sn-Bi等合金温度诱导的液态结构转变，另一些文献也是以不同实验手段或者计算方法研究液态纯Sn、纯Al、In-Sn、Al-Si等结构随温度的变化，结果发现纯金属在液态的高温范围内也可能存在液态结构变化。

尽管近年来科研工作者们采用多种手段和方法，对液态金属和合金进行了较为广泛的研究，但就目前的研究结果看，很多研究还不够深入，对液态结构转变的机理和普适性的认识和掌握还远远不够。不管从研究方法上，还是从研究内容的广度和深度上，对液态金属和合金的液-液转变的研究还有很长的路要走。

➤ 摘自《熔体结构转变及其对凝固的影响》，合肥：合肥工业大学出版社，**2007：15～19.**

阅读材料1-2

共晶 $Al_{71.6}Ge_{28.4}$ 合金液-固结构相关性

孙建俊　田学雷　詹成伟　石新颖

Al-Ge合金是一种简单的共晶合金，因凝固过程中容易产生亚稳相而引起人们的广泛关注。研究表明，Al-Ge亚稳相是性能优良的超导材料。McAlister和Murray总结了早期大量的有关Al-Ge亚稳相的研究内容，在此基础上Srikanth等人对该合金的亚稳相图进行了深入的研究；近期，人们采用"落管技术"使得Al-Ge合金凝固时处于深过冷状态，从而对该合金深过冷状态下凝固获得的亚稳相进行了相关的研究。

1. 实验方法

制备样品所选用的原料为 Al：99.99%，Ge：99.99%，按原子百分比配制成Al71.6Ge28.4共晶合金，在氩气气氛保护下的电弧炉中熔炼，取合金试样进行高温X射线衍射实验。

实验所用的高温熔体X射线衍射仪为乌克兰金属物理所研制的。该设备主要参数为：Mo Kα辐射(波长为0.07017 nm)，石墨单色器，散射角度范围2θ为5°～90°，角度测量精度为0.001°，采样时间精度0.001s，温度测量精度为±5℃，采用尺寸为25mm×30mm×8mm的刚玉坩埚。将样品放入样品室后，先抽真空，然后充入高纯氩气，样品在该气氛保护下加热到1200℃，保温0.5h后，开始降温，在降温的过程中进行测量，测量温度分别为1150℃，950℃，750℃和550℃。

2. 结果及讨论

图1.38是实验所测得的X射线衍射强度，该衍射强度经过一系列校正，归一化及Fourier变换后，可得到结构因子$S(Q)$，径向分布函数RDF及双体分布函数PDF，详细的数据处理过程参见相关文献，图1.39和图1.40为不同温度下熔体的径向分布函数曲线RDF和双体分布函数曲线PDF。

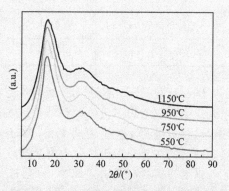

图1.38　4种温度Al71.6Ge28.4熔体的衍射强度曲线

根据径向分布函数和双体分布函数可得到的熔体中原子团簇的配位数N_S、第一配位球半径r_1以及相关半径r_c等数据，见表1-9。原子团簇的配位数N_S、第一配位球半径r_1描述了熔体的原子排布情况，是熔体结构的最重要参数。从1150℃冷却至550℃，原子团簇配位数N_S在七八个原子之间，第一配位球半径r_1在0.267nm左右，这两个参数对温度变化不敏感，熔体中原子团簇结构稳定，随温度改变未发生明显变化；熔体的相关半径 r_c 反映了熔体中原子团簇尺寸的大小。1150℃时相关半径 r_c 为 0.4178nm，当温度降低时，熔体有序结构会逐渐增强。由表 1-9 可以看出，当温度降至 950～550℃时，熔体的相关半径 r_c 突然增加，并保持在 0.58nm 左右。有序度突然增加，连同配位数 N_S 和第一配位球半径 r_1 在 950℃都存在转折，说明熔体发生了变化。但是在液态 X 射线衍射实验过程中并没有发现代表中程有序的预峰的出现，因而推测这种有序度的突变并非是由于熔体中出现了短程有序到中称有序的转变。

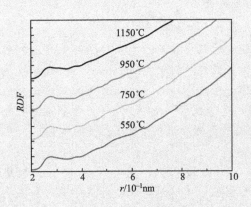

图 1.39　4 种温度 Al71.6Ge28.4 熔体的径向　图 1.40　4 种温度 Al71.6Ge28.4 熔体的双体
　　　　 分布函数曲线　　　　　　　　　　　　　　分布函数曲线

表 1-9　液态 Al71.6 Ge28.4 合金不同温度下的原子团数据

	温度/℃			
	1150	950	750	550
配位数 N_S	7.104	7.743	7.834	7.405
第一配位球半径 r_1/nm	0.2658	0.2698	0.2698	0.2678
相关半径 r_c/nm	0.4178	0.5858	0.5818	0.5858

　　Bernal 曾提出过包括几种结构单元在内的几何模型，认为不同的结构单元以不同的方式组合可以给出不同的短程结构，随着温度的变化，这些有序度较高的结构单元以及它们的相对数量发生了突然变化，都会导致熔体结构的变化。秦敬玉等人也曾指出 Al液态结构的突变是由于熔体中有序度较高的结构单元数量的突然变化而导致的。侯纪新等人则运用同样的观点得到了 CuSn 合金结构突变的原因因此推测 Al71.6Ge28.4 合金有序度的突变是由于有序度相对较高的短程有序结构单元相对数量的突然变化而造成的。

　　如图 1.41 所示，Al-Ge 合金是一种典型的二元有限固溶共晶系合金，共晶成分为Al71.6Ge28.4，共晶反应产物为固溶体 α 相（Al98Ge2）和固溶体 β 相（Al1.1Ge98.9），两者均为 FCC 结构。

根据上述"液态微观多相模型",可推测 Al71.6Ge28.4 合金熔体是由 α 相原子团簇和 β 相原子团簇组成,若把合金 Al71.6Ge28.4 视为 x 相,Al 为第一组元,Ge 为第二组元,则 $C_1^x = 71.6\%$,$C_1^\alpha = 98\%$,$C_1^\beta = 1.1\%$。利用上述公式便可计算得出:$K^\alpha = 72.8\%$,$K^\beta = 27.2\%$。即 Al71.6Ge28.4 熔体是由 72.8%α 相原子团簇和 27.2%β 相原子团簇组成。

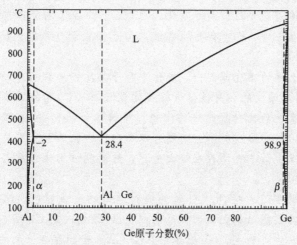

图 1.41 Al‐Ge 合金相图的示意图

在此基础上采用纳米晶粒模型推测合金 Al71.6Ge28.4 熔体的结构及其液固相关性。纳米晶粒模型是研究金属液态结构及其液固相关性的一种新手段。该模型认为金属熔体是由原子团簇组成,这些原子团簇具有某种晶格结构特征;通过该模型可推断液态金属的原子团簇结构是或者不是某种晶格结构。

因此,若将 72.8%α 相的固态粉末衍射强度和 27.2%β 相的固态衍射强度叠加,所得值表示合金 Al71.6Ge28.4 的固态衍射强度,并对该固态衍射强度进行归一化处理,如图 1.42 中竖线所示。利用纳米晶粒模型将该固态衍射峰进行宽化,则得到的曲线表示了具有 α 相原子团簇和 β

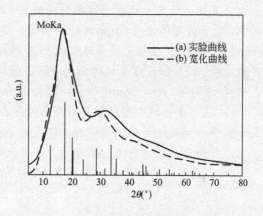

图 1.42 Al71.6Ge28.4 在不同状态下的 X 射线衍射强度曲线

(a) Al71.6Ge28.4 熔体(550℃)的 X 射线衍射强度
(b) 由固态 Al71.6Ge28.4 合金的 X 射线衍射峰宽化而得到的强度,竖线段是固态 Al71.6Ge28.4X 射线衍射峰,其长度是相对强度

相原子团簇组成的 Al71.6Ge28.4 熔体的衍射强度曲线,如图 1.42 中(b)曲线所示。表 1-10 给出了进行"宽化"时的参数。从宽化参数可以发现宽化数据是由固态结构经过很大的畸变才得到的。

表 1-10 共晶合金 Al71.6Ge28.4 固态衍射峰宽化参数   ％

样品	P_1	P_2	C_1	C_2	A	B
Al71.6Ge28.4	0.8	0.2	10	21	1.8	4

其中 P_1 是原子团簇内部原子数的百分数；P_2 是原子团簇表面原子数的百分数；c_1 为原子团簇内部晶格畸变导致衍射峰宽化的系数；c_2 为原子团簇外部晶格畸变导致衍射峰宽化的系数；S 为与晶粒尺寸有关的常数；A 是背底调整系数；B 是温度系数，表示热振动的作用。

在离液相线不太远的温度范围内，液体中原子集团内短程有序结构类似于固体。为了比较该熔体液-固态结构的相关性，选择温度最低(550℃)时的熔体 X 射线衍射强度曲线与上述固态结构宽化后的衍射曲线作比较。将熔体(550℃)X 射线衍射强度进行归一化处理，如图 1.42 中(a)曲线所示。由图可以看出：实验曲线和"宽化曲线"除第一峰基本一致外，第二峰、第三峰均存在较大差异，这说明该熔体结构与其固态结构存在着差异。

Al 和 Ge 是两种不同的材料。Al 作为一种典型的金属材料，熔化后最近邻距离和配位数变化不大，其液态结构仍保留固态时的 FCC 结构；而 Ge 固态结构为 FCC 结构，原子键以共价键结合方式为主，Ge 熔体中 Ge-Ge 原子间存在较大的排斥力，呈现一种拓扑有序结构，原子键以金属键为主；Al71.6Ge28.4 合金作为一种二元有限固溶共晶系合金，其熔体是由 α 相原子团簇和 β 相原子团簇组成。熔化前，α 固溶体相与 Al 晶体结构相同，β 固溶体相与 Ge 晶体结构相同，都是 FCC 结构；熔化后 α 相原子团簇保留了 FCC 结构，而 β 相原子团簇结构由 FCC 结构转变为拓扑有序结构，这种结构变化最终导致合金 Al71.6Ge28.4 熔体结构与固态结构产生了较大差异。

值得讨论的是，Frank 曾指出液固结构不匹配是产生过冷的主要原因。Al71.6Ge28.4 合金的液态结构与固态结构存在差异，并且 Ge-Ge 原子从液态时金属键结合方式为主到固态时的化学键结合方式为主也必然伴随着特殊行为，需要大的能量支持。这必将使得凝固时的形核难度增加，导致该合金凝固时容易形成深过冷状态。

摘自《科学通报》第 54 卷，第 15 期，2009 年：2252～2256.

 思 考 题

1. 基本概念

偶分布函数	偶势	运动黏度
径向分布函数	能量起伏	动力黏度
配位数	结构起伏	表面张力
结构因子	偏结构因子	表面自由能
配位数	黏滞性	润湿角

表面活性物质	负吸附	遗传系数
非表面活性物质	金属遗传性	热速处理
正吸附		

2. 可以通过哪些途径来研究液态金属的结构？

3. 如何理解偶分布函数 $g(r)$ 的物理意义？液体的配位数 N_1、平均原子间距 r_1 的物理意义？

4. 如何理解液态金属的"近程有序"，"远程无序"结构？

5. 试阐述实际液态金属的结构及能量、结构及浓度等三种起伏特征。

6. 液态金属黏滞性的本质及影响因素有哪些方面？

7. 可以从哪些方面来说明黏滞性对液态成型过程的影响？

8. 1593℃的钢液（$w_C = 0.75\%$）加铝脱氧，生成 Al_2O_3，若能使此 Al_2O_3 颗粒上浮到钢液表面就能得到质量较好的钢。假如脱氧产物在 1524mm 深处生成，试确定钢液脱氧 2min 上浮到钢液表面的 Al_2O_3 最小颗粒尺寸。

9. 熔体黏度的测量方法有哪些？各有何特点？

10. 简述表面张力的实质及影响因素。

11. 液态金属的表面张力和界面张力有何区别？表面张力与附加压力的关系又如何？

12. 熔体表面张力的测量方法有哪些？各有何特点？

13. 何谓金属的遗传性？其具体体现在哪几方面？

14. 影响金属遗传性的主要因素有哪些？

15. 半固态金属的流变性主要满足哪类模型？有何特点？

16. 什么是半固态金属表观黏度？影响表观黏度的因素主要有哪些？

第2章
液态金属的流动与传热

本章知识结构图

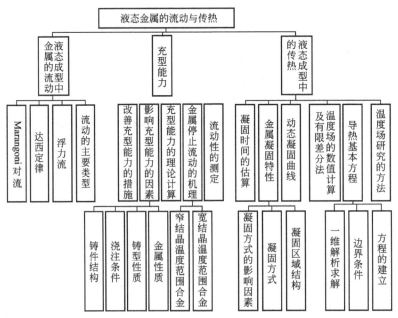

本章学习提示

（1）了解液态成型过程中研究传热问题的基本途径。

（2）掌握导热基本方程的建立；掌握导热方程一维解析求解方法。

（3）了解温度场数值计算的方法；掌握差分格式建立的基本方法。

（4）理解动态凝固曲线及其作用。

（5）掌握金属的凝固区域结构模型；掌握金属的凝固方式及其影响方式。

（6）理解平方根定律并了解其推导过程。

（7）掌握金属充型能力的概念；了解液态金属停止流动的机理及理论计算；理解影响充型能力的因素及改善充型能力的途径。

（8）理解液态成型过程中金属流动的主要类型。

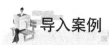
导入案例

在铸造生产过程中，铸造工艺设计的合理与否直接决定铸件废品率的高低和工艺出品率，对铸造企业的经济效益有很大影响。因此设计合理的铸造工艺历来就是铸件生产开发过程的关键，但是长期以来铸造工艺一直以试验和生产经验为基础，这样造成生产、开发周期的延长，不仅使企业的生产成本增加，经济效益降低；更重要的是束缚了企业乃至整个行业生产技术、工艺的发展和更新。

美国、德国和日本等国家的先进铸造企业较早地将工艺过程的模拟技术广泛应用于铸造生产实际，以实现优化设计及缩短生产周期。目前国内也有越来越多的企业利用模拟技术来实现生产工艺的设计及优化。铸造企业目前使用专业软件有 ProCAST、Magma、AnyCasting、华铸等铸造模拟软件。图 2.1 所示为熔模铸件的工艺及充型示意图。

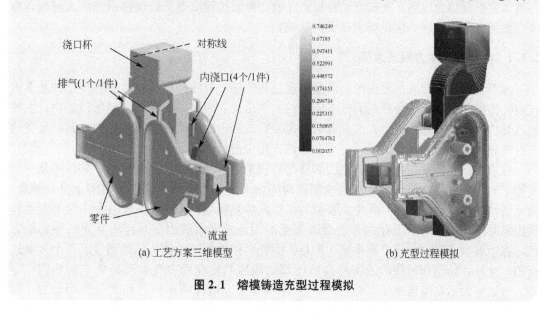

(a) 工艺方案三维模型　　　　　(b) 充型过程模拟

图 2.1　熔模铸造充型过程模拟

在液态成型过程中，液态金属的流动及冷却是最基本的两个物理现象，也就是说流动场和温度场的作用规律对最终铸件的质量起着重要作用。因此，了解液态金属的流动及传热的相关知识，并掌握其基本规律是十分必要的。

2.1　液态成型过程的传热

铸件凝固过程中，许多物理参数都是与温度密切相关的。因此，研究金属液态成型过程中的规律最主要的就是解决不同时刻，铸型和铸件中温度场的变化。根据铸件温度场，就能了解和预测其凝固过程中断面上各时刻的凝固区域大小及变化，凝固速度，凝固时间，缩松和缩孔的倾向等性能，为正确设计工艺方案及参数提供科学的依据，从而改善铸件组织及提高其性能。

在凝固过程温度场研究中，可采用实测法、数学解析法、物理模拟法和数值模拟法等手段。实测法是利用热电偶及相关实验装置获得某一铸型条件下试样某些特定部位温度的变化规律,以了解凝固温度场变化的实验方法;数学解析方法是利用运用数学方法研究铸件和铸型的传热,其主要内容是利用传热学理论,建立相应物理模型,获得表征铸件凝固过程传热特征的各物理量之间的方程式,即铸件和铸型的温度场数学模型并加以求解;数值模拟法是在传热基本方程的基础上,利用有限差分、有限元等数值计算工具,获得温度场的变化规律;目前数值模拟方法日臻完善,应用范围也在进一步拓宽,在实现温度场模拟的同时,还能对工艺参数进行优化、宏观及微观组织的模拟等;物理模拟法是利用专门的热-力模拟装置,在特定试样上进行凝固过程的模拟以获得相关工艺规律或工艺参数的实验方法。从各种研究方法的联系上看,数值模拟方法是目前研究的主要热点,也具有很大的应用空间;但数学解析法也是数值模拟的基础,而实验测定温度场对具体的实际凝固问题有不可替代的作用,也是验证理论计算和计算模拟的必需途径。实际应用中,需要将各种研究手段综合应用,互相取长补短,才能将凝固过程温度场的规律研究深入进行,为液态成型工艺的控制和优化奠定坚实的基础。

2.1.1 导热的基本方程及求解

液态金属在冷却凝固过程中,热量是通过热传导、对流换热及辐射换热等三种基本方式向外传递的。其中热传导是其热量传递的主要形式,因此一般在其温度场讨论中,主要通过热传导的基本方程进行。通常若需考虑凝固过程中的对流换热及辐射换热时,可将这两种传热形式以边界条件的形式应用在导热方程中进行求解。

应该指出,铸件在铸型中的凝固和冷却过程是非常复杂的。这是因为,它首先是一个不稳定的传热过程,铸件上各点的温度随时间而下降,而铸型温度则随时间上升。其次,由于铸件的形状各种各样,其中大多数为三维的传热问题;铸件在凝固过程中又不断地释放出结晶潜热,其断面上存在着已凝固完全的固态外壳、液固态并存的凝固区域和液态区,在金属型中凝固时还可能出现中间层;因此,铸件与铸型的传热是通过若干个区域进行的。此外,铸型和铸件的热物理参数还都随温度的变化而变化,不是固定的数值,等等。将这些因素都考虑进去,建立一个完全符合实际情况的微分方程式是很困难的。因此,用数学分析法研究铸件的凝固过程时,必须对过程进行合理的简化。

1. 导热基本方程的建立

由传热学知识,对于某一温度场(T),其任一点处热流密度(q)与该点处的温度梯度($\mathrm{grad}T$)成正比,即傅里叶定律。用矢量形式表示,如公式(2-1)所示。

$$q = -\lambda \mathrm{grad}T \qquad (2-1)$$

$$\mathrm{grad}T = -\lambda \frac{\partial T}{\partial n}n \qquad (2-2)$$

式中:$\mathrm{grad}T$——温度梯度;

$\quad\quad n$——表示法向单位矢量;

$\quad\quad \dfrac{\partial T}{\partial n}$——表示温度在 n 方向上的导数;

$\quad\quad \lambda$——热导率。

当不考虑内热源,并采用立方坐标系时,傅里叶定律可具有如式(2-3)所示的基本形式。

$$\rho c_{\mathrm{p}} \frac{\partial t}{\partial \tau} = \lambda \left(\frac{\partial^2 t}{\partial x^2} + \frac{\partial^2 t}{\partial y^2} + \frac{\partial^2 t}{\partial z^2} \right) \tag{2-3}$$

式中： t——温度；

τ——时间；

x、y、z——空间坐标；

λ——导热系数；

c_{p}——定压比热容，由于通常凝固过程处于常压状态下，因此 c_{p} 可简化为 c；

ρ——密度。

对于式(2-3)所表示的傅里叶定律通常可写成式(2-4)形式，其中 α 定义为热扩散系数(也称为导温系数)。该方程称为傅里叶导热微分方程，描述了液态成型中铸件(或铸型)的温度场与时间、空间的定量关系。

$$\frac{\partial t}{\partial \tau} = \alpha \left(\frac{\partial^2 t}{\partial x^2} + \frac{\partial^2 t}{\partial y^2} + \frac{\partial^2 t}{\partial z^2} \right) \tag{2-4}$$

$$\alpha = \frac{\lambda}{c\rho} \tag{2-5}$$

式(2-4)也可写成如式(2-6)所示简化形式。

$$\frac{\partial t}{\partial \tau} = \alpha \nabla^2 t \tag{2-6}$$

$$\nabla^2 t = \frac{\partial^2 t}{\partial x^2} + \frac{\partial^2 t}{\partial y^2} + \frac{\partial^2 t}{\partial z^2} \tag{2-7}$$

式中：α——热扩散率；

∇^2——拉普拉斯算子。

2. 导热微分方程的单值条件

方程式(2-4)或方程式(2-6)给出的是各参量之间的最普遍关系，它可以确定物体的导热规律。因此，导热微分方程也可以用来确定液态成型过程铸件和铸型的温度场。由于导热微分方程式是一个基本方程式，用它来解决某一具体问题时，为了使方程式的解确实成为该具体问题的解，就必须对基本方程式补充一些附加条件。这些附加条件就是一般所说的单值性条件。它们把所研究的特殊问题从普遍现象中区别出来。

单值条件通常包括①几何条件，即指物体的几何形状与尺寸，也可认为是求解温度场空间坐标的定义域；②物性条件，指材料的热物性(如密度、比热容、导热系数等)，还要考虑该物性参数是否随温度的变化而变化；③时间条件，即初始条件，指已知某一时刻系统或物体中的温度分布；④边界条件，指物体边界上的热交换条件。

通常，单值条件中的几何条件及物性条件都归属于基本方程本身，而将时间条件和边界条件合称为边值条件。下面对其中的边界条件进行简要的讨论。

传热学上，将物体边界上的换热条件(即边界条件)分为3类。

第一类边界条件(也称 Dirichlet 条件)，即给出物体边界上各点的温度值，数学表达如式(2-8)所示(其中下标表示边界处，下同)。

$$t_{\mathrm{w}}(x, y, z) = f_1(\tau) \tag{2-8}$$

实际上，已知边界处的温度值或温度分布函数可归于此类边界条件。

第二类边界条件(也称 Neumann 条件)，即给出物体边界上各点温度沿边界法向的导数，数学表达如式(2-9)所示。

$$\left.\frac{\partial t(x,\ y,\ z)}{\partial n}\right|_w = f_2(\tau) \tag{2-9}$$

实际问题中，满足第二类边界条件的情况有：

(1) 已知表面上的热流，即

$$\left.-\lambda\frac{\partial t(x,\ y,\ z)}{\partial x}\right|_w = q \tag{2-10}$$

(2) 绝热边界条件，即系统与外界无热交换（如与保温材料接触的物体或物体的某个部分），即

$$\left.-\lambda\frac{\partial t(x,\ y,\ z)}{\partial x}\right|_w = 0 \tag{2-11}$$

(3) 理想接触的边界条件，当两个物体相互接触，在不考虑其接触热阻的情况下（如无涂料金属型铸造中铸型与铸件的接触表面），即

$$\left.\lambda_1\frac{\partial t_1(x,\ y,\ z)}{\partial x}\right|_w = \left.\lambda_2\frac{\partial t_2(x,\ y,\ z)}{\partial x}\right|_w \tag{2-12}$$

第三类边界条件（也称 Robin 条件），即给出物体边界上各点的温度与温度沿边界法向导数的组合，数学表达如式(2-13)所示。

$$a_1 t_w(x,\ y,\ z) + \left.a_2\frac{\partial t(x,\ y,\ z)}{\partial n}\right|_w = f_3(\tau) \tag{2-13}$$

式中：a_1、a_2——常数，且不等于 0。

实际液态成型过程中的传热问题，当需要考虑其对流换热、辐射换热以及考虑接触热阻等情况下，都可归于第三类边界条件。

① 对流换热的边界条件。对流换热时的热流 q_c 可由式(2-14)计算。

$$q_c = h(t_w - t_\infty) \tag{2-14}$$

式中：h——对流换热系数；

　　　t_∞——环境温度；

　　　t_w——物体表面温度。

由热量守恒，边界上的通过对流换热传递的热流量应等于物体内部到表面通过热传导传递的热流，即

$$-\lambda\frac{\partial t}{\partial x} = h(t_w - t_\infty) \tag{2-15}$$

将式(2-15)整理后，得

$$h t_w + \lambda\frac{\partial t}{\partial x} = h t_\infty \tag{2-16}$$

此形式即符合 Robin 条件的表达式(2-13)，说明对流换热可以第三类边界条件的形式加载于热传导方程。

② 辐射换热的边界条件。一般当环境温度大大低于物体表面温度时（$t_w^4 \gg t_\infty^4$），则根据辐射传热的基本规律，此时边界条件可表示为

$$-\lambda\frac{\partial t}{\partial x} = \varepsilon\sigma t_w^4 \tag{2-17}$$

式中：ε——物体的辐射率，指物体的辐射能力与同温度条件下黑体辐射能力之比；

σ——黑体辐射常数(或称之为 Stefan - Boltzmann 常数)，$\sigma=5.67\times10^{-8}\text{W} \cdot \text{m}^{-2} \cdot \text{K}^{-4}$。

式(2-17)所表示的边界条件设计温度的四次方，实际应用时常进行简化处理，方法之一是将其线性化，即获得与对流换热类似的表达形式，如(2-18)所示。

$$-\lambda \frac{\partial t}{\partial x}=h_{\text{r}}(t_{\text{w}}-t_{\infty}) \qquad (2-18)$$

式中：h_{r}——辐射换热系数。

类似与对流换热边界条件，式(2-18)所示的辐射换热边界条件也是满足第三类边界条件的。需要说明的是，虽然式(2-18)形式上与对流换热边界条件类似，但对于辐射换热系数 h_{r} 仍然要利用辐射换热的相关参数及公式，与对流换热系数本质上是有质的不同的。

③ 存在接触热阻的边界条件。当物体与另一固相接触，热流通过界面时，温度会发生突变，此时界面即存在接触热阻。此时边界条件可表示为

$$-\lambda \frac{\partial t}{\partial x}=h_{\text{c}}(t_{\text{w}}-t_{\infty}) \qquad (2-19)$$

式中：h_{c}——界面热阻的倒数。

需要说明是，h_{c} 虽然形式上与对流换热系数类似，但 h_{c} 是在非理想接触条件下的界面上，换热作用常常是三种传热方式兼而有之；另外，t_{∞} 应理解为另一固相的温度。

3. 一维半无限大铸件温度场的解析解

在不稳定导热$\left(\frac{\partial t}{\partial \tau}\neq0\right)$的情况下，导热微分方程的解具有非常复杂的形式。目前只能用来解决某些特殊的问题。例如，对于形状最简单的物体(如平壁、圆柱、球)，它们的温度场都是一维的，可以得到解决。下面以半无限大的铸件为例，运用导热微分方程式求铸件和铸型中的温度场。

假设具有一个平面的半无限大铸件在半无限大的铸型中冷却，如图 2.2 所示。铸件和铸型的材料是均质的，其热扩散率 α_1 和 α_2 近似地为不随温度变化的定值，铸型的初始温度为 t_{20}，并设液态金属充满铸型后立即停止流动，且各处温度均匀，即铸件的初始温度为 t_{10}，将坐标的原点设在铸件与铸型的接触面上。在这种情况下，铸件和铸型任意一点的温度 t 与 y 和 z 无关，为一维导热问题，即

$$\frac{\partial^2 t}{\partial y^2}=0, \quad \frac{\partial^2 t}{\partial z^2}=0 \qquad (2-20)$$

则式(2-4)导热微分方程式可写成如式(2-21)所示的一维形式。

$$\frac{\partial t}{\partial \tau}=\alpha \frac{\partial^2 t}{\partial x^2} \qquad (2-21)$$

以置换变量法求解，其通解为

$$t(x)=C+\text{Derf}\left(\frac{x}{2\sqrt{\alpha\tau}}\right) \qquad (2-22)$$

$$\text{erf}\left(\frac{x}{2\sqrt{\alpha\tau}}\right)=\frac{2}{\sqrt{\pi}}\int_0^{\frac{x}{2\sqrt{\alpha\tau}}}e^{-\beta^2}d\beta \qquad (2-23)$$

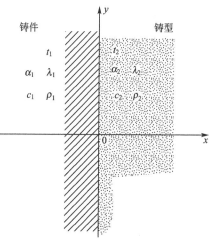

图 2.2　半无限大铸件在铸型中冷却

式中：t——时间为τ时，铸件或铸型内距界面为x处的温度；

C、D——常数；

$\mathrm{erf}(x)$——高斯误差函数，可查表（参见附录）求得。

高斯误差函数的基本性质：①过原点坐标的奇函数，即$x=0$，$\mathrm{erf}(x)=0$；$\mathrm{erf}(-x)=-\mathrm{erf}(x)$。②当$x=\infty$，$\mathrm{erf}(x)=1$；$x=-\infty$，$\mathrm{erf}(x)=-1$。

若下标"1"表示铸件，下标"2"表示铸型，则对于铸件，导热微分方程为

$$\frac{\partial t_1}{\partial \tau}=\alpha_1\frac{\partial^2 t_1}{\partial x^2} \tag{2-24}$$

其通解为

$$t_1=C_1+D_1\mathrm{erf}\left(\frac{x}{2\sqrt{\alpha_1\tau}}\right) \tag{2-25}$$

由边界条件：$x=0(\tau>0)$，$t_1=t_2=t_F$（t_F为界面温度），得$C_1=t_F$。

由初始条件：$\tau=0$，$t_1=t_{10}$，得$D_1=t_F-t_{10}$。

将C_1和D_1代入式（2-25），得铸件温度场的表达式

$$t_1=t_F+(t_F-t_{10})\mathrm{erf}\left(\frac{x}{2\sqrt{\alpha_1\tau}}\right) \tag{2-26}$$

同理，对于铸型，导热微分方程为

$$\frac{\partial t_2}{\partial \tau}=\alpha_2\frac{\partial^2 t_2}{\partial x^2} \tag{2-27}$$

其通解为

$$t_2=C_2+D_2\mathrm{erf}\left(\frac{x}{2\sqrt{\alpha_2\tau}}\right) \tag{2-28}$$

利用单值条件求出$C_2=t_F$，$D_2=t_{20}-t_F$。代入式（2-28），得铸型温度场公式

$$t_2=t_F+(t_{20}-t_F)\mathrm{erf}\left(\frac{x}{2\sqrt{\alpha_2\tau}}\right) \tag{2-29}$$

界面温度t_F可利用界面处热流连续的关系，即

$$\lambda_1\left[\frac{\partial t_1}{\partial x}\right]_{x=0}=\lambda_2\left[\frac{\partial t_2}{\partial x}\right]_{x=0} \tag{2-30}$$

对式（2-26）和式（2-28）在$x=0$处求导，得

$$\left[\frac{\partial t_1}{\partial x}\right]_{x=0}=\frac{t_F-t_{10}}{\sqrt{\pi\alpha_1\tau}}$$
$$\left[\frac{\partial t_2}{\partial x}\right]_{x=0}=\frac{t_{20}-t_F}{\sqrt{\pi\alpha_2\tau}} \tag{2-31}$$

代入式（2-30），经整理得

$$t_F=\frac{b_1t_{10}+b_2t_{20}}{b_1+b_2} \tag{2-32}$$

式中：b_1——铸件的蓄热系数，$b_1=\sqrt{\lambda_1c_1\rho_1}$；

b_2——铸型的蓄热系数，$b_2=\sqrt{\lambda_2c_2\rho_2}$。

将式（2-32）分别代入式（2-26）、式（2-29）即得一维半无限大条件下铸型和铸件的温度场的数学解析式。

$$t_1 = \frac{b_1 t_{10} + b_2 t_{20}}{b_1 + b_2} + \left(\frac{b_1 t_{10} + b_2 t_{20}}{b_1 + b_2} - t_{10} \right) \mathrm{erf}\left(\frac{x}{2\sqrt{\alpha_1 \tau}} \right) \qquad (2-33)$$

$$t_2 = \frac{b_1 t_{10} + b_2 t_{20}}{b_1 + b_2} + \left(t_{20} - \frac{b_1 t_{10} + b_2 t_{20}}{b_1 + b_2} t_F \right) \mathrm{erf}\left(\frac{x}{2\sqrt{\alpha_2 \tau}} \right) \qquad (2-34)$$

以上的推导过程中没有考虑金属凝固时的结晶潜热,若考虑金属的结晶潜热,并认为液态金属与固态金属的导热系数和比热容不同,解法就要复杂得多。图 2.3 所示为铸件和铸型在浇注后不同时刻的温度场,是由解析法求得的,所用的热物理参数见表 2-1。

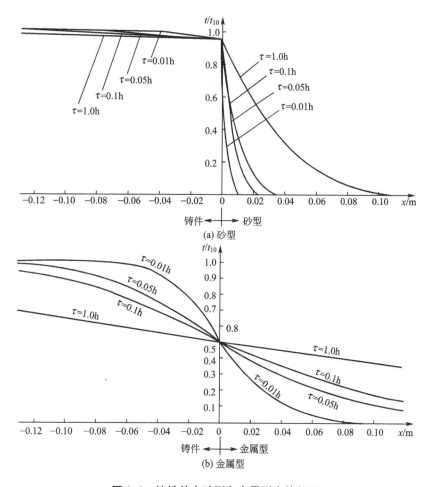

图 2.3 铸铁件在砂型和金属型中的凝固

表 2-1 铸铁和铸型的热物理参数

热物理值 材料	导热系数 $\lambda / [\mathrm{W} \cdot (\mathrm{m} \cdot ^\circ\!\mathrm{C})^{-1}]$	比热容 $c / [\mathrm{J} \cdot (\mathrm{kg} \cdot ^\circ\!\mathrm{C})^{-3}]$	密度 $\rho / (\mathrm{kg} \cdot \mathrm{m}^{-3})$	热扩散率 $\alpha / (\mathrm{m}^2 \cdot \mathrm{S}^{-1})$
铸铁	46.5	753.6	7000	8.8×10^{-5}
砂型	0.314	963.0	1350	2.4×10^{-7}
金属型	61.64	544.8	7100	1.58×10^{-5}

4. 凝固潜热的处理

具有一定过热度的液态金属冷却时，温度逐渐下降，当温度下降至液相线以后，会发生凝固。液相逐渐要转变为固相，与此同时会释放出凝固潜热(也称为结晶潜热或熔化潜热)。实际上，潜热是随着固相含量的增加逐步释放的，同时释放出的潜热也会影响温度场，减缓铸件的冷却与凝固速度。

要考虑凝固过程的潜热影响，在温度场的计算处理上有多种模型来解决，下面仅举两种方法加以简要说明。

1) 内热源法

即将凝固潜热看成铸件凝固过程温度场中的内热源，于是可以通过具有内热源的傅里叶导热微分方程(2-35)进行求解。

$$\rho c \frac{\partial t}{\partial \tau} = \lambda\left(\frac{\partial^2 t}{\partial x^2} + \frac{\partial^2 t}{\partial y^2} + \frac{\partial^2 t}{\partial z^2}\right) + \rho L \frac{\partial g_s}{\partial \tau} \tag{2-35}$$

式中：L——凝固潜热；

    g_s——固相的体积分数，在实际应用中可近似用固相的质量分数 f_s 代替(即近似认为 $g_s = f_s$)。

其中式(2-35)中右边第二项表示潜热的影响，也可表示为

$$\rho L \frac{\partial g_s}{\partial \tau} = \rho L \frac{\partial f_s}{\partial t}\frac{\partial t}{\partial \tau} \tag{2-36}$$

将式(2-36)代入式(2-35)，得

$$\rho\left(c - L\frac{\partial f_s}{\partial t}\right)\frac{\partial t}{\partial \tau} = \lambda\left(\frac{\partial^2 t}{\partial x^2} + \frac{\partial^2 t}{\partial y^2} + \frac{\partial^2 t}{\partial z^2}\right) \tag{2-37}$$

式(2-37)即为考虑凝固潜热时的傅里叶方程，与公式(2-4)相比较，可见处理潜热项的关键在于求得固相分数 f_s 随温度变化的规律$\left(\frac{\partial f_s}{\partial \tau}\right)$。限于篇幅，关于此规律的一些模型或公式此处不再阐述，读者若需要可参阅其他参考书。

2) 当量比热容法

该方法的思路是将潜热的影响转化为无内热源的傅里叶导热基本方程中物性参数的改变，即改变其比热容 c，为区别实际液相或固相的比热容，将其定义为当量比热容(也称有效比热容)，以 c_e 表示。当量比热容 c_e 的表达式如式(2-38)所示。

$$c_e = c + L_0 \tag{2-38}$$

式中：L_0——单位质量金属在凝固温度范围内降低单位温度时释放的潜热。

由式(2-38)可知，潜热的释放模式则是求解 L_0 的关键，若假设在液相线与固相线之间潜热是均匀释放的，则有

$$L_0 = \frac{L}{t_L - t_S} \tag{2-39}$$

式中：t_L、t_S——分别表示液相线温度、固相线温度。

采用式(2-39)则非常简单地考虑了潜热的影响。但实际上在凝固温度范围内，固相的析出往往并不随温度下降均匀析出，由此潜热的释放并不是均匀的(即 L_0 不为常数)。通常可将 L_0 随温度变化的关系 $L_0(t)$ 采用线性、二次方或满足 Scheil 方程等规律进行求解。

2.1.2 温度场的数值计算

实际上，一般的铸件在液态成型过程中的温度场是难以得到如上述一维半无限大物体模型的数学解析式解的，但并不代表无法求解。可以利用诸如有限元、有限差分等计算方法来获得其近似解，这也是现代凝固过程数值模拟技术发展的基础。下面简要介绍下差分法的基本原理。

有限差分法(Finite Difference Method，FDM)的物理基础是能量守恒定律，它可直接从已有的导热方程及其边界条件来得到差分方程；也可以在物体内部任取一单元，通过建立该单元的能量平衡来得到差分方程。不论何种方法，其基本思想都是把求解物体内温度随空间、时间连续分布的问题，转化为空间领域与时间领域的有限个离散点上求温度值的问题，并进而用这些离散点上的温度值去逼近连续的温度分布曲线。

1. 差商

有限差分法的数学基础是用差商代替微商。对于一阶差商有前向差商、后向差商及中心差商几种形式，分别如式(2-40)、式(2-41)、式(2-42)所示。

$$\frac{\mathrm{d}t}{\mathrm{d}x} = \frac{t(x+\Delta x) - t(x)}{\Delta x} \tag{2-40}$$

$$\frac{\mathrm{d}t}{\mathrm{d}x} = \frac{t(x) - t(x-\Delta x)}{\Delta x} \tag{2-41}$$

$$\frac{\mathrm{d}t}{\mathrm{d}x} = \frac{t(x+\Delta x) - t(x-\Delta x)}{2\Delta x} \tag{2-42}$$

在微积分中我们知道 $\dfrac{\mathrm{d}t}{\mathrm{d}x} = \lim\limits_{\Delta x \to 0} \dfrac{t(x+\Delta x) - t(x)}{\Delta x}$，由此为了了解各种差商的误差大小，将函数 $t(x)$ 按泰勒(Tayler)级数展开，如式(2-43)。

$$t(x+\Delta x) = t(x) + \Delta x t'(x) + \frac{(\Delta x)^2}{2!} t''(x) + \frac{(\Delta x)^3}{3!} t'''(x) + O\left[(\Delta x)^4\right] \tag{2-43}$$

式中：O——表示数量级，$O\left[(\Delta x)^4\right]$ 表示第五项以后各项的代数和，其数值与 $(\Delta x)^4$ 属同一数量级。

由此可见，差商与微商之间的偏差就是截去了泰勒级数高阶项所引起的，一般称此泰勒级数高阶项为"截断误差"。用前向差商或后向差商来替代微商，其截断误差与 Δx 属同一数量级，而用中心差商替代微商，其截断误差与 $(\Delta x)^2$ 属同一数量级，显然中心差商的截断误差较小。

对一阶差商再求其差商，即二阶差商。实际计算中常用前向差商的后向差商(也称之为中心差商)来替代微商，即

$$\frac{\mathrm{d}^2 t}{\mathrm{d}x^2} = \frac{t(x+\Delta x) - 2t(x) + t(x-\Delta x)}{(\Delta x)^2} \tag{2-44}$$

二阶差商的截断误差也是与 $(\Delta x)^2$ 同阶的小量。

同理，偏微商也可用相应的差商来替代，即

$$\frac{\partial t(x, \tau)}{\partial x} = \frac{t(x+\Delta x, \tau) - t(x, \tau)}{\Delta x} \tag{2-45}$$

$$\frac{\partial t(x,\ \tau)}{\partial x}=\frac{t(x,\ \tau)-t(x-\Delta x,\ \tau)}{\Delta x} \tag{2-46}$$

$$\frac{\partial t(x,\ \tau)}{\partial x}=\frac{t(x+\Delta x,\ \tau)-t(x-\Delta x,\ \tau)}{2\Delta x} \tag{2-47}$$

上述式(2-45)、式(2-46)、式(2-47)表示为一阶偏微商的前向差商、后向差商及中心差商。类似地，其二阶偏微商的近似差商如式(2-48)所示。

$$\frac{\partial^2 t(x,\ \tau)}{\partial x^2}=\frac{t(x+\Delta x,\ \tau)-2t(x,\ \tau)+t(x-\Delta x,\ \tau)}{(\Delta x)^2} \tag{2-48}$$

2. 差分格式

将导热偏微分方程及其单值条件转化为线性代数方程组，这是数值计算的关键。利用差分原理、傅里叶导热偏微分方程及其单值条件转化成的线性方程组称为差分格式。

为简化讨论，下面仅讨论一维空间的温度场方程的差分格式，并假设热扩散系数 α 为常数。即已知基本方程为式(2-49)~式(2-51)，其中式(2-50)表示边界条件，式(2-51)表示初始条件。

$$\frac{\partial t(x,\ \tau)}{\partial \tau}=\alpha\frac{\partial^2 t(x,\ \tau)}{\partial x^2} \tag{2-49}$$

其中，变量 x、τ 的定义域分别为 $0<x<l$、$\tau>0$。

$$t(0,\ \tau)=t(l,\ \tau)=t_w \tag{2-50}$$

$$t(x,\ 0)=t_0 \tag{2-51}$$

其中：t_w、t_0——分别代表边界温度及初始温度，为已知量。

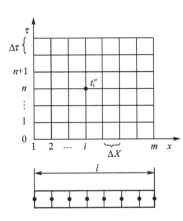

图 2.4 空间及时间的离散及其表示方法(单元划分)

要得到上述方程的差分格式，第一步需要划分单元，即将求解域进行离散化。式(2-49)~式(2-51)所示方程组中变量 x、τ 的定义域分别为 $0\leqslant x\leqslant l$、$\tau\geqslant0$。我们将其划分成若干节点(如图2.4所示)，空间坐标 x 划分为 m 个节点(每个节点之间的距离大小称为步长)，即 $i=0,1,2,\cdots,m$；时间坐标 τ 按一定的时间步长 $\Delta\tau$，其节点依次为 $\Delta\tau\cdot n$，$n=0,1,2,\cdots$(数字为时间步长的倍数)。则在定义域内任意一空间及时间的温度可表示为 t_i^n。

第二步将基本方程差分化，即对式(2-49)进行差分。若内部任意节点 t_i^n，当然满足式(2-49)，将其等式左边用前向差商来近似，右边二阶偏微分用中心差商来近似，分别得到式(2-52)、式(2-53)。

$$\left(\frac{\partial t}{\partial \tau}\right)_i^n=\frac{t_i^{n+1}-t_i^n}{\Delta \tau} \tag{2-52}$$

$$\alpha\left(\frac{\partial^2 t}{\partial x^2}\right)_i^n=\alpha\frac{t_{i+1}^n-2t_i^n+t_{i-1}^n}{(\Delta x)^2} \tag{2-53}$$

将式(2-52)、式(2-53)相等，整理后得

$$t_i^{n+1}=ft_{i+1}^n+(1-2f)t_i^n+ft_{i-1}^n \quad (n=1,\ 2,\ \cdots;\ i=2,\ 3,\ \cdots,\ m-1) \quad (2-54)$$

$$f=\frac{\alpha\Delta\tau}{(\Delta x)^2} \quad (2-55)$$

第三步，再将边界条件及初始条件进行差分，即由式(2-50)及式(2-51)离散化得

$$t_1^n=t_m^n=t_w \quad (n=0,\ 1,\ 2,\ \cdots) \quad (2-56)$$

$$t_i^0=t_0 \quad (i=2,\ 3,\ \cdots,\ m-1) \quad (2-57)$$

上述式(2-54)~式(2-57)所组成的方程组即为所求差分格式。即在已知边界温度及初始温度的条件下，通过该方程组的迭代运算，可得任一时间、空间上的温度值。

为更好地理解该迭代运算，还可参考图2.5。若求解第$(n+1)\Delta\tau$时刻，$i\Delta x$处的温度值t_i^{n+1}，则该处温度可用上一时刻该处及相邻两个节点处的温度求得。对于冷却过程的非稳态温度场而言，即利用前一时刻的三个已知节点温度即可获得后一时刻某一节点的温度值。此种差分格式，也称为显示差分格式。

类似地，若将式(2-49)差分格式写为式(2-58)形式，即可得到方程组(2-59)。推导过程限于篇幅，此处不再赘述，读者可自行推导。

$$\left(\frac{\partial t}{\partial \tau}\right)_i^n=\alpha\left(\frac{\partial^2 t}{\partial x^2}\right)_i^{n+1} \quad (2-58)$$

$$-ft_{i+1}^{n+1}+(1+2f)t_i^{n+1}-ft_{i-1}^{n+1}=t_i^n \quad (n=1,\ 2,\ \cdots;\ i=2,\ 3,\ \cdots,\ m-1)$$

$$t_1^n=t_m^n=t_w \quad (n=0,\ 1,\ 2,\ \cdots) \quad (2-59)$$

$$t_i^0=t_0 \quad (i=2,\ 3,\ \cdots,\ m-1)$$

参考图2.6，式(2-59)所表示的差分格式对于每一节点建立的方程，是三个未知量，一个已知量，需要在$(n+1)\Delta\tau$时刻对m个节点同时建立m个方程，再求解此线性方程组，才能得到$(n+1)\Delta\tau$时刻m个节点的温度值，这种差分格式也称为隐式差分格式。

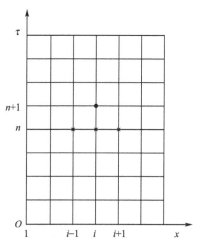

图2.5 显示差分格式示意图

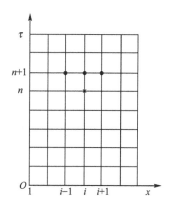

图2.6 隐示差分格式示意图

显然，隐式差分格式从计算量来讲，要大大高于显式差分格式，但其具有更好地稳定性及计算精度。当然，在实际应用中还有其他的差分格式，如六点差分格式、带权差分格式等，此处不再一一介绍。

2.1.3 不同界面热阻条件下温度场的特点

1. 铸件在绝热铸型中凝固

砂型、石膏型、陶瓷型、熔模铸造等铸型材料的导热系数远小于凝固金属的导热系数，可统称为绝热铸型。因此，在凝固传热中，金属铸件的温度梯度比铸型中的温度梯度小得多。相对而言，金属中的温度梯度可忽略不计。

在这种情况下，铸件和铸型的温度分布如图2.7所示。由此可以认为，在整个传热过程中，铸件断面的温度分布是均匀的，铸型内表面温度接近铸件的温度。如果铸型足够厚，由于铸型的导热性很差，铸型的外表面温度仍然保持为t_{20}。所以，绝热铸型本身的热物理性质是决定整个系统传热过程的主要因素。

2. 金属-铸型界面热阻为主的金属型中凝固

较薄的铸件在工作表面涂有涂料的金属型中铸造时，就属于这种情况。金属-铸型界面处的热阻较铸件和铸型中的热阻大得多，这时，凝固金属和铸型中的温度梯度可忽略不计，即认为温度分布是均匀的，传热过程取决于涂料层的热物理性质。若金属无过热浇注，则界面处铸件的温度等于凝固温度($t_F=t_C$)，铸型的温度保持为t_{20}，如图2.8所示。

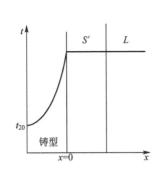

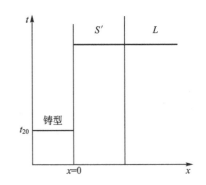

图 2.7　绝热铸型中铸件和铸型的温度分布　　**图 2.8　以界面热阻为主的温度分布**

3. 厚壁金属型中的凝固

当金属型的涂料层很薄时，厚壁金属型中凝固金属和铸型的热阻都不可忽略，因而都存在明显的温度梯度。由于此时金属-铸型界面的热阻相对很小，可忽略不计，则铸型内表面和铸件表面温度相同。可以认为，厚壁金属型中的凝固传热为两个相连接的半无限大物体的传热，整个系统的传热过程取决于铸件和铸型的热物理性质，其温度分布如图2.9所示。

4. 水冷金属型中的凝固

在水冷金属型中，是通过控制冷却水温度和流量使铸型温度保持近似恒定($t_{2F}=t_{20}$)的，在不考虑金属-铸型界面热阻的情况下，凝固金属表面温度等于铸型温度($t_{1F}=t_{20}$)。

在这种情况下，凝固传热的主要热阻是凝固金属的热阻，铸件中有较大的温度梯度。系统的温度分布如图 2.10 所示。

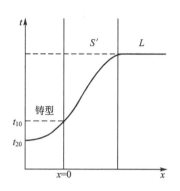 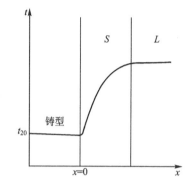

图 2.9　厚壁金属型凝固的温度分布　　　　**图 2.10　水冷金属型中凝固的温度分布**

2.1.4　动态凝固曲线

铸件温度场的测定方法如图 2.11 所示。将一组热电偶的热端固定在型腔中（如铸型中）的不同位置，利用多点自动记录电子电位计（或其他自动记录装置）作为温度测量和记录装置，即可记录自金属液注入型腔起至任意时刻铸件断面上各测温点的温度-时间曲线，如图 2.12(a) 所示。根据该曲线可绘制出铸件断面上不同时刻的温度场［图 2.12(b)］和铸件的凝固动态曲线［图 2.13(b)］。

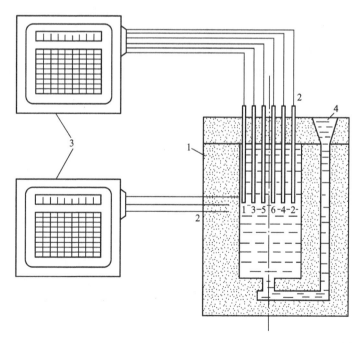

图 2.11　铸件温度场测定方法示意图

1—铸型　2—热电偶　3—多点自动记录电子电位计　4—浇注系统

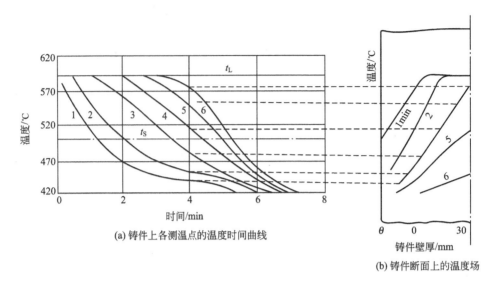

(a) 铸件上各测温点的温度时间曲线

(b) 铸件断面上的温度场

图 2.12 Al - Zn42.4%合金铸件温度图

铸件温度场的绘制方法：以温度为纵坐标，以离开铸件表面向中心的距离为横坐标，将图 2.12(a)中同一时刻各测温点的温度值分别标注在图 2.12(b)的相应点上，连接各标注点即得到该时刻的温度场。以此类推，则可绘制出各时刻铸件断面上的温度场。

可以看出，铸件的温度场随时间的变化而变化，为不稳定温度场。铸件断面上的温度场也称做温度分布曲线。如果铸件均匀壁两侧的冷却条件相同，则任何时刻的温度分布曲线对铸件壁厚的轴线都是对称的。温度场的变化速率，即为表征铸件冷却强度的温度梯度。温度场能更直观地显示出凝固过程的情况。

图 2.13 所示是铸件的凝固动态曲线，也是根据直接测量的温度-时间曲线绘制的。首先在图 2.13(a)上给出合金的液相线和固相线温度，把二直线与温度-时间曲线相交的各点分别标注在图 2.13(b)(x/R，τ)坐标系上，再将各点连接起来，即得凝固动态曲线。纵坐标分子 x 是铸件表面向中心方向的距离，分母 R 是铸件壁厚的一半或圆柱体和球体的半径。因凝固是从铸件壁两侧同时向中心进行的，所以 $x/R=1$ 表示已凝固至铸件中心。

图 2.13(b)左边的曲线与铸件断面上各时刻的液相等温线相对应，称为"液相边界"，右边的曲线与固相等温线相对应，称为"固相边界"。从图 2.13(b)可以看出，时间为 2min 时，距铸件表面 $x/R=0.6$ 处合金开始凝固，由该处至铸件中心的合金仍为液态（液相区）；$x/R=0.2$ 处合金刚刚凝固完了，从该处至铸件表面的合金为固态（固相区），二者之间是液-固两相区（凝固区）。到 3.2min 时，液相区消失。经过 5.3min，铸件壁凝固完毕。所以，图 2.13(b)的两条曲线是表示铸件断面上液相和固相等温线由表面向中心推移的动态曲线。"液相线"边界从铸件表面向中心移动，所到之处凝固就开始；过一段时间，"固相线"边界离开铸件表面向中心移动，所到之处凝固就完毕。因此，也称液相线边界为"凝固始点"，固相线边界为"凝固终点"。图 2.13(c)所示是铸件断面上某时刻的凝固情况。

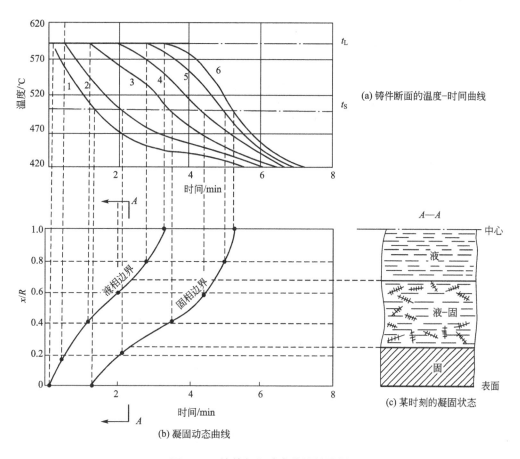

(a) 铸件断面的温度-时间曲线

(b) 凝固动态曲线

(c) 某时刻的凝固状态

图 2.13　铸件凝固动态曲线的绘制

2.1.5　金属的凝固特性

1. 凝固区域及其结构

铸件在凝固过程中，除纯金属和共晶成分合金外，断面上一般都存在三个区域，即固相区、凝固区和液相区。铸件的质量与凝固区域有密切关系。

图 2.14 是凝固区域结构的示意图(另一半与之对称)。凝固区域又可划分为两个部分。液相占优势的液-固部分和固相占优势的固-液部分。在液固部分中，晶体处于悬浮状态而未连成一片，液相可以自由移动。用倾出法做实验时，晶体能够随同液态金属一起被倾出。因此，液-固部分和固-液部分的边界叫"倾出边界"。还可以把固-液区域进一步划分为两个区域，在图示右边的区域内，晶体已经连成骨架，但是液体还能在其间流动；在左边的区域内，因为已接近固相线温度，固相占绝大部分，并已连结成为牢固的晶体骨架，存在于骨架之间的少量液体被分割成一个个互不沟通的小"溶池"(图中的黑点)。当这些小溶池进行凝固而发生体积收缩时，得不到外部液体的补充，最终会形成显微缩松，这也是铸件组织疏松的根本原因。我们也把固液部分中这两个区域的边界称为"补缩边界"，在"补缩边界"近液相一侧凝固过程中的外部液态金属能充分补缩；而在"补缩边界"近固相的凝固区域中，孤立存在的熔体最终凝固产生的体积收缩是得不到外部液态金属的补缩的。

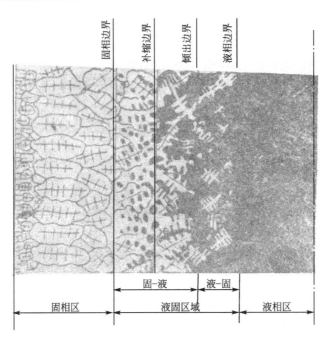

图 2.14 凝固区域结构示意图

2. 铸件的凝固方式

一般将铸件的凝固方式分为三种类型：逐层凝固方式、体积凝固方式（或称糊状凝固方式）和中间凝固方式。铸件的凝固方式取决于凝固区域的宽度。

图 2.15(a)所示为恒温下结晶的纯金属或共晶成分合金某瞬间的凝固情况。t_C 是结晶温度，T_1 和 T_2 是铸件断面上两个不同时刻的温度场。

从图中可观察到，恒温下结晶的金属，在凝固过程中其铸件断面上的凝固区域宽度等于零。断面上的固体和液体由一条界线（凝固前沿）清楚地分开。随着温度的下降，固体层不断加厚，逐步到达铸件中心。这种情况为"逐层凝固方式"。

如果合金的结晶温度范围很小，或断面温度梯度很大时，铸件断面的凝固区域则很窄，也属于逐层凝固方式（图 2.15(b)）。

如果因铸件断面温度场较平坦 [图 2.16(a)]，或合金的结晶温度范围很宽 [图 2.16(b)]，

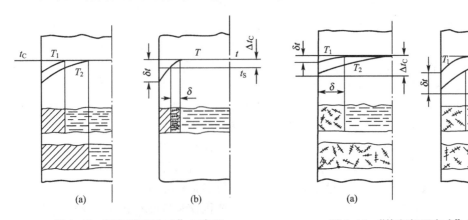

图 2.15 "逐层凝固方式"示意图　　　图 2.16 "体积凝固方式"示意图

铸件凝固的某一段时间内，其凝固区域在某时刻贯穿整个铸件断面时，则在凝固区域里既有已结晶的晶体也有未凝固的液体，这种情况为"体积凝固方式"，或称"糊状凝固方式"。

如果合金的结晶温度范围较窄（图2.17(a)），或者铸件断面的温度梯度较大（图2.17(b)），铸件断面上的凝固区域宽度介于前两者之间时，则属于"中间凝固方式"。

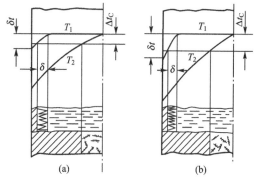

图2.17　"中间凝固方式"示意图

凝固区域的宽度可以根据凝固动态曲线上的"液相边界"与"固相边界"之间的纵向距离直接判断。因此，这个距离的大小是划分凝固方式的一个准则。如果两条曲线重合在一起（即表明为恒温下结晶的金属）或者其间距很小，则趋向于逐层凝固方式。如果两曲线的间距很大，则趋向于体积凝固方式。如果两曲线之间距较小，则为中间凝固方式。

3. 铸件的凝固方式的影响因素

铸件断面凝固区域的宽度是由合金的结晶温度范围和温度梯度两个量决定的。在铸件断面温度梯度相近的情况下，固液相区的宽度取决于铸件合金的凝固温度区间 ΔT_c 的大小。图2.18所示是三种不同碳质量分数的碳钢在砂型和金属型中凝固时测得的动态凝固曲线。可见，随着碳质量分数增加，碳钢的结晶温度范围在不断扩大，铸件断面的凝固区域随之加宽。低碳钢在砂型中的凝固近于逐层凝固方式，中碳钢为中间凝固方式，高碳钢近于体积凝固方式。

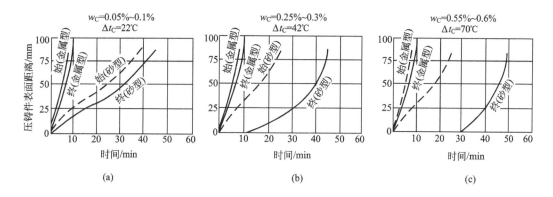

图2.18　不同碳钢在砂型和金属型中凝固时测得的动态凝固曲线

当铸件合金成分确定后，铸件断面固液相区的宽度则取决于铸件中的温度梯度。温度梯度较大时，固液相区的宽度较窄，则合金趋向于逐层凝固方式，反之依然。图2.19所示为青铜（ZCuSn10Zn2）和黄铜（ZCuZn38）在砂型和金属型中铸造的凝固动态曲线。ZCuSn10Zn2为典型的体积凝固方式，ZCuZn38近于中间凝固方式。

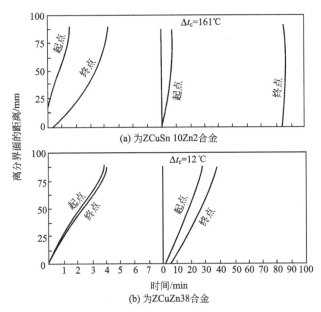

图 2.19　ZCuSn10Zn2 和 ZCuZn38 合金的凝固过程

（左部为金属型，右部为砂型）

2.1.6　凝固时间

铸件的凝固时间是指从液态金属充满型腔后至凝固完毕所需要的时间，单位时间凝固层增长的厚度称之为凝固速度。铸件的凝固时间是确定工艺参数，获得优良质量铸件的重要依据。如在设计冒口和冷铁时需要对铸件的凝固时间进行估算，以保证冒口具有合适的尺寸和正确布置的冷铁。对于大型铸件及生产线的流水作业，也需要对其凝固时间进行估算。

1. 理论推导

仍以无限大平板件为例，在温度场推导的基础上对凝固时间进行简单的理论推导。

由前述对无限大平板的温度场中推导公式

$$t_2 = t_F + (t_{20} - t_F) \operatorname{erf}\left(\frac{x}{2\sqrt{\alpha_2 \tau}}\right) \tag{2-60}$$

对其在 $x=0$ 处进行求导，得

$$\left.\frac{\partial t_2}{\partial x}\right|_{x=0} = (t_{20} - t_F)\frac{1}{\sqrt{\pi a_2 \tau}} \tag{2-61}$$

铸型单位面积在时间 τ 内所吸收得热量 q'，根据传热学中傅里叶定律，有

$$\frac{\partial q'}{\partial \tau} = \frac{\lambda_2 (t_F - t_{20})}{\sqrt{\pi a_2 \tau}} = \frac{b_2 (t_F - t_{20})}{\sqrt{\pi \tau}} \tag{2-62}$$

则

$$q' = \frac{2b_2}{\sqrt{\pi}}(t_F - t_{20})\sqrt{\tau} \tag{2-63}$$

铸型通过整个工作表面 S_1 在时间 τ 内吸收的总热量 Q'

$$Q' = \frac{2b_2}{\sqrt{\pi}}(t_F - t_{20})S_1\sqrt{\tau} \qquad (2-64)$$

在同一时间 τ 内，铸件放出的热量 Q''

$$Q'' = V_1\rho_1[L + c_1(t_{浇} - t_s)] \qquad (2-65)$$

由热量守恒，$Q' = Q''$，得

$$\sqrt{\tau} = \frac{V_1}{S_1}\frac{\sqrt{\pi}\rho_1[L + c_1(t_{浇} - t_s)]}{2b_2(t_F - t_{20})} \qquad (2-66)$$

对铸件的凝固时间进行理论计算，需已知铸件和铸型的热物理参数、液态金属的浇注温度、铸型的初始温度及铸型-铸件的界面温度等，计算式较为繁杂。并且，此理论公式是以半无限大的铸件的物理模型为基础，在推导过程中进行了许多简化和假设。因此式(2-66)的应用仍有很大的局限，仅仅作为一种近似的计算，在实际生产中应用较少。

2. 平方根定律

由式(2-63)给出了 τ 时间内铸型从铸件吸收的热量 q'，在此时间内假设铸件凝固了 ξ 的厚度，则凝固层所放出的热量 q'' 为

$$q'' = \xi\rho_1[L + c_1(t_{浇} - t_s)] \qquad (2-67)$$

同样的，$q' = q''$ 得

$$\xi = \frac{2b_2(t_F - t_{20})}{\sqrt{\pi}\rho_1[L + c_1(t_{浇} - t_s)]}\sqrt{\tau} \qquad (2-68)$$

令凝固系数 $\qquad K = \dfrac{2b_2(t_F - t_{20})}{\sqrt{\pi}\rho_1[L + c_1(t_{浇} - t_s)]}$

则

$$\xi = K\sqrt{\tau} \qquad (2-69)$$

$$\tau = \frac{\xi^2}{K^2} \qquad (2-70)$$

式(2-69)、式(2-70)即为平方根定律，表明凝固层厚度 ξ 与凝固时间 τ 的平方根成正比。凝固系数 K 从其定义中可看出，与许多因素有关，在实际中常用实验方法测得。表2-2列出了几种常用材料的凝固系数。

平方根定律由于在其推导过程中，作了许多假设，铸件在凝固过程中并非自始至终遵循。另一方面，实际铸件和铸型都是有限体，除了大平板类零件之外并不能看成无限大平面；铸型-铸件界面温度不是恒定不变的；铸型、铸件的热物理参数是随温度的变化而改变的。所以，该定律有很大的局限性，只能较准确地反映出大型平板类零件的凝固时间。但平方根定律还是反映了凝固过程的一些基本规律，在引入凝固系数 K 后，使用简便，所以仍是计算铸件凝固时间的基本公式。

表 2-2 常用材料在砂型和金属型铸造时的凝固系数

材料	铸型种类	$K/\left[cm\left(\sqrt{min}\right)^{-1}\right]$
灰铸铁	砂型	0.72
	金属型	2.2
可锻铸铁	砂型	1.1
	金属型	2.0
铸钢	砂型	1.3
	金属型	2.6
黄铜	砂型	1.8
	金属型	3.0
铸铝	砂型	—
	金属型	3.1

3. 折算厚度法则

由于平方根定律没有考虑到不同铸件的形状差异，需要引入更具普遍意义的计算方法。将式(2-66)中 V_1、S_1 推广理解为一般铸件的体积与表面积，并定义折算厚度 R

$$R=\frac{V_1}{S_1} \tag{2-71}$$

K 的定义同上，则一般铸件凝固时间的近似计算公式可表示为：

$$\sqrt{\tau}=\frac{R}{K} \tag{2-72}$$

其中 R 又称为"模数"，式(2-72)称为"模数法"或"折算厚度法则"。

由模数的定义可见，模数 R 反映了铸件的几何特征。生产中应用此公式计算铸件的凝固时间，首先要计算出铸件的模数。可以看到折算厚度法则的推导与平方根定律类似，也是基于凝固时间的理论推导基础上，同样是半无限大物体假设及各种简化条件下的近似公式，对非大平面类铸件仍存在较大误差。

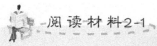

阅读材料2-1

铸铝件凝固过程三维瞬态温度场的数值模拟

隋大山　崔振山

作者采用有限元数值算法，对一个具体的铝合金砂型铸造过程进行了三维瞬态温度场的数值模拟。模拟中充分考虑材料和边界条件等参数的非线性特征，使用等价比热容法处理结晶潜热。同时，对该铸造工艺进行了测温实验，测温曲线与相应的计算温度曲线基本吻合，从而证明了数值模拟的精度和有效性。

1. 凝固过程数值模拟的数学模型

铸造凝固过程瞬态温度场的数值模拟就是求解 Fourier 导热微分方程。金属凝固过程释放结晶潜热是其显著特点。对于结晶潜热的处理，常用的方法有等价比热容法、温度回升法和热焓法等。本文作者采用等价比热容法处理结晶潜热，即有

$$\dot{Q}=\rho Q\frac{\partial f_S}{\partial t}=\rho Q\frac{\partial f_S}{\partial T}\cdot\frac{\partial T}{\partial t} \tag{2-73}$$

式中：Q——合金的结晶潜热；

f_S——温度 T 时的固相率，它是温度的函数。

假定结晶潜热在凝固区间均匀释放，合金的固相率与温度呈线性关系，则有

$$f_S=\frac{T_L-T}{T_L-T_S} \tag{2-74}$$

式中：T_S、T_L——合金的固相线温度、液相线温度。

求解 Fourier 导热微分方程的定解条件还包括初始条件和边界条件。其中，初始条件为式（2-75）所示，第三类边界条件如式（2-76）所示。

$$T(x, y, z, t)\big|_{t=0}=T_0 \tag{2-75}$$

式中：T_0——初始温度。

$$-\lambda\frac{\partial T}{\partial n}\bigg|_S=h(T_1-T_2) \tag{2-76}$$

式中：T_1、T_2——铸件和铸型在界面接触处的温度；h 为铸件与铸型间的界面换热系数。

综合以上数学模型，就可求解凝固过程铸件与铸型内的三维瞬态温度场。作者采用有限单元法，在通用 CAE 软件 ABAQUS 平台上经二次开发以求解瞬态温度场。

2. 具体工艺方案和测温实验

对一个壁厚为 25mm 的工字型铸件的凝固过程进行了三维瞬态温度场的数值模拟。该铸造工艺采用两箱造型，铸件材料是 ZL102，铸型为石英干砂型，铸造工艺示意图及结构尺寸如图 2.20 所示。图中 TC1、TC2 和 TC3 为定义的 3 个热电偶位置，以 O 点为坐标原点（x、y、z 方向如图 2.20 所示），这 3 个热电偶的坐标分别为 TC1（100，40，50）、TC2（77.5，37.5，50.0）和 TC3（60.0，27.5，50.0），采用 K 型热电偶分别测量 3 个位置的温度变化曲线，测温数据每隔 0.225s 记录一次，K 型热电偶的公差等级为二级，时间常数约为 45ms。

开始浇注时，砂型的初始温度为 80.0℃，ZL102 的浇注温度为 690.0℃，3 个热电偶的测量温度分别为 TC1M、TC2M 和 TC3M，曲线如图 2.21 所示。

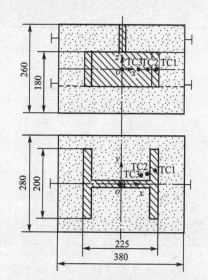

图 2.20 铸造工艺示意图

3. 三维瞬态温度场的数值模拟

1) 有限元模型和已知条件

根据该铸造工艺对称的结构特点，取模型的四分之一进行模拟，对称面作为绝热面处理。有限元模型采用六面体单元。其中，铸件部分共生成 4282 个节点和 3180 个单元；砂型部分共生成 8235 个节点和 6890 个单元。铸件的有限元模型（整个铸件的四分之一）如图 2.22 所示。

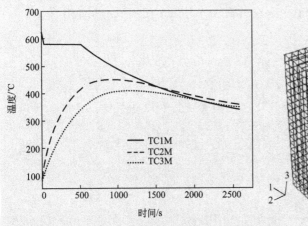

图 2.21　3 个热电偶的测温曲线　　　　图 2.22　工字型铸件的有限元模型

为保证模拟精度，充分考虑材料参数的非线性特征，根据文献，ZL102 和干砂型的热物性参数见表 2-3。ZL102 的固相线温度 θ_S=574.0℃，液相线温度 θ_L=580.0℃，结晶潜热 Q=480.0 kJ/kg。另外，砂型表面与外界空气的对流换热系数为 15.0 W/(m^2·K)。

表 2-3　ZL102 和干砂型的热物性参数

材料	温度/℃	$\rho/(kg·m^{-3})$	$\lambda/(W·m^{-2}·K^{-1})$	$c_P/(J·kg^{-1}·K^{-1})$
ZL102	300	2600	155.00	1010
	400		150.00	1080
	574	2550	147.00	1250
	580	2470	70.00	1252
干砂	1	1520	0.73	680
	127			860
	327			990
	527		0.59	1070

作为边界条件的铸件与铸型间界面换热系数，通过采用文献介绍的 Tikhonov 正则化方法求解热传导反问题来确定。求解热传导反问题的依据是使用上述相同的合金和铸型材料（即 ZL102 和干砂型）的圆柱体铸件的测温数据，求得的界面换热系数表达式为

$$h=\begin{cases}800 & (\theta\geqslant600℃)\\6\theta-2800 & (550℃\leqslant\theta<600℃)\\3.5\theta-1425 & (450℃\leqslant\theta<550℃)\\\theta-300 & (350℃\leqslant\theta<450℃)\\50 & (\theta<350℃)\end{cases}\quad(2-77)$$

式中：θ——铸件表面温度，℃。

2）三维瞬态温度场的模拟结果

根据上述已知条件，在通用 CAE 软件 ABAQUS 平台上经两次开发即可求解铸件和铸型内的三维瞬态温度场。3 个热电偶位置对应的计算温度（分别为 TC1C、TC2C 和 TC3C），曲线如图 2.23 所示。

4. 结果及分析

1）模拟结果分析

根据图 2.21 和 2.23，将每个热电偶位置的测量温度曲线和计算温度曲线放在同一坐标系内（图 2.24～图 2.26），TC1 点位于铸件内。由图 2.24 知，该点的测量温度曲线与计算温度曲线基本重合。TC2 点和 TC3 点位于砂型内。由图 2.25 和 2.26 可知，这两点的测量温度曲线与计算温度曲线在某些时刻存在明显的偏离。

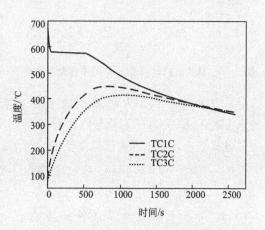

图 2.23　3 个热电偶的计算温度曲线

为进一步了解每个测温点位置的计算温度与测量温度的偏离情况，设温度偏差 $\Delta\theta_i=\theta_i^C-\theta_i^M(i=1,2,3)$，$\theta_i^C$ 为计算温度，θ_i^M 为测量温度，则各点的偏差曲线如图 2.27 所示。

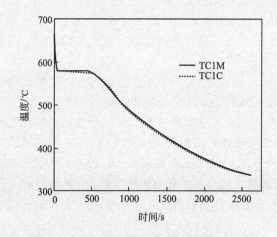

图 2.24　TC1 点的计算温度和测量温度的对比

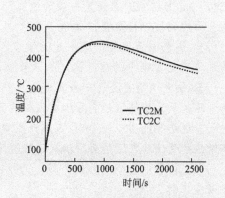

图 2.25　TC2 点的计算温度和测量温度的对比

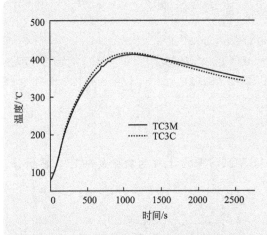

图 2.26　TC3 点的计算温度和测量温度的对比

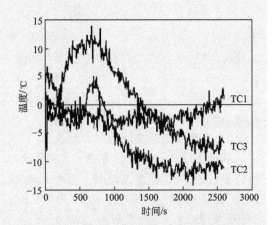

图 2.27　3 个热电偶位置对应的温度偏差曲线

从总体看，TC1 点的温度偏差波动范围为 $-8.2 \sim 4.9$ ℃；TC2 点的波动范围为 $-14.3 \sim 6.7$ ℃；TC3 点的波动范围为 $-10.0 \sim 13.9$ ℃。

具体看来，TC1 点的最大温度偏差为 $\Delta\theta_{1,\max} = -8.2$ ℃，对应的时间为 $t = 27$ s，$\theta_1^C = 586.8$ ℃，$\theta_1^M = 595.0$ ℃，此时的误差为 1.38%。TC2 点的最大温度偏差为 $\Delta\theta_{2,\max} = -14.3$ ℃，对应的时间为 $t = 2151$ s，$\theta_2^C = 368.7$ ℃，$\theta_2^M = 383.0$ ℃，此时的误差为 3.73%。TC3 点的最大温度偏差为 $\Delta\theta_{3,\max} = 13.9$ ℃，对应的时间为 $t = 675$ s，$\theta_3^C = 385.3$ ℃，$\theta_3^M = 371.4$ ℃，此时的误差为 3.74%。综合以上分析，铸件内的 TC1 点的温度偏差较小，而砂型内的 TC2 点和 TC3 点的偏差较大。

2) 误差分析

针对计算温度与相应测量温度的偏差情况，可从测温误差和有限元模型两方面进行分析。

(1) 从测温误差方面分析，误差主要来自以下 3 个方面。

① 热电偶本身的误差。根据资料介绍，公差等级为二级的标准 K 型热电偶在 $-40 \sim 1200$ ℃范围内的测温误差一般为 ±2.5 ℃或 $0.75\%\theta$（θ 为测量温度值），这从图 2.27 中每条曲线的波动情况得以体现。

② 热电偶的位置精度导致的误差。热电偶安放位置的波动也会产生一定的测温误差，特别是砂型中的热电偶，由于砂型的热阻大，位置波动会带来较大误差。

③ 热电偶的延迟效应和衰减效应产生的误差。砂型铸造中，由于砂型的热阻远大于铸件热阻和界面热阻，使得热电偶在砂型中的延迟效应和衰减效应更加突出，测温误差也更大。这是导致 TC2 点和 TC3 点产生较大温度偏差的主要原因之一。因此，在放置热电偶时应尽量使其靠近界面，以减小热阻并削弱延迟效应和衰减效应对测温误差的影响。

(2) 从有限元模型方面分析，为提高温度场的模拟精度，应在以下 3 个方面做进一步研究工作。

① 进一步考虑材料参数、初始条件和边界条件等参数的非线性特征，加密有限元网格等。

② 凝固模拟前，应进行充型过程数值模拟，以便为凝固模拟提供一个更准确的初始温度场。

③ 应考虑铸件和铸型的热膨胀性质，对凝固过程进行热结构耦合分析，以提高模拟精度。

📖 摘自《中国有色金属学报》第 18 卷，第 7 期，2008 年 7 月：1311～1315.

2.2　液态金属的充型能力

2.2.1　充型能力的基本概念与流动性的测定

液态金属充满铸型型腔，获得形状完整、轮廓清晰的铸件的能力，称为液态金属的充型能力。实践证明，同一种金属用不同的铸造方法，所能铸造的铸件最小壁厚不同。同样的铸造方法，由于合金不同，所能得到的最小壁厚也不同，见表 2-4。液态金属的充型能力首先取决于金属本身的流动能力，同时又受外界条件，如铸型性质、浇注条件，铸件结构等因素的影响，是各种因素的综合反映。

表 2-4　不同金属和不同铸造方法铸造的铸件最小壁厚

合金种类	最小壁厚/mm				
	砂型铸造	金属型铸造	熔模铸造	壳型铸造	压铸
灰铸铁	3	>4	0.4～0.8	0.8～1.5	—
铸　钢	4	8～10	0.5～1	2.5	—
铝合金	3	3～4	—	—	0.6～0.8

液态金属本身的流动能力，称为"流动性"，是其铸造性能之一，与金属的成分、温度、杂质含量，及其物理性质有关。流动性对于充型过程铸型中的气体、非金属夹杂物的排出和凝固时的补缩、裂纹的防止都非常重要。

由于影响液态金属充型能力的因素很多，在工程应用及研究中，不能笼统地对各种合金在不同的铸造条件下的充型能力进行比较。通常用相同实验条件下所测得的合金流动性表示其充型能力。因此，可以认为合金的流动性是在确定条件下的充型能力。液态金属的流动性是用浇注"流动性试样"的方法衡量的。在实际中，是将试样的结构和铸型性质固定不变，在相同的浇注条件下，例如在液相线以上相同的过热度或在同一浇注温度下，浇注各种合金的流动性试样，以试样的长度或试样某处的厚薄程度表示该合金的流动性。对于同一种合金，也可以用流动性试样研究各铸造因素对其充型能力的影响。例如，采用某一种结构的流动性试样，改变砂型的水分、煤粉含量、浇注温度、直浇道高度等因素中的一个因素，以判断该变动因素对充型能力的影响。各种测定合金流动性的试样都可用以测定合金的充型能力。

流动性试样的类型很多，如螺旋形，球形、U 形、楔形、竖琴形、真空试样（即用真空吸铸法)等。在实际应用中最常见的是螺旋形试样,如图 2.28 所示,其优点是:灵敏度高、对比形象、可供金属液流动相当长的距离(如 1.5m),而铸型的轮廓尺寸并不太大。缺点是金属流线弯曲,沿途阻力损失较大,流程越长,散热越多,故金属的流动条件和温度条件都在随时改变,这必然影响到所测流动性的准确度;各次试验所用铸型条件也很难精确控制;每做一次试验要造一次铸型。在生产和科研中螺旋形试样应用较多。真空试样如图 2.29 所示,它的优点是铸型条件和液态金属的充型压头稳定,真空度可以随液态金属的密度不同而改变,使各种金属能在相同的压头下充填,从而增加了试验结果的对比性,可以观察充填过程,记录流动长度与时间的关系。

液态金属的充型能力也可以通过对其停止流动机理的认识,进行理论计算,定量地得到充型能力地表达公式。

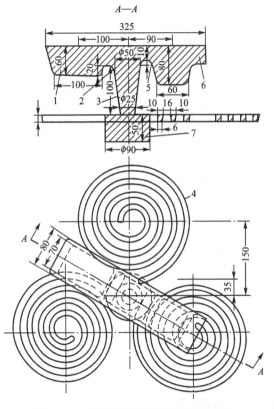

图 2.28 螺旋形流动性试样结构示意图
1—浇口杯 2—低坝 3—直浇道 4—螺旋
5—高坝 6—溢流道 7—全压井

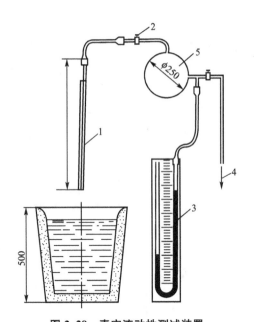

图 2.29 真空流动性测试装置
1—石英玻璃管 2—阀 3—真空压力计
4—抽真空系统 5—真空室

2.2.2 液态金属停止流动的机理

液态金属在充型过程中,其流动停止即意味着充型结束。因此,对于不同性质的金属或合金,对其停止流动机理的研究是深入认识其充型能力的基础。图 2.30 和图 2.31 分别是纯金属(或共晶合金)、宽结晶温度范围合金停止流动的示意图。

对于纯金属、共晶合金及结晶温度范围很窄的合金,其共同特征是结晶温度范围很小或为零。当此类熔体仍存在过热度时，为纯液态流动［图 2.30(a)第Ⅰ区］；金属液继续流动，前端由于冷却最快，在型壁开始形成凝固壳层［图 2.30(b)］，而后续的金属液是在被加热了的管道中流动，冷却强度下降；当金属液流经过Ⅰ区终点时，尚有一定的过热度，可将已经凝固的壳层重新熔化(即为图示的第Ⅱ区)；第Ⅲ区则是未被完全熔化而保留下来的一部分固相区，在该区域的终点液态金属的过热度为零；在第Ⅳ区内，液相和固相处于相同的温度(即结晶温度)，由于该区域的起点结晶较早开始，断面上晶体生长也最为充分，往往易在此附近发生堵塞［图 2.30(c)］。可见，对于结晶温度范围为零或很小的金属及合金而言，是由于液流前端晶体自管壁向内生长堵塞流动通道而造成流动的停止的。因此，此类金属的流动性与固相层内表面的粗糙度、毛细管阻力以及在结晶温度下的流动性有关。

图 2.31 所示的宽结晶温度范围合金的流动停止过程，在液态仍存在过热度时，也是完全液态的流动；当熔体前端温度下降到液相线温度以后，开始析出晶体。在初期固相晶体含量较少，仍能随液相一起流动；同时随着液流前端进一步冷却，固相晶体不断长大，体积分数逐渐提高。当晶粒达到某一临界数量时，便结成一个连续的骨架，后续金属液流的压力不能克服此骨架的阻力时，即熔体前端不再具有流动性，流动随即停止。因此，宽结晶温度范围的合金是由于熔体中析出固相，并形成骨架，而堵塞管道造成流动的停止的。

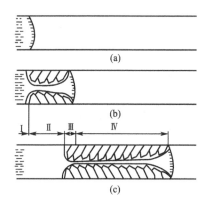

图 2.30 纯金属或窄结晶温度范围合金的停止流动机理

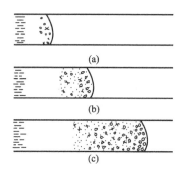

图 2.31 宽结晶温度范围合金的停止流动机理

在后续的讨论中，我们知道，合金的结晶温度范围越大，越易形成发达的枝晶。而枝晶越发达，则形成骨架的能力也就越强。也就是说，对于结晶温度范围越大的合金，在液流前端析出相对较少体积分数的固相，液态金属便停止流动。有研究表明，在某些合金中，当先析出枝晶的体积分数仅在 15%～20% 时，流动即可停止。

2.2.3 液态充型能力的理论计算

液态金属在过热下浇注，充填型腔，即与型腔之间发生强烈的热交换，且处于非稳态的传热状态。因此，液态金属对型腔的充填过程也是一个非稳态的流动过程。由于影响此流动过程的因素很多，如合金的性质、铸型的性质、型腔的几何形状等，我们只能利用简化的模型来计算液态金属的充型能力。

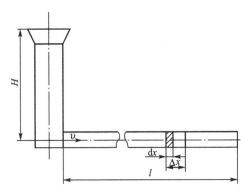

图 2.32 充型过程的物理模型

如图 2.32 所示，假设用某合金浇注一水平圆棒形试样，在一定的浇注条件下，合金的充型能力以其能流过的长度 l 来表示。有

$$l = v\tau \qquad (2-78)$$

式中：v——流动速度，即在静压头 H 作用下液态金属在型腔中的平均流速；

τ——流动时间，即液态金属自进入型腔到停止流动所经历的时间。

由流体力学的基本原理可知

$$v = \mu\sqrt{2gH} \qquad (2-79)$$

式中：μ——流速系数；

g——重力加速度。

由式(2-78)、式(2-79)可见，计算充型能力，关键是对流动时间 t 的计算。而对于液态金属不同的停止流动机理，流动时间则有不同的计算方法。

1. 纯金属或共晶成分的合金

其凝固方式呈逐层凝固，其停止流动的机理是液流末端之前的某处从型壁向中心生长的晶粒接触，通道被堵塞的结果。因此，对于此类液态金属停止流动的时间，可以近似地认为是试样从表面至中心的凝固时间，即可从前述的式(2-66)或式(2-70)确定。

2. 宽结晶温度范围合金

对于宽结晶温度范围的合金，其液流前端不断地与型壁的表面接触，当其固相体积分数达到某一临界值时，流动停止。为简化问题的讨论，可假设：①铸型与液态金属接触表面的温度在浇注过程中不变；②液态金属在充型过程中流速为一恒定值；③液流横断面上各点的温度一致，即温度梯度仅存在于沿液态金属流动方向；④热量严格按垂直于型壁方向传导，即液流表面无热辐射，沿液流方向无热流。由此，流动时间可由热量守恒建立的热平衡方程求得。

液态金属流动时间按温度的变化分为两个阶段：第一阶段，即液态金属从初始温度冷却到液相线温度，所需时间为 τ_1；第二阶段，即金属液流从液相线温度冷却到停止流动温度，所需时间为 τ_2。

对于第一阶段，据液流端部 Δx 处的 $\mathrm{d}x$ 单元内，经过 $\mathrm{d}\tau$ 时间内，通过型壁(假设其散热表面积为 $\mathrm{d}S$)散出的热量 $\mathrm{d}Q_1$ 为

$$\mathrm{d}Q_1 = a(t - t_{型})\mathrm{d}S\mathrm{d}\tau \qquad (2-80)$$

同时，在时间内，液态金属温度下降 $\mathrm{d}t$ 所释放的热量 $\mathrm{d}Q_2$ 为

$$\mathrm{d}Q_2 = -\rho_1 c_1 \mathrm{d}V\mathrm{d}t \qquad (2-81)$$

由热量守恒，$\mathrm{d}Q_1 = \mathrm{d}Q_2$，即

$$a(t - t_{型})\mathrm{d}S\mathrm{d}\tau = -\rho_1 c_1 \mathrm{d}V\mathrm{d}t \qquad (2-82)$$

而对于 $\mathrm{d}S$、$\mathrm{d}V$ 又有

$$\frac{\mathrm{d}V}{\mathrm{d}S} = \frac{F\mathrm{d}x}{P\mathrm{d}x} = \frac{F}{P} \qquad (2-83)$$

式中：F——试样的断面积；

P——断面积 F 的周长。

由此,式(2-81)可变化为

$$d\tau = -\frac{F\rho_1 c_1}{Pa}\frac{dt}{(t-t_型)} \tag{2-84}$$

将式(2-84)积分,并代入边值条件:$t=t_L$时,$\tau=\tau_1$;当 $\tau=\frac{\Delta x}{v}$时,$t=t_浇$,得

$$\tau_1 = \frac{F\rho_1 c_1}{Pa}\ln\frac{t_浇-t_型}{t_L-t_型}+\frac{\Delta x}{v} \tag{2-85}$$

式中:$t_浇$——浇注温度;

$t_型$——铸型的初始温度。

对于第二阶段,液态金属继续流动时,开始析出固相,此时热平衡方程为

$$a(t-t_型)dSd\tau = -\rho_1^* c_1^* dVdt \tag{2-86}$$

式中:ρ_1^*——合金从液相线温度(t_L)到停止流动温度(t_k)范围内的密度,可近似取 $\rho_1^*=\rho_1$;

c_1^*——合金从液相线温度(t_L)到停止流动温度(t_k)范围内的当量比热容,可近似取

$$c_1^* = c_1 + \frac{f_s L}{t_L-t_k} \tag{2-87}$$

式中:f_s——液流前端停止流动时,固相的体积分数;

L——合金的结晶潜热。

由此,式(2-84)可变化成

$$d\tau = -\frac{F\rho_1 c_1^*}{Pa}\frac{dt}{(t-t_型)} \tag{2-88}$$

积分后,得

$$\tau_2 = \frac{F\rho_1 c_1^*}{Pa}\ln\frac{t_L-t_型}{t_k-t_型} \tag{2-89}$$

则,液态金属总的流动时间 τ 为($\tau_1+\tau_2$),即

$$\tau = \frac{F\rho_1}{Pa}\left(c_1^*\ln\frac{t_L-t_型}{t_k-t_型}+c_1\ln\frac{t_浇-t_型}{t_L-t_型}\right)+\frac{\Delta x}{v} \tag{2-90}$$

由此,由式(2-78),液态金属的充型能力 l

$$l = \frac{vF\rho_1}{Pa}\left(c_1^*\ln\frac{t_L-t_型}{t_k-t_型}+c_1\ln\frac{t_浇-t_型}{t_L-t_型}\right)+\Delta x \tag{2-91}$$

为便于计算,将上述式(2-91)中对数项进行近似,即

$$\ln\frac{t_L-t_型}{t_k-t_型}\approx\frac{t_L-t_型}{t_k-t_型} \tag{2-92}$$

$$\ln\frac{t_浇-t_型}{t_L-t_型}\approx\frac{t_浇-t_型}{t_L-t_型} \tag{2-93}$$

同样,在式(2-91)中停止流动温度(t_k)实际中也难以准确测定,也可以($t_L-t_型$)近似替代($t_k-t_型$),同时将式(2-92)、式(2-93)代入式(2-91)中,得

$$l = \frac{vF\rho_1}{Pa}\frac{kL+c_1(t_浇-t_型)}{t_L-t_型} \tag{2-94}$$

而对于式(2-94)中换热系数 a,对于铸件与铸型之间存在涂料层的情况下(如图2.24所示的模型),由传热学的基础知识,可按下式计算

$$\frac{1}{a}=\frac{1}{a_1}+\frac{x_{涂料}}{\lambda_{涂料}}+\frac{1}{a_2} \tag{2-95}$$

即

$$a=\cfrac{1}{\cfrac{1}{a_1}+\cfrac{x_{涂料}}{\lambda_{涂料}}+\cfrac{1}{a_2}} \tag{2-96}$$

式中：a_1、a_2——铸件侧的换热系数、铸型侧的换热系数；

　　　$x_{涂料}$——涂料层的厚度；

　　　$\lambda_{涂料}$——涂料层的导热系数。

2.2.4 影响充型能力的因素

影响充型能力的因素是通过两个途径发生作用的：影响金属与铸型之间热交换条件，而改变金属液的流动时间；影响金属液在铸型中的水力学条件，而改变金属液的流速及流态。影响液态金属充型能力的因素是很多的，为便于分析，将所有的因素归纳为金属性质、铸型性质、浇注工艺及铸件结构等四方面。

1. 金属性质方面的因素

金属性质，决定了金属本身的流动能力（即流动性），是影响充型能力的内因。

1）合金的化学成分

决定了结晶温度范围，因此合金的流动性与其成分之间存在着一定的规律性。在流动性曲线上，对应着纯金属、共晶成分和金属间化合物的地方出现最大值，而随结晶温度范围的增加，流动性下降，且在最大结晶温度范围附近出现最小值，如图 2.33、图 2.34 所示。

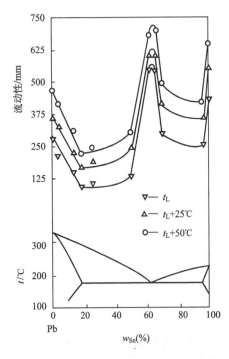

图 2.33　Pb‐Sn 合金流动性与状态图的关系

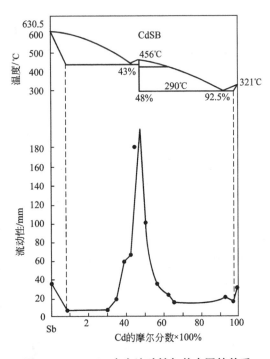

图 2.34　Sb‐Cd 合金流动性与状态图的关系

2）结晶潜热

通常液态金属的结晶潜热约占其热含量的 85%～90%，从这个角度出发，当然结晶潜热越大，其凝固过程中释放的热量也越多，对液态金属的保温作用也越显著，是否其流动性就一定提高呢？对于这个问题，就要根据不同类型合金，其结晶潜热对流动性影响来分别讨论。对于纯金属和共晶成分的合金，由于其结晶温度为一固定值，在一般的浇注条件下，结晶潜热的作用能够发挥，因此结晶潜热是影响其流动性的一个重要因素。凝固过程中释放的潜热越多，则凝固进行得越缓慢，流动性就越好。将具有相同过热度的纯金属浇入冷的金属型试样中，其流动性与结晶潜热相对应：Pb 的流动性最差，Al 的流动性最好，Zn、Sb、Cd、Sn 依次居于中间，如图 2.35 所示。

对于结晶温度范围较宽的合金，散失一部分（约 20%）潜热后，其晶粒以枝晶形式生长就易连成网络，形成骨架而阻塞流动。即大部分结晶潜热还没有释放的时候，液体就已经停止流动了。因此，在这种情况下，结晶潜热的作用不能充分发挥，所以对流动性影响不大。

但是对于宽结晶温度合金，也有例外的情况。当初生相为非金属，或者合金能在液相线温度以下处于液固混合状态，在不大的压力下流动时，结晶潜热则可能是个重要的因素。例如图 2.36 所示，在相同的过热度下 Al-Si 合金的流动性，在共晶成分处并非最大值，而在过共晶区里继续增加，就是因为初生硅相是比较规整的块状晶体，不会形成网络，能够以液固混合状态在液相线温度以下流动，结晶潜热得以发挥。β-Si 相的潜热为 141×10^4 J/kg，比 α-Al 相约大三倍。当然在初生硅相含量过高时，熔体的流动性也会急剧下降。

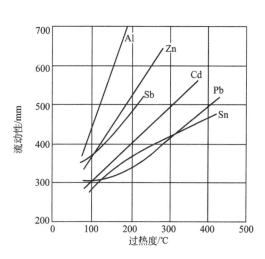

图 2.35　纯金属流动性

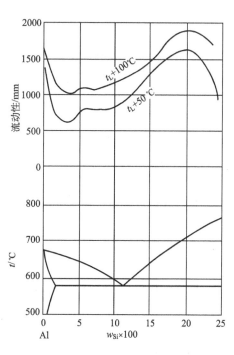

图 2.36　Al-Si 合金流动性与成分的关系
（金属型中浇注，试样断面积 110mm²）

总之，结晶潜热相对合金的结晶特性而言，是一个次要的因素，结晶特性对流动性的作用是居主导地位的。

3）金属的热物理性能（比热容、密度和导热系数）

比热容和密度较大的合金，因其本身含有较多的热量，在相同的过热度下，保持液态的时间长，流动性好。导热系数小的合金，热量散失慢，保持流动的时间长，导热系数小，在凝固期间液固并存的两相区小，流动阻力小，故流动性好。

4）粘度

液态金属的粘度与其成分、温度、夹杂物的含量和状态等有关。粘度对充型过程前期（紊流）的流动性影响不明显，在充型的最后很短的时间内（层流），对流动性才表现出较大的影响。

表 2-5 铸铁及铸钢的动力黏度和运动黏度

合金		温度/℃	动力黏度 η/(Pa·s)	运动黏度 γ/(m²·s^{-1}×10^{-6})	合金		温度/℃	动力黏度 η/(Pa·s)	运动黏度 γ/(m²·s^{-1}×10^{-6})
含碳量						含碳量			
灰铸铁	3.0	1300	0.00384	0.55	灰铸铁	3.9	1300	0.00351	0.51
	3.0	1350	0.00369	0.53		3.9	1350	0.00339	0.50
	3.0	1400	0.00350	0.51		3.9	1400	0.00329	0.49
	3.3	1300	0.00376	0.54	铸钢		1500	0.00281	0.40
	3.3	1350	0.00361	0.52	铸钢		1700	0.00190	0.27
	3.3	1400	0.00345	0.51					

5）表面张力

表面张力对薄壁铸件、铸件的细薄部分和棱角的成形有影响。型腔越细薄，棱角的曲率半径越小，表面张力的影响越大。为克服附加压力的阻碍，必须在正常的充型压头上增加一个附加压头 h。

由上述讨论可知，在合金方面可从成分选择及熔炼工艺两方面采取有效措施，从而提高液态金属的充型能力。

1）正确选择合金的成分

在不影响铸件使用性能的情况下，可根据铸件大小，厚薄和铸型性质等因素，将合金成分调整到实际共晶成分附近，或选用结晶温度范围小的合金。对某些合金进行变质处理使晶粒细化，也有利于提高其充型能力。实际上，对于不同使用要求的零件，涉及如何合理选择合金牌号的问题，使其不仅满足其使用性能，还要具有良好的成型性能。

2）合理的熔炼工艺

正确选择原材料，去除金属上的锈蚀、油污，熔剂烘干，在熔炼过程中尽量使金属液不接触或少接触有害气体；对某些合金充分脱氧或精炼去气，减少其中的非金属夹杂物和气体；多次熔炼的铸铁和废钢，由于其中含有较多的气体，应尽量减少用量；采用"高温出炉，低温浇注"工艺等。

比如在铸钢的熔炼中进行脱氧处理时，先加硅铁后再加锰铁会形成大量细小的氧化物（SiO_2），且呈尖角形，不易通过静置除去，因此钢水的流动性较差；若采用先加锰铁再加硅铁的工艺，脱氧产物主要是低熔点的硅酸盐，易除去，因此减少钢水中的夹杂物，大大提高其流动性见表2-6。

表2-6 脱氧工艺对钢液流动性能的影响

脱氧工艺	浇注温度/℃	螺旋线长度/mm	非金属夹杂物总量(%)（质量分数）
先加硅铁、再加锰铁	1560	57	0.0193
	1650	66	
	1670	68	
先加锰铁、再加硅铁	1590	154	0.0062
	1635	158	

再如"高温出炉，低温浇注"工艺，高温出炉即具有较大的过热度，使熔体中一些难熔的固相质点尽可能熔解、夹杂及气体在浇包中更易上浮去除，从而提高熔体的流动性。低温浇注则可保证凝固过程中有较小的收缩、较快的冷却速度，从而提高铸件的冶金质量及力学性能。图2.37所示为铸铁中流动性随出炉温度及浇注温度变化的关系。

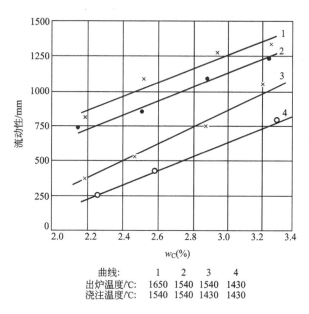

曲线：　　　　　1　　2　　3　　4
出炉温度/℃：1650 1540 1540 1430
浇注温度/℃：1540 1540 1430 1430

图2.37 铁液的过热度与流动性的关系

2. 铸型性质方面的因素

铸型的阻力影响金属液的充型速度，铸型与金属的热交换强度影响金属液保持流动的时间。所以，铸型性质方面的因素对金属液的充型能力有重要的影响。同时，通过调整铸型性质来改善金属的充型能力，也往往能得到较好的效果。

1）铸型的蓄热系数

铸型的蓄热系数 $b_2(b_2=\sqrt{c_2\rho_2\lambda_2})$ 表示铸型从其中的金属中吸取热量并储存于本身的能

力。蓄热系数 b_2 越大，铸型的激冷能力就越强，金属液于其中保持液态的时间就越短，充型能力越低。表 2-7 为常见部分铸型材料的蓄热系数等热物性参数。

表 2-7 部分铸型材料的物理性能

材料	温度 $t/℃$	密度 $\rho_2/(kg \cdot m^{-3})$	比热容 $c_2/$ $(J \cdot (kg \cdot ℃)^{-1})$	热导率 $\lambda_2/$ $(W \cdot (m \cdot ℃)^{-1})$	蓄热系数 $b_2/$ $(10^{-4}J \cdot m^{-3} \cdot ℃^{-1})$
铜	20	8930	385.2	392	3.67
铸铁	20	7200	669.9	37.2	1.34
铸钢	20	7850	460.5	46.5	1.3
人造石墨		1560	1356.5	112.8	1.55
镁砂	1000	3100	1088.6	3.5	0.344
铁屑	20	3000	1046.7	2.44	0.28
黏土型砂	20	1700	837.4	0.84	0.11
黏土型砂	900	1500	1172.3	1.63	0.17
干砂(50/100)	900	1700	1256	0.58	0.11
湿砂(50/100)	20	1800	2302.7	1.28	0.23
耐火黏土	500	1845	1088.6	1.05	0.145
锯末	20	300	1674.7	0.174	0.0296
烟黑	500	200	837.4	0.035	0.0076

金属型铸造中，经常采用涂料调整其蓄热系数 b_2。为使金属型浇口和冒口中的金属液缓慢冷却，常在一般的涂料中加入 b_2 很小的石棉粉。

砂型铸造中利用烟黑涂料解决大型薄壁铝镁合金铸件的成型问题，已在生产中收到效果。砂型的蓄热系数不仅与造型材料的性质、型砂的配比等材质方面因素有关，而且还与砂型的紧实度等造型工艺方面因素有密切关联。

2）铸型的温度

预热铸型能减小金属与铸型的温差，从而提高其充型能力。例如，在金属型中浇注铝合金铸件，将铸型温度由 340℃提高到 520℃，在相同的浇注温度（760℃）下，螺旋线长度则由 525mm 增加到 950mm。在熔模铸造中，为得到清晰的铸件轮廓，可将型壳焙烧到 800℃以上进行浇注。

3）铸型中的气体

铸型有一定的发气能力，能在金属液与铸型之间形成气膜，可减小流动的摩擦阻力，有利于充型。

根据实验，湿型中加入质量分数小于 6% 的水和小于 7% 的煤粉时，液态金属的充型能力提高，高于此值时型腔中气体反压力增大，充型能力下降，如图 2.38 所示。型腔中气体反压力较大的情况下，金属液可能浇不进去，或者浇口杯、顶冒口中出现翻腾现象，甚至飞溅出来伤人。所以，铸型中的气体对充型能力影响很大。

减小铸型中气体反压力的途径有两条：一是适当降低型砂中的含水量和发气物质的

含量，亦即减小砂型的发气性。另一条途径是提高铸型的透气性，在砂型上设置排气孔，或在离浇注端最远或最高部位设通气冒口，增加砂型的排气能力；在金属型或压铸型中，则需要根据排气量的多少，设置排气道、排气塞、排气孔等排气机构。

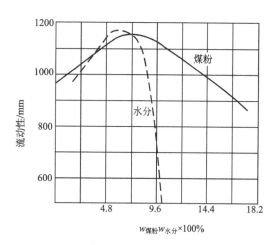

图 2.38　铸型中的水分和煤粉含量
对低硅铸铁充型能力的影响

3. 浇注条件方面的因素

浇注条件方面相关的工艺参数也会影响到铸造合金的充型能力，如浇注温度、浇注速度、充型压力等。

1）浇注温度

浇注温度对液态金属的充型能力有决定性的影响。浇注温度越高，充型能力越好。在一定温度范围内，充型能力随浇注温度的提高而直线上升。超过某界限后，由于金属吸气多，氧化严重，充型能力的提高幅度越来越小。对于薄壁铸件或流动性差的合金，利用提高浇注温度改善充型能力的措施，在生产中经常采用，也比较方便。但是，随着浇注温度的提高，铸件一次结晶组织粗大，容易产生缩孔、缩松、粘砂、裂纹等缺陷，因此必须综合考虑、谨慎采用。

2）充型压头

液态金属在流动方向上所受的压力越大，充型能力就越好。在生产中，用增加金属液静压头的方法提高充型能力，也是经常采取的工艺措施。用其它方式外加压力，如压铸、低压铸造、真空吸铸等，也都能显著提高金属液的充型能力。

但是充型时压力过高，充型速度过快，也会导致液态金属进入型腔时呈喷射或飞溅状态，极易造成金属的氧化、吸气等现象，从而造成质量缺陷。因此，在外力场下的成型过程中（如低压铸造、压铸等），从充型的开始到结束直至凝固完毕这一过程中，控制外部压力（或加压工艺）则是生产控制中最为主要的环节。

3）浇注系统的结构

浇注系统越复杂，流动阻力越大，在静压头相同的情况下，充型能力就越差。对于砂型铸造来讲，灰铸铁由于其流动性好，其浇注系统往往结构较复杂，能起到较好的缓流作用，从而有利于阻渣、去气；而对于铸钢，特别对于某些薄壁复杂件，其浇注系统结构尽可能简单且流程短，以保证其充型能力。

4. 铸件结构方面的因素

衡量铸件结构特点的因素是铸件的折算厚度（也称为当量厚度、模数）和复杂程度，它们决定了铸型型腔的结构特点。如果铸件的体积相同，在同样的浇注条件下，折算厚度大的铸件，由于它与铸型的接触表面积相对较小，热量散失比较缓慢，则充型能力较高。铸件的壁越薄，折算厚度就越小，就越不容易被充满。另一方面，铸件结构复杂、厚薄部分过渡面多，则型腔结构复杂，流动阻力大，铸型的充填就困难了。

阅读材料2-2

磁流铸造条件下 A357 合金充型能力的试验研究

丁宏升，郭景杰，贾均

磁流铸造方法是近年来发展的一种新的金属成形工艺，其超越了传统的铸造概念，克服了常规铸造条件下的薄壁件散热快、凝固时间短和壁面的黏性阻力作用等缺点，实现了在电磁力作用下金属液的无接触式的凝固成形，因此在大型薄壁复杂铸件的铸造方面，该方法具有极大的应用前景，采用磁流铸造方法制造的铸件已经在能源、交通等领域得到了重要应用。本文在在磁流铸造条件下进行了合金液充型能力的研究，以探索磁力条件下合金的充型规律。

1. 试验设备及方法

如图 2.39 所示是试验中所采用的设备原理简图，该设备由供电电源、变压器、磁流器和铸型四部分组成，其中磁流器是该设备的主要组成部分，其基本原理与直线电机类同，铁芯采用工业纯铁加工，线圈共有12组，采用纯铜线绕制。铸型的上半型为金属加工而成，下半型为特殊陶瓷材料。上型采用铁质材料的原因在于磁性材料在磁场中受到垂直吸引力的作用，加之铁质材料的密度大，这样对下型的吸引力就大，使得上下型能够紧密接触，避免跑火倾向；下型由非磁性、不导电的陶瓷材料制成，其原因在于当磁场附加以后，磁力线将首先穿过下型，导致磁损耗加大，不利于磁场在合金液上的作用。铸型的结构如图 2.40 所示，型腔为长 550mm，宽 40mm，厚度分别为 1mm，2mm 和 3mm 的平板状，并在铸型的型腔表面涂敷高强度低导热性涂料。采用 A357 高强铝合金成材锭料进行回炉重炼，并进行变质和精炼处理浇注温度保持在 740～760℃之间。浇注前铸型预热到 150℃，然后进行浇注。

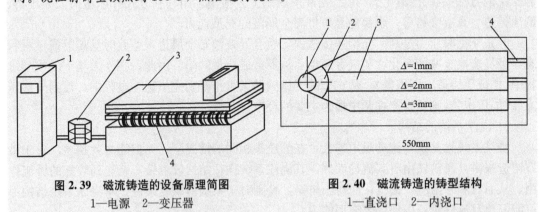

图 2.39　磁流铸造的设备原理简图
1—电源　2—变压器
3—铸型　4—磁流器

图 2.40　磁流铸造的铸型结构
1—直浇口　2—内浇口
3—型腔　4—排气槽

为了充分体现磁流铸造的特点和合金的充型规律试验采用对比法，分别在无磁和有磁条件下进行浇注每一组试验。除磁力变化以外，其他条件保持不变，即有相同的浇注压头、涂料、铸型预热温度和浇注温度。

2. 试验结果及讨论

各炉次的试验结果列于表 2-8～表 2-10。

表2-8 第1炉次结果

铸件壁厚	充型距离/mm		浇注温度/℃
	无磁场作用	U＝400V	
1	35	95	750
2	280	460	750
3	500	550	750

表2-9 第2炉次结果

铸件壁厚	充型距离/mm			浇注温度/℃
	无磁场作用	U＝200V	U＝400V	
1	270	500	550	740
2	90	310	550	740
3	425	500	550	740

表2-10 第3炉次结果

铸件壁厚	充型距离/mm		浇注温度/℃
	无磁场作用	U＝400V	
1	85	550	740
2	350	550	740
3	530	550	740

从表2-8可以看出由于未开排气槽,铸型中部厚度为1mm的型腔没有充满,当增加电压,即增加磁场强度以后,合金液的充型距离比未加磁场时提高了171%。加磁场以后,厚度为3mm的型腔全部充满,而厚度为2mm型腔的充型能力比未加磁场时提高了64%。

从表2-9可以看出,当铸型的末端开放排气槽以后,合金液的充型能力普遍比未开放排气槽时有所提高,而且随着施加电压的提高,即磁场强度的增大,合金液的充型能力提高,尤其对于厚度为1mm的型腔,附加磁场以后,充型能力得到明显提高。

表2-10的数据是在与第二炉次相同的条件下重复的试验,可以看出浇注时在施加磁场以后不同壁厚的型腔全部充满。

从以上结果分析可以发现,在此试验条件下,有磁场的充型能力比无磁场时有明显提高。一般认为液态金属的充型能力首先取决于金属本身的流动能力,同时强烈地受到外界条件的影响,由于薄壁型腔中金属液的凝固速度大于其流动速度,因此薄壁的铸件不容易充满,A357合金的宏观组织属于等轴晶,距离浇口处越远,晶粒越细小,试样前端向外突出,由此可以判断,液态金属的温度是沿程下降的,液流前端冷却最快,如果此时结成网状,就会封闭液态金属流动的通道,使液态金属停止流动。当有磁场存在时，移动磁场相当于增大了液态金属的充型压头，对液态金属的附加充型压力提高，可以克服液流前端网络的阻碍作用，同时电磁搅拌作用可以使已经连成网络的树枝晶组织破裂，减少了其对液态金属的阻碍作用。

同时在有磁场时，附加的移动磁场会赋予金属液一个很大的加速度，按文献可以达到 $V_{max}=\sqrt{2gH}$，由于充型速度的提高也相当于提高了金属的充型压头；当增大施加的电压时，磁场强度也增大，且在直线移动磁场中越远离浇口位置，金属液的充型压头越大，整个铸型内部处处形成一个连通器，在某一瞬间金属液受到的压力处处近似相等，这与重力浇注有很大区别。由此看出磁流铸造赋予了铸造过程许多新的内涵，其突出表现就在于增大了金属液的充型速度，提高了金属液的充型压头，进而对提高薄壁铸件的充型能力有很大作用。

➡ 摘自《特种铸造及有色合金》1999 年第 2 期：5～6。

2.3 液态成型中金属的流动

凝固过程中的液体流动主要包括自然对流、强迫对流及亚传输过程中引起的流动。自然对流是由密度差或凝固收缩引起的流动，其中由密度差引起的称为浮力流。强迫对流是由液态受到各种外力场（如机械搅拌、电磁场、超声波作用场等）的作用而产生的流动液体。液态金属在充型及凝固过程中的流动对其传热传质过程、溶质分配、结晶组织及凝固缺陷（如偏析、夹杂物等）都有重要影响。

2.3.1 浮力流

浮力流是最基本最普遍的对流方式。液态金属在铸型冷却和凝固过程中，由于各处温度不同（温差）造成热膨胀的差异，以及液体各处成份不均匀（浓度差）等原因引起的密度不同而产生浮力，是重力场中产生对流的驱动力。当浮力大于液体的黏滞力时，则产生对流。

对于液态成型过程，假设在一稳态温度场下，液态金属的流动规律可采用如图 2.41 所示一维简化模型来讨论。图示模型中左边为一温度 T_2 的无限大热板，右边为一温度 T_1 的无限大冷板，两板中的液体由于温差而产生对流。两板间各平面的温度分布、对流速度 v_x 分布如图 2.41 所示。

任两平面间因速度差而产生的切应力 τ 可用牛顿黏性定律表示（见式(1-8)），即

$$\tau = \eta \frac{dv_x}{dy} \qquad (2-97)$$

则 τ 在 y 方向的梯度为

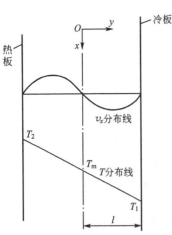

图 2.41 温差对流模型

$$\frac{\mathrm{d}\tau}{\mathrm{d}y} = \eta \frac{\mathrm{d}^2 v_x}{\mathrm{d}y^2} \qquad (2-98)$$

显然，由于 y 方向上各点温度不同，其密度也不相同，这即是引起对流的原因，也是引起切应力梯度的原因。为简化起见，假设液相中温度分布呈线性变化，且中心温度等于冷、热两端温度的平均值(图 2.41)，即

$$T_m = \frac{1}{2}(T_1 + T_2) = T_1 + \frac{1}{2}\Delta T = T_2 - \frac{1}{2}\Delta T \qquad (2-99)$$

式中：$\Delta T = T_2 - T_1$。

在图 2.41 中，y 方向任一点 y 处温度 T 满足

$$\frac{T_m - T}{\frac{1}{2}\Delta T} = \frac{y}{l} \qquad (2-100)$$

类似，假设密度分布也为线性关系，则切应力梯度也可表示为

$$\frac{\mathrm{d}\tau}{\mathrm{d}y} = (\rho_T - \rho_0)g \qquad (2-101)$$

式中：ρ_T——任一温度下的密度；

ρ_0——平均温度 T_m 下的密度。

若液体的温度膨胀系数为 β_T，则有

$$(\rho_T - \rho_0)g = \rho_0 \beta_T (T_m - T) \qquad (2-102)$$

将式(2-102)代入式(2-101)，再代入式(2-97)及式(2-98)得

$$\eta \frac{\mathrm{d}^2 v_x}{\mathrm{d}y^2} = \frac{1}{2}\rho_0 \beta_T g \Delta T \left(\frac{y}{l}\right) \qquad (2-103)$$

将上述式(2-103)对变量 y 积分，得

$$v_x = \frac{\rho_0 \beta_T g \Delta T}{12\eta} y^3 + Cy + D \qquad (2-104)$$

式中：C、D——积分常数。

将边界条件 $y=0$ 或 $y=\pm l$ 时，$v_x=0$ 代入式(2-104)，得

$$D = 0 \qquad (2-105)$$

$$C = -\frac{\rho_0 \beta_T g \Delta T}{12\eta} l \qquad (2-106)$$

将式(2-105)、式(2-106)代入式(2-104)，并令 $\varphi = \frac{y}{l}$，即得

$$v_x = \frac{\rho_0 \beta_T g \Delta T}{12\eta} l^2 (\varphi^3 - \varphi) \qquad (2-107)$$

式中：φ——相对距离或无量纲距离。

另，雷诺数 Re 表达式为

$$Re = \frac{l v_x \rho_0}{\eta} = \frac{l v_x}{\gamma} \qquad (2-108)$$

将式(2-107)代入式(2-108)，得

$$Re = \frac{g \beta_T l^3 \Delta T}{12\eta^2} (\varphi^3 - \varphi) \qquad (2-109)$$

若定义

$$G_T = \frac{g\beta_T l^3 \Delta T}{\eta^2} \tag{2-110}$$

则式(2-107)可简化成

$$Re = G_T \frac{1}{12}(\varphi^3 - \varphi) \tag{2-111}$$

(2-111)式中 G_T 称为格拉索夫(Grashof)数，为一无量纲常数，其数值大小表示由于温度差引起的对流的强弱。

同理，由于浓度差引起的对流强度的衡量也可用格拉索夫数 G_C 表示，其定义为

$$G_C = \frac{g\beta_C l^3 \Delta T}{\eta^2} \tag{2-112}$$

式中：β_C——合金熔体由于浓度差引起的体积膨胀系数。

由式(2-110)、式(2-111)、式(2-112)可见，浮力流的速度取决于格拉索夫数的大小，因此也可认为格拉索夫数是由于温差或浓度差引起的浮力流的驱动力。而影响格拉索夫数大小的因素主要是流动空间(几何量 l，与 l^3 成正比)、黏度(与 η^2 成反比)及温差(或浓度差)等。

2.3.2 枝晶间液体的流动

枝晶间液相密度不均匀产生的浮力流及凝固收缩引起的补缩液流是凝固过程中两相区内液体流动的主要形式。

枝晶间的距离通常在 $10\sim100\mu m$ 之间，引用流体力学的观点，可将其作为多孔介质处理。假设凝固过程中枝晶的间隙不变，且枝晶间隙为平直光滑的通道。设在一个长度为 L 的圆柱体内，有很多个半径为 R 的微小孔道，因此引用圆管中液体的流动规律，即在每个圆管中，横断面上任一点的轴向切应力 τ 可以表示为式(2-113)。

$$\tau = \left(\frac{p_0 - p_L}{L}\right)\frac{r}{2} \tag{2-113}$$

式中：p_0、p_L——进、出口处的压力；
　　　r——指定点的半径；
　　　L——管道长度。

另根据牛顿黏滞定律，有

$$\tau = \eta\frac{\mathrm{d}v_x}{\mathrm{d}r} \tag{2-114}$$

式中：η——黏度；
　　　v_x——沿管道轴向上的流动速度。

将式(2-114)代入式(2-113)，得

$$\mathrm{d}v_x = \frac{p_0 - p_L}{2\eta L}r\,\mathrm{d}r \tag{2-115}$$

对式(2-115)积分，代入边界条件：$r=R$ 时，$v_x=0$，得

$$v_x = \left(\frac{p_0 - p_L}{4\eta L}\right)(R^2 - r^2) \tag{2-116}$$

当 $r=0$ 时，有

$$v_{x(max)} = \frac{(p_0 - p_L)R^2}{4\eta L} \tag{2-117}$$

所以，平均速度$\overline{v_x}$为

$$\overline{v_x}=\frac{1}{2}v_{x(\max)}=\frac{(p_0-p_L)R^2}{8\eta L} \tag{2-118}$$

假设压力梯度为常数，即

$$\frac{\partial P}{\partial x}=\frac{p_0-p_L}{L} \tag{2-119}$$

所以

$$\overline{v_x}=\frac{R^2}{8\eta}\frac{\partial P}{\partial x} \tag{2-120}$$

设上述圆柱模型中，单位面积上有n个孔道，即

$$f_L=n\pi R^2 \tag{2-121}$$

式中：f_L——液相体积分数。

将式(2-121)代入式(2-120)，得

$$\overline{v_x}=\frac{f_L}{8\eta n\pi}\frac{\partial P}{\partial x} \tag{2-122}$$

定义渗透系数K，且$K=\frac{f_L^2}{8n\pi}$，是与枝晶结构和枝晶空隙相关的常数。因为n为单位面积内的空隙数，n越大，空隙越窄，即枝晶间距越小。K越小，平均流速也随之减小。由此，式(2-122)可改写为

$$\overline{v_x}=\frac{K}{\eta f_L}\frac{\partial P}{\partial x} \tag{2-123}$$

式(2-123)即为一维空间流动速度与压力场之间的关系。若扩展到三维，同时又考虑到重力的影响，则枝晶间的液体流动可表示为式(2-124)，也称之为达西(Darcy)定律。

$$v=\frac{K}{\eta f_L}(\Delta p+\rho_L g) \tag{2-124}$$

式中：v——枝晶间液态金属的流动速度(矢量)；

ρ_L——液相密度；

g——重力加速度(矢量)；

p——作用在枝晶间液体上的压力(矢量)。

达西(Darcy)定律主要反应的是压力场和流场的关系，其中压力场包括液态金属的静压力、凝固收缩产生的抽吸力以及其它外加力场的作用力。在实际应用中通常将式(2-124)中各矢量沿坐标轴分解，并对各个速度分量分别求解。

2.3.3 界面张力引起的流动

在第1章中介绍的毛细现象即是界面张力引起流动的最明显例证。在某些极端条件，如微重力或失重条件下，由界面张力引起的流动现象更为突出，对成型过程也有更重要的影响。

通常，在一特定的系统中，界面张力受温度T与溶质浓度C的影响，即

$$\sigma=\sigma^*\left(1+\frac{\mathrm{d}\sigma}{\mathrm{d}T}\Delta T+\frac{\mathrm{d}\sigma}{\mathrm{d}C}\Delta C\right) \tag{2-125}$$

式中：σ^*、σ——温度和浓度变化前、后的界面张力。

当温度或浓度梯度垂直于凹曲的液面，此时势必产生一个界面张力梯度，当达到 Marangoni 数（简称 Ma 数）的临界值时，将引起流动，这种流动也称为 Marangoni 对流。由于温度或浓度作用的 Ma 数分别由式(2-126)和式(2-127)表示。

$$Ma_t = \frac{\sigma \frac{d\sigma}{dT} L^*}{\rho \gamma} \Delta T \qquad (2-126)$$

$$Ma_s = \frac{\sigma \frac{d\sigma}{dC} L^*}{\rho \gamma} \Delta C \qquad (2-127)$$

式中：γ——液态金属的运动黏度；

$\quad\quad L^*$——液体的特征长度；

$\quad\quad \rho$——密度。

在凝固过程中，固液界面前端由于溶质再分配作用，必然导致溶质浓度的富集或贫乏；必然导致浓度梯度的产生；此外，在凝固温度场中，也总存在温度梯度。由式(2-126)、式(2-127)可得，这些情况必然造成界面张力的变化而引起熔体的流动。但在重力场下，由于重力引起的浮力流的存在，此类对流现象是很难观察到的；但在微重力场条件下，由界面张力引起的对流现象是不容忽视的。

1. 基本概念

热扩散系数	液相边界	凝固系数
边界条件	倾出边界	充型能力
有效比热容	补缩边界	蓄热系数
截断误差	逐层凝固方式	浮力流
差分格式	体积凝固方式	强迫对流
显示差分格式	中间凝固方式	自然对流
隐式差分格式	凝固速度	渗透系数
固相边界	凝固时间	

2. 铸件温度场的研究方法有哪些？

3. 假设在极坐标条件下，不考虑内热源，试写出傅里叶定律的表达形式。

4. 导热微分方程的单值条件有哪些？

5. 试说明传热的三种边界条件。

6. 假设重力铸造金属型生产的发动机缸盖件，在其凝固过程中计算其温度场变化时，应考虑可能存在哪些边界条件，它们各属第几类边界条件？若采用强制冷却（水冷或空冷）金属型，又需要考虑哪些边界条件？

7. 简述在温度场计算时，若考虑凝固潜热，凝固潜热的处理方法。

8. 试写出 $\frac{\partial t}{\partial n}$ 的一阶前向差商、后向差商及中心差商。

9. 试写出 $\frac{\partial^2 t}{\partial n^2}$ 的二阶差商，并说明其截断误差。

10. 已知方程组

$$\frac{\partial t(x,\ y)}{\partial x}=\alpha\frac{\partial^2 t(x,\ y)}{\partial y^2}+\beta\frac{\partial t(x,\ y)}{\partial y}\quad(x\geqslant 0,\ y\geqslant 0)$$

$$t(0,\ y)=A$$

$$t(x,\ 0)=B$$

$$(\alpha,\ \beta,\ A,\ B—常数)$$

试写出其显式差分格式。

11. 同样对于题10中的方程,试写出其隐式差分格式。

12. 简述在压铸、消失模生产中铝合金铸件凝固温度场的特点。

13. 如图2.42所示的动态凝固曲线,试说明①A、B、C、D四点的含义;②该合金的凝固方式。

14. 试确定如下两种铸件的凝固时间(均为无过热浇注入砂型),并对结果进行比较(假设其凝固系数 $K=0.72$)。

(1) 厚为100mm的板形零件;

(2) 直径为100mm的球形零件;

15. 从平方根定律的推导过程看,该公式的使用误差特点如何?

16. 简述充型能力的含义;并指出其与合金流动性的关系。

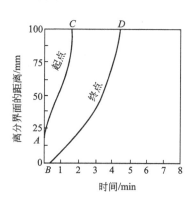

图2.42 某合金动态凝固曲线

17. 阐述合金结晶温度范围与停止流动机理之间的关系。

18. 阐述影响充型能力的因素。

19. 如何提高铸造合金的充型能力?

20. 某工厂中生产Al-Mg合金机翼(壁厚为3mm,长1500mm),其铸造工艺采用粘土砂型,常压下浇注,常因浇不足而报废。你认为可以采取哪些工艺措施来提高该铸件的成品率?

21. 铸件的凝固方式及其影响的因素。

22. 如何理解凝固区域结构中的"补缩边界"、"倾出边界"?

23. 在Al-Si二元合金中,流动性最佳的合金成分在什么范围?为什么?

24. 在工业生产中,经常采用熔模铸造工艺生产不锈钢铸件,为什么?

25. 在定向凝固装置中,试样的凝固通常自下而上进行,试分析其原因。

26. 影响浮力流强弱的主要因素是什么?

27. 液态金属对流作用的主要形式及特点。

第**3**章
液态金属的结晶

本章知识结构图

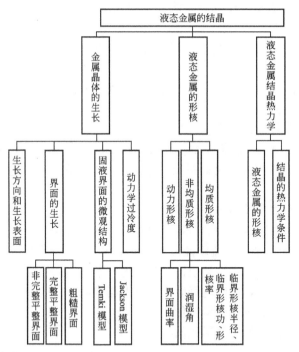

本章学习提示

（1）掌握液态金属结晶的热力学条件。

（2）掌握液态金属非均质形核的特点及其与均质形核的差异；了解动力形核的基本概念。

（3）了解金属结晶过程固液界面的特征；掌握固液界面的 Jackson 模型理论；了解固液界面的 Temkin 模型。

（4）掌握不同固液界面条件下，晶体生长的特点。

　　高温合金是在 20 世纪 40 年代随着航空涡轮发动机的出现而发展起来的一种重要金属材料，能在 600~1100℃ 高温氧化气氛和燃气腐蚀条件下长时间承受较大的工作负荷，主要用于燃气轮机的热端部件，是航空、航天、舰船、发电、石油化工和交通运输等工业的重要结构材料。高温合金按其基体可分为镍基、铁基和钴基合金；按生产工艺可分为变形、铸造、粉末冶金和机械合金化合金。铸造方法是高温合金重要的成型手段之一，如现代飞机涡轮发动机的叶片采用熔模铸造定向凝固工艺制备(图 3.1)。图 3.2 为一般凝固条件下镍基高温合金典型枝晶组织。

(a) 飞机涡轮发动机　　　　　　　　　　　　　　(b) 发动机叶片

图 3.1　高温合金叶片

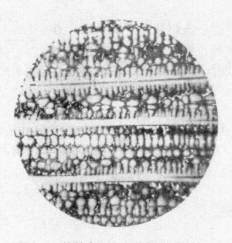

图 3.2　镍基高温合金枝晶组织(×50)

　　在通常情况下，几乎所有的液态金属在冷却过程中都会转变成晶体，除了在极快的冷却速度($>10^6 \sim 10^8℃/s$)下是以非晶形式凝固。液态金属转变成晶体的过程称之为液态金属的结晶或金属的一次结晶。一次结晶过程决定了铸件凝固后的结晶组织，并对随后冷却过程中的相变、过饱和相的析出及热处理过程产生极大的影响。此外，还决定着偏析、气孔、缩松缩孔等铸造缺陷的形成。

3.1 液态金属结晶的热力学条件和结晶过程

3.1.1 液态金属结晶的热力学条件

由物理化学中可知,结晶是一个体系自由能降低的自发过程,系统自由能 G、熵 S、温度 T、体积 V 及环境压力 p,满足式(3-1)。

$$dG = -SdT + Vdp \qquad (3-1)$$

$$\left(\frac{\partial G}{\partial T}\right)_p = -S$$
$$\left(\frac{\partial G}{\partial C}\right)_T = V \qquad (3-2)$$

结晶过程可以认为是在恒压下进行的,p 为常数,且 $dp=0$,有

$$dG = -SdT = \left(\frac{\partial G}{\partial T}\right)_p dT \qquad (3-3)$$

从式(3-3)由于熵值为正数,故自由能随温度上升而下降。又因为液态熵值大于固态($S_L > S_S$),所以液相自由能 G_L 随温度上升而下降的斜率大于固相 G_S 的斜率(图3.3),两者相交处的温度为 T_0,即为纯金属的平衡结晶温度。

当 $T = T_0$,$G_L = G_S$,固、液相处于平衡状态;当 $T > T_0$,$G_L < G_S$ 与固相比较,液相处于自由能更低的稳定状态,结晶是不可能进行的;只有当 $T < T_0$,$G_L > G_S$,结晶才可能自发进行。此时两相自由能之差 ΔG 为相变驱动力。

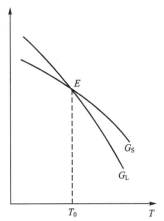

图3.3 纯金属固、液两相自由能与温度的关系

$$\Delta G = G_L - G_S = (H_L - H_S) - T(S_L - S_S) \qquad (3-4)$$

假设焓与熵在结晶时不随温度的变化而变化,则可认为结晶潜热 $L = H_L - H_S$,熔化熵 $\Delta S = S_L - S_S$,则

$$\Delta G = L - T\Delta S \qquad (3-5)$$

当 $T = T_0$ 时,$\Delta G = 0$,得 $\Delta S = \dfrac{L}{T_0}$,代入式(3-5),有

$$\Delta G = \frac{L\Delta T}{T_0} \qquad (3-6)$$

式中:ΔT——过冷度,$\Delta T = T - T_0$。

由式(3-6)可见,对于特定的金属,L、T_0 为定值(常数),所以过冷度 ΔT 决定了液态金属结晶的相变驱动力的大小。ΔT 越大,相变驱动力也越大。图3.4所示为采用液滴法测量出的 Cu-

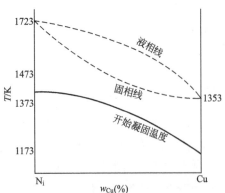

图3.4 Cu-Ni 合金的开始结晶温度与成分的关系

Ni 合金的实际结晶温度。

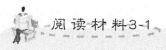阅读材料3-1

小滴法实验

20 世纪 40～50 年代,被称作"小滴法"的巧妙的实验方法由 Turnbull 等发明出来,形核问题的研究因此取得了显著的进展。

通常,即使是纯物质,其中也会含有 $1\times10^{-6}\%$ 左右的杂质。即可假设物体的总体积为 $1m^3$,杂质作为分散粒子的总体积则为 $10^{-6}m^3$。若将其划分为一个个边长的 $1\mu m$ 的立方体元胞,则每一元胞的体积为 $10^{-18}m^3$,即 $1m^3$ 物体可分成 10^{18} 个元胞。又因为每个分散粒子的体积为 $(10nm)^3=10^{-24}m^3$,所以粒子总数为 $10^{-6}m^3/10^{-24}m^3=10^{18}$ 个。因此,在每个元胞中的平均粒子数为 1 个。

若将纯物质分割成直径为 $1\mu m$ 以下的小滴时,在这些小滴中,可能会有若干个其内部连 1 个杂质颗粒都没有。因此,如图 3.5(b)所示,使高纯水的小滴浮在相对密度比水大的 B 和比水小的 A 的两个液面之间,在用显微镜观察的同时对其施加冷却,可以推测出的最大过冷度 $\Delta T_{max}\approx40K$。另外,如图 3.5(c)所示那样,将高纯度的 Pb 的小滴用沸点很高的有机物液体相互相隔离开,通过观察凝固时发生体积收缩的温度,得到的最大过冷度 $\Delta T_{max}\approx80K$。

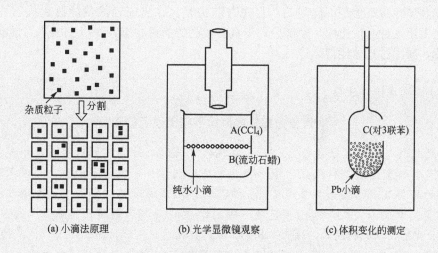

(a)小滴法原理　　(b)光学显微镜观察　　(c)体积变化的测定

图 3.5　利用小滴法进行自发形核实验

上述的这种小滴法实验是基于这样一种假说,即凝固的起点并不是"原子",而是"原子集团(临界晶核)",凝固是杂质"粒子"诱发(如果是杂质"原子"诱发的,则必须制作 30nm 以下的极微小的小滴,而这在实验方法上而言将是无法进行的)。

这个"临界晶核假说"早在 Turnbull 的小滴法实验之前的 20 年,就已经由 M. Volmer-A. Weber 和 R. Becker-W. Doring 分别于 1926 年、1935 年提出来了,因此把它叫作 VWBD 理论。

摘自《微观组织热力学》西泽泰二(日)著,郝士明 译. 北京: 化学工业出版社,2006 年: 216～217。

3.1.2　液态金属的结晶过程

根据金属学的知识，液态金属在结晶过程中原子的能量变化如图 3.6 所示。即在驱动力 ΔG 的作用下，高能量状态(G_L)的液态结构转变为低自由能 G_s 的固态结构，必须越过一个自由能更高的中间过渡态(G_A)。也就是说，液态金属在结晶过程中，还必须克服能量障碍 ΔG_A。这个能障是由于固-液界面所形成的，也即是晶体生长过程中，液相原子要进入固相所必须克服的能障，将 ΔG_A 称为动力学能障。

液态金属的结晶过程是从形核开始的，然后晶核发生生长而使得系统逐步由液体转变为固体。在存在相变驱动力的前提下，液态金属还需要通过起伏作用来克服两种性质不同的能量障碍，一种是热力学能障(如界面自由能)，由界面原子所产生，能直接影响体系自由能的大小；另一种是动力学能障(如激活能)，由金属原子穿越界面所引起，其大小与相变驱动力无关，而决定于界面的结构和性质。前者对形核过程有重要的影响，后者则在晶体的生长过程中起了关键的作用。由第 1 章讨论的液态金属结构可

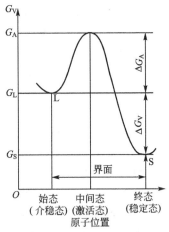

图 3.6　金属原子在结晶过程中自由能的变化

知，液态金属在微观上是不均匀的，存在着结构起伏、成分起伏及能量起伏三种起伏作用，正是由于这种起伏作用，使部分原子具有较高的能量状态，得以克服热力学能障及动力学能障，凝固过程才能持续进行。

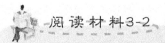

阅读材料3-2

共聚焦激光扫描显微镜下凝固过程的观察

共聚焦激光扫描显微镜是 20 世纪 80 年代发展起来的具有划时代意义的高科技产品之一。将共聚焦激光扫描显微镜和金相加热炉相结合，制造出能够原位观察高温组织演化的超高温观察激光共焦显微镜。该显微镜由高温加热炉和激光共焦显微镜两大部分组成。激光共焦显微镜具有超越一般显微镜的景深和高质量的图像。该显微镜采用紫色激光器扫描照明成像，波长 408nm，激光扫描速度可达每秒 15~120 帧，最高分辨率 0.14μ。可以在 $-185\sim1750℃$ 的温度变化范围内，不需对试样进行预先处理。在计算机的控制下对试样的表面进行实时、高清晰的观察，记录和存储。高温炉采用独特的红外集光加热方式，升降温速度快、试样受热区域温度均衡，同时升降温过程可以由程序控制任意设定。

超高温观察激光共焦显微镜是材料研究的理想工具。以往研究材料的高温组织由于试验条件的限制不能够做到实时观察分析，大多是将试样加热到某一温度后采用水淬等冻结手段，使试样快速冷却，将高温下的组织保留下来，在常温下进行组织观察研究。由于试样是在常温下研究的，在高温到低温的降温过程中，虽然冷却速度很快，但仍然不可避免地发生部分组织转变，不能够准确地反映高温下的组织形态；高温冻结法只能

选取部分高温段进行试验，无法保证高温组织转变的连续性；采用多个试样研究一个转变过程，又容易引入各种误差。另外，也有研究人员利用模拟的方法研究金属的凝固规律，但是物理模拟毕竟只是一种间接的研究方法，直接、原位、动态、实时地观察金属的凝固过程一直是人们追求的目标。超高温观察激光共焦显微镜为上述设想提供了可能。图 3.7 显示了 GH4169 高温合金的凝固过程。

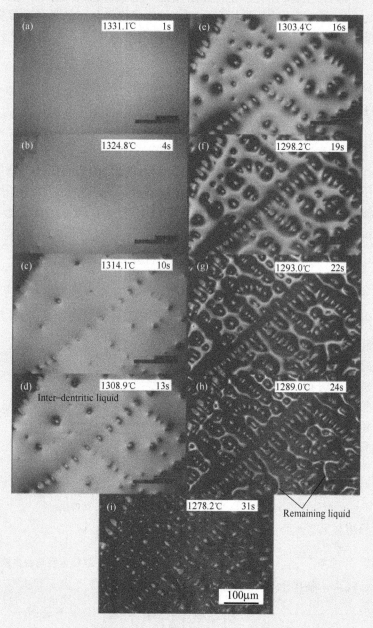

图 3.7 GH4169 高温合金的一次结晶过程

3.2　液态金属的形核

亚稳定的液态金属通过起伏作用（即相起伏）在某些微观区域内形成稳定的晶态小质点的过程谓之形核。形核的首要条件就是体系必须处于亚稳定态，即存在一定的过冷度，以提供相变驱动力；其次，需要克服热力学能障才能形成稳定存在的晶核并保证其进一步生长。根据构成能障的界面情况，可能出现两种不同的形核方式：均质形核和非均质形核（异质形核）。

3.2.1　均质形核

均质形核是在没有任何外来界面的均匀熔体中的形核过程，也称自发形核。

1. 临界形核半径

在一定的过冷度条件下，固相的自由能低于液相的自由能，当此过冷液体中出现晶胚时，一方面原子从液态转变为固态使系统的自由能降低，另一方面，由于晶胚构成新的表面，从而使系统的自由能升高。假设晶胚为球体（半径为 r），则系统自由能 ΔG 的表达式如式（3-7）所示。

$$\Delta G = -\frac{4}{3}\pi r^3 \Delta G_V + 4\pi r^2 \sigma_{LC} \qquad (3-7)$$

式中：σ_{LC}——液相与晶核之间的单位界面自由能，$4\pi r^2 \sigma_{LC}$ 即为体系表面自由能的增量；

ΔG_V——单位体积自由能变化，$\frac{4}{3}\pi r^3 \Delta G_V$ 即为体系体积自由能减少量。

当某一晶胚若长大（即半径 r 增大），其体积自由能减少绝对值大于表面积自由能的增加值时，该长大过程才能自发进行，即晶胚才能自发地长大成稳定的晶核。由金属学可知，只有大于临界半径的晶胚才可以作为晶核稳定存在，此时的晶胚称为临界晶核，其大小称为临界形核半径，如图 3.8 所示。

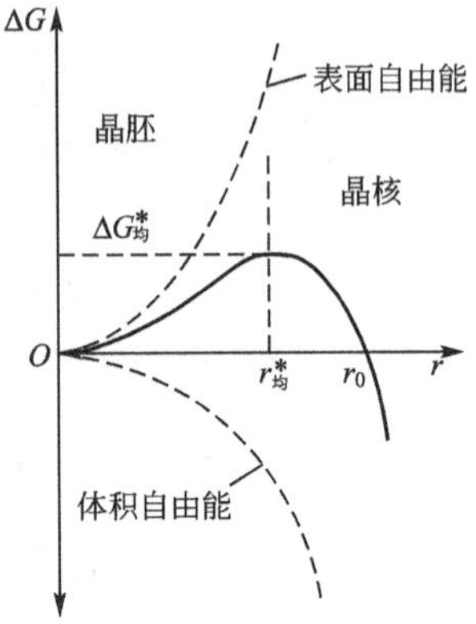

对式（3-7）进行微分，并令其等于零，即

$$-4\pi r^2 \Delta G_V + 8\pi r \sigma_{LC} = 0 \qquad (3-8)$$

则临界形核半径 $r_{均}^*$ 为

$$r_{均}^* = \frac{2\sigma_{LC}}{\Delta G_V} \qquad (3-9)$$

将式（3-6）代入，临界形核半径也可表示为

图 3.8　晶核半径与自由能 ΔG 的关系

$$r_{均}^* = \frac{2\sigma_{LC} T_0}{L\Delta T} \qquad (3-10)$$

可见，临界形核半径 $r_{均}^*$ 与过冷度 ΔT 成反比，过冷度越大则临界形核半径越小。在 σ_{LC}、L 一定时，达到临界形核半径所需的过冷度，则称为临界过冷度。从另一角度，要获得稳定存在的晶胚（即形核半径大于或等于临界形核半径），则过冷度必须大于或等于临界

过冷度。有研究表明，金属结晶时均匀形核所需的过冷度约为 $0.2T_0$（见表 3-1），此时晶核的临界半径约为 10^{-10}m，这样大小的的晶核包含约 200 个原子。

表 3-1 部分常见金属液滴均质形核时能达到的过冷度

金属	熔点 T_0/K	过冷度 $\Delta T/K$	$\frac{\Delta T}{T_0}$	金属	熔点 T_0/K	过冷度 $\Delta T/K$	$\frac{\Delta T}{T_0}$
Hg	234.2	58	0.287	Sb	903	135	0.150
Ga	303	76	0.250	Al	931.7	130	0.140
Sn	505.7	105	0.208	Ge	1231.7	227	0.184
Ag	1238.7	227	0.184	Mn	1493	308	0.206
Au	1336	230	0.172	Ni	1725	319	0.185
Cu	1356	236	0.174	Co	1763	330	0.187
Bi	544	90	0.166	Fe	1803	295	0.164
Pb	600.7	80	0.133	Pt	2043	370	0.181

2. 临界形核功

从图 3.2 可见，当晶核尺寸大于 r_0 时，系统的自由能 ΔG 小于零，晶核是稳定的；但在 $r_均^* \sim r_0$ 范围时，系统的自由能 ΔG 仍然是大于零，即晶核的表面自由能大于体积自由能，阻力大于驱动力。则在此区间，晶核要稳定存在，必须要求外界要对系统做功，使晶核能补偿自由能增加的绝对值。这一外部补偿的能量称为形核功 ΔG_K，其大小即图 3.3 中 ΔG，其极大值即对应临界形核半径 $r_均^*$ 处的临界形核功 $\Delta G_均^*$。可将式(3-9)或式(3-10)代入式(3-7)即得 $\Delta G_均^*$。

$$\Delta G_均^* = \frac{4}{3}\pi r_均^{*2}\sigma_{LC} = \frac{1}{3}S^*\sigma_{LC} \quad (3-11)$$

或

$$\Delta G_均^* = \frac{16}{3}\frac{\pi\sigma_{LC}^3}{L^2}\frac{T_0^2}{\Delta T^2} = \frac{1}{3}S^*\sigma_{LC} \quad (3-12)$$

式中：S^*——临界晶核的表面积。

可见，临界形核功 $\Delta G_均^*$ 的大小恰好等于临界晶核表面自由能的 1/3。这表明，形成临界晶核时，体积自由能的下降仅补偿了表面自由能增量的 2/3，还有 1/3 表面自由能部分必须依靠外部对晶核做功，也就是均质形核所必须克服的能障。

从式(3-12)可知，临界形核功 $\Delta G_均^*$ 的大小与过冷度的平方成反比。因此，增大过冷度，能显著降低临界形核功，从而使形核更易进行。

最后要说明的是，形核所需的临界形核功，这部分能量从何而来？这就回到第 1 章液态金属结构的讨论中，液态金属结构中存在能量起伏，而微区中能量高于平均值的原子附着于晶核上时，将释放出一部分能量，从而实现外部做功以克服部分表面自由能。

因此，对于均质形核过程，临界晶核由过冷熔体中的相起伏（或结构起伏）提供，而临界形核功由能量起伏提供，任何一个晶核的形成都是这两种起伏的共同产物。

3. 形核率

形核率是指单位时间、单位体积液态金属中形成的晶核数，以$\dot{N}$表示，单位 cm^{-3}·s^{-1}。形核率高意味着单位体积中晶核数目多，结晶结束后可以获得更细小的凝固组织，也能提高零件或试样的力学性能。

通常，形核率受到两个方面的制约，即形核功和原子扩散能力。从热力学考虑，那些具备临界晶核尺寸并能克服临界晶核形成功的微小体积，其出现的几率为$e^{-\frac{\Delta G^*_{\text{均}}}{kT}}$，但要形成稳定的晶核，还必须有原子从液相转移到晶核表面使之成长。原子扩散到晶核表面，必须克服能垒ΔG_A（激活能），原子能克服激活能的几率为$e^{-\frac{\Delta G_A}{kT}}$。因此，形核率取决于此两项的乘积，即如式（3-13）所示。

$$\dot{N}=K_1 N_1 N_2 \tag{3-13}$$

式中：K_1——系数；

N_1——受形核功影响的形核率因子，有$N_1=e^{-\frac{\Delta G^*_{\text{均}}}{kT}}$；

N_2——受原子扩散能力影响的形核率因子，有$N_2=e^{-\frac{\Delta G_A}{kT}}$。

N_1、N_2两者与温度的关系如图3.9（a）所示，过冷度随温度的上升而下降，形核功ΔG_K随之增大。而同时，原子的扩散能力则随温度的上升而提高。因此，形核率是受N_1、N_2因子影响的综合结果，在过冷度小时主要受N_1项控制；过冷度大时，主要受N_2项控制。

对于纯金属而言，其均质形核的形核率与过冷度的关系如图3.9（b）所示。表明，在达到一定过冷度之前，液态金属中基本不成核，一旦温度降至某一温度时，形核率急剧增加，一般将这一温度称为有效成核温度。

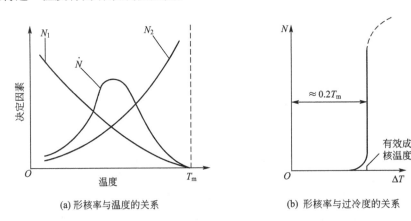

(a) 形核率与温度的关系　　(b) 形核率与过冷度的关系

图3.9　形核率与温度及过冷度的关系

3.2.2　非均质形核

在实际中，均质形核是不太可能发生的。为克服均质形核过程中的能障，所需要的过冷度是很大的，实际金属凝固过程中的过冷度远小于此。据藤布尔（Turnbull）的试验结果，纯铁小液滴结晶时的过冷度为295℃，但在工业生产中铁液的结晶仅有几度的过冷度。

这是因为实际中很难排除外来质点的影响，即使在区域精炼的条件下，每立方厘米的液相中也仍有 10^6 个边长为 10^3 个原子大小的立方体的微小杂质颗粒。所以，一般来说结晶都是从非均质形核开始的。

非均质形核是指在不均匀的熔体中依靠外来杂质或型壁界面提供的衬底进行形核的过程，也称为异质形核或非自发形核。

1. 非均质形核的临界半径、形核功、形核率

液体中存在的大量固体质点可以作为形核的衬底(图 3.10)。假设在亚稳定的液态金属 L 中存在着固相物质 S，在 S 的平面衬底上形成了一个球冠状晶核 C。设 σ_{LC}、σ_{LS} 与 σ_{CS} 分别为液相-晶核、液相-衬底和晶核-衬底之间的单位界面自由能，θ 为晶核与衬底之间的润湿角，r 为球冠状晶核的曲率半径。

当界面能之间处于平衡时，有

$$\sigma_{LS} = \sigma_{CS} + \sigma_{LC}\cos\theta \qquad (3-14)$$

则

$$\cos\theta = \frac{\sigma_{LS} - \sigma_{CS}}{\sigma_{LC}} \qquad (3-15)$$

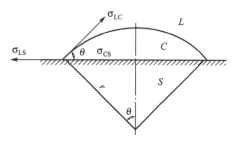

图 3.10　平面衬底形核示意图

又因为，晶核的体积 $V_冠$ 为

$$\begin{aligned}
V_冠 &= \int_0^\theta \pi (r\sin\theta)^2 \mathrm{d}(r - r\cos\theta) \\
&= \int_0^\theta \pi r^3 \sin^3\theta \mathrm{d}\theta \\
&= \frac{\pi r^3}{3}(2 - 3\cos\theta + \cos^3\theta)
\end{aligned} \qquad (3-16)$$

晶核与液相的接触面积 S_{LC} 为

$$S_{LC} = \int_0^\theta 2\pi r\sin\theta (r\mathrm{d}\theta) = 2\pi r^2(1 - \cos\theta) \qquad (3-17)$$

晶核与衬底的接触面积 S_{CS} 为

$$S_{CS} = \pi (r\sin\theta)^2 = \pi r^2 \sin^2\theta \qquad (3-18)$$

因此，形成球冠状晶核的总自由能变化 $\Delta G_非$ 为

$$\begin{aligned}
\Delta G_非 &= -V_冠 \Delta G_V + \sigma_{LC} S_{LC} + (\sigma_{CS} - \sigma_{LS}) S_{CS} \\
&= \left[\frac{-4\pi r^3}{3}\Delta G_V + 4\pi r^2 \sigma_{LC}\right]\left[\frac{2 - 3\cos\theta + \cos^3\theta}{4}\right] \\
&= \Delta G_均\, f(\theta)
\end{aligned} \qquad (3-19)$$

其中：

$$\Delta G_均 = -\frac{4}{3}\pi r^3 \Delta G_V + 4\pi r^2 \sigma_{LC} \qquad (3-20)$$

$$f(\theta) = \frac{2 - 3\cos\theta + \cos^2\theta}{4} \qquad (3-21)$$

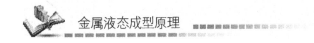

式中：ΔG_V——结晶过程中单位体积自能变化；

$\Delta G_{均}$——液相中单独形成一个半径为 r 的球形晶核，即均质形核时的总自由能变化量。

令 $\dfrac{\partial \Delta G_{非}}{\partial r}=0$，则可求得非均质形核的临界曲率半径 $r_{非}^*$

$$r_{非}^*=\frac{2\sigma_{LC}}{\Delta G_V} \tag{3-22}$$

将此代入式(3-19)，则可求得非均质形核的临界形核功 $\Delta G_{非}^*$

$$\Delta G_{非}^*=\frac{16}{3}\frac{\pi\sigma_{LC}^2 T_0^2}{L^2 \Delta T^2}f(\theta) \tag{3-23}$$

由式(3-12)可得

$$\Delta G_{非}^*=\Delta G_{均}^*\ f(\theta) \tag{3-24}$$

而非均质形核中的形核率，其表达式与均质形核一致，如式(3-25)所示。

$$\dot{N}_{非}=K_2 N_1 N_2 \tag{3-25}$$

式中：K_2——系数；

N_1——受形核功影响的形核率因子，有 $N_1=e^{-\frac{\Delta G_{非}^*}{kT}}$；

N_2——受原子扩散能力影响的形核率因子，有 $N_2=e^{-\frac{\Delta G_A}{kT}}$。

从式(3-25)可见，非均质形核中由于形核功 $\Delta G_{非}^*$ 较均质形核减小，因此有效成核温度大大减小，即图 3.11(a)中所示非均质形核率曲线较均质形核率曲线左移。应该指出的是，式(3-25)仅考虑到外来衬底润湿性的影响(以润湿角 θ 衡量)，并没有考虑衬底面积对非均质形核率的影响。事实上，随着晶核在衬底上形成，必然要减少新生晶核所能利用的衬底面积，从而也就降低了形核率。因此，实际的非均质形核率随过冷度变化应如图 3.11(b)所示的规律，即非均质形核从某一临界过冷度开始，并随过冷度的增加达到最大值后，由于衬底有效形核面积减少而减少，直到衬底全部为晶核所覆盖时中止形核。

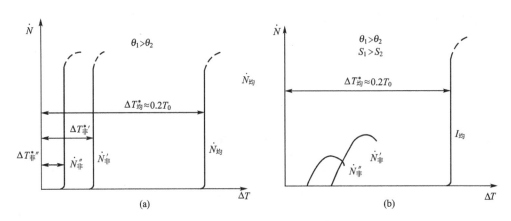

图 3.11　液态金属结晶的生核率与过冷度的关系
θ—润湿角，S—衬底面积

由此可见，非均质形核的数量不仅决定于过冷度，还与衬底所提供基体密切相关。实际应用中正是利用此原理，对于液态金属中加入形核剂强化非均质形核，以达到细化晶粒、提高机械性能的目的。

2. 润湿角对非均质形核的影响

由式(3-9)和式(3-22)可见，就临界半径而言，$r_\text{非}^*$ 与 $r_\text{均}^*$ 的表达式完全相同。但球冠状晶核所含有的原子数比同曲率半径的球状晶核要少得多。如前所述，临界晶核是依靠过冷熔体中的相起伏提供的。热力学理论证明，各种大小的晶胚在相起伏中出现的几率主要取决于晶胚中的原子数，而与晶胚可能具有的几何形状无关。因此包含原子数目较少的球冠状临界晶核更易在小过冷度下形成。球冠状晶核所含有的原子数取决于其相对体积，即球冠体积与同曲率半径的球状晶核体积之比 $V_\text{冠}/V_\text{球}$。由式(3-9)不难看出，$V_\text{冠}/V_\text{球}=f(\theta)$，可见，$f(\theta)$ 越小，球冠的相对体积就越小，因而所需的原子数就越少，它就越易于在较小的过冷度下形成，故非均质形核的过冷度就越小。

如同均质形核过程一样，非均质形核的临界形核功也是由过冷熔体的能量起伏提供的。事实上这个能量起伏就等于形成临界球冠晶核的相起伏时所需的自由能增量。因此形成临界晶核所需的能量起伏和相起伏在本质上是一致的。而形核功和临界曲率半径则是从能量和物质两个不同的侧面反映同一个临界晶核的形成条件问题。由式(3-24)可以看出，正如上述的临界半径的分析一样，非均质形核的临界形核功 $\Delta G_\text{非}^*$ 与均质形核的临界形核功 $\Delta G_\text{均}^*$ 之间也仅相差一个因子 $f(\theta)$，$f(\theta)$ 越小，非均质形核的临界形核功就越小，因此形成临界晶核所要求的能量起伏也越小，形核过冷度也就越小。

可见，$f(\theta)$ 是决定非均质形核性质的一个重要参数。根据定义，$f(\theta)$ 决定于润湿角 θ 的大小。由于 $0 \leqslant \theta \leqslant 180°$，因此 $f(\theta)$ 也应在 $0 \leqslant f(\theta) \leqslant 1$ 范围内变化(图 3.12)。

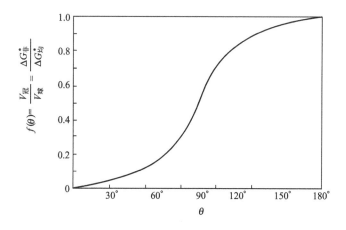

图 3.12　$f(\theta)$ 与润湿角 θ 之间的关系

当 $\theta=180°$ 时，$f(\theta)=1$，因此 $V_\text{冠}=V_\text{球}$，$\Delta G_\text{非}^*=\Delta G_\text{均}^*$。这就是说，当结晶相不润湿衬底时，"球冠"晶核实际上是一个与均质晶核没有任何区别的球体，因此衬底不起促进形核的作用，液态金属只能进行均质形核，形核所需的临界过冷度最大。

当 $\theta=0$ 时，$f(\theta)=0$，因此 $V_\text{冠}=0$，$\Delta G_\text{非}^*=0$。这就是说，当结晶相与衬底完全润湿时，球冠晶核已不复存在。衬底是现成的晶面，结晶相可以不必通过形核而直接在其表面上生长，故其形核功为零，衬底有最大的促进形核作用。

当 $0°<\theta<180°$，$0<f(\theta)<1$，故 $V_\text{冠}<V_\text{球}$，$\Delta G_\text{非}^*<\Delta G_\text{均}^*$，因而衬底都具有促进形核的共性，非均质形核比均质形核更易进行。θ 越小，球冠的相对体积也就越小，因而所需

的原子数也就越少，形核功也越低，非均质形核过程也就越易进行。

3. 不同界面形状对非均质形核的影响

以上讨论的是平面衬底的情况，在一般的条件下，外来质点引入的界面是曲面的，润湿角 θ 的影响仍然符合上述的规律，但促进其非均质形核能力的因素不仅仅是润湿角 θ，还包括曲面的形状。

由上述讨论，不难得出非均质形核的临界形核功与临界晶核的体积存在特定的关系，将式（3-6）、式（3-22）代入式（3-23）即得

$$\Delta G_{非}^* = \frac{1}{2} V_{冠} \Delta G_V \qquad (3-26)$$

可见，非均质形核的临界形核功与临界晶核的体积成正比，即临界晶核体积越小，临界形核功越小，当然更容易发生形核。如图 3.13 为三个形状不同的衬底上形成的晶核，它们具有相同的润湿角，凹面及凸面的曲率半径相同。同样假设形成球冠状晶核，很明显三个晶核的体积不同，即所包含的原子数不一样：凸面上形成的晶核原子数最多，平面次之，凹面上最少。由此可见，即使是相同物质所形成的衬底，其促进非均质生核的能力也随界面曲率的方向和大小的不同而不同：凹界面衬底、平界面衬底、凸界面衬底的生核能力是依次减弱；对凸界面衬底而言，其促进非均质生核的能力随界面曲率的增大而减小，对于凹界面，则随界面曲率的增大而增大。

在特殊情况下，高熔点衬底孔穴里可能仍残存有负临界曲率半径（即 $r_{非}^* < 0$）的结晶相（图 3.14）。由式（3-22）可知，这时 $\Delta T < 0$。因此该相可以在平衡熔点温度以上稳定存在。液态金属冷却时，这些结晶相在极小的过冷下就能直接生长，故称为"预在晶核"。

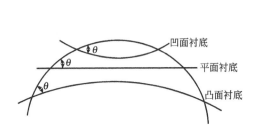

图 3.13 不同形状界面下的非均质生核图

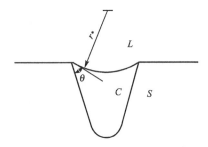

图 3.14 衬底孔穴中存有的负曲率半径的结晶相

4. 动力形核

另外在实验中观察到液态金属在外界动力学因素的激励下也可能在更小的过冷度下导致形核，称之为动力形核。按 Vonneguf. B 的假说，对于动力形核，认为动力学激励使液体内部产生众多的孔穴，当孔穴崩溃时，周围的液体必然进去补充。这时流体流动的动量将足以产生很高的压力，根据克拉布龙式（3-27），从而引起金属熔点的改变。

$$\frac{dT_p}{dp} = \frac{T_0(V_L - V_S)}{L_0} \qquad (3-27)$$

式中：dp——压力改变量；

dT_p——相应的熔点改变量；

T_0——一个大气压下的熔点温度；

L_0——熔化潜热；

V_L、V_S——液相和固相的体积。

由于通常金属凝固时，其体积总是减少的，因此压力的急剧增加必将导致金属熔点的激烈上升。在液态金属温度一定的情况下，这相当于增加了过冷度，从而促进了形核过程。

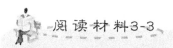
阅读材料3-3

金属熔体的形核和过冷度

坚增运　杨根仓　周尧和　等

自从 1950 年 Turnbull 将 Ag，Ni，Cu 等 18 种金属分散成直径为 $10\sim100\mu m$ 的小颗粒，使其获得了 $0.18T_m$ 左右的过冷度以来，人们对液态金属的过冷进行了大量的实验研究。目前所获得的最大过冷度是在金属 Ga 中得到的，Perepezko 用乳化法使直径为 $20\mu m$ 的 Ga 颗粒获得了 $0.58T_m$ 的过冷度。能够使大体积液态金属获得深过冷的方法是熔融玻璃净化法。用熔融玻璃对液态 Ni，Cu，Fe，Ag 等金属进行净化，可使较大体积 $(10^{-5}\sim10^{-4}m^3)$ 的液态金属获得深过冷。深过冷金属熔体凝固后可以获得非晶、准晶、微晶、单晶等具有特殊性能的组织。

本文研究的主要目的是从理论上建立过冷度的一般方程，以实现对过冷度与其影响因素之间关系的准确定量描述。

1. 过冷度一般方程的建立

若金属熔体中存在的形核能力最强的异质核心与金属熔体的润湿角为 θ，单位体积金属熔体中此种异质核心的表面积为 S_V，金属熔体的体积为 V，金属熔体的冷却速度为 R_C，并假设形核能力比 θ 弱的异质核心不发生形核，则金属熔体中形成 1 个晶核时的过冷度 ΔT^* 可用下式计算：

$$1=\int_0^{\Delta T^*} I_S \cdot S_V \cdot V \cdot \frac{1}{R_C} \cdot d\Delta T \tag{3-28}$$

式中：ΔT——金属熔体过冷度，I_S——异质形核率。

　　I_S——可表示为如下形式：

$$I_S=A_S\exp\left(-\frac{\Delta G_A}{k(T_m-\Delta T)}\right)\exp\left(-\frac{\alpha\sigma^3 T_m^2 f(\theta)}{k\Delta H^2(T_m-\Delta T)\Delta T^2}\right) \tag{3-29}$$

式中 A_S 近似为常数 $(A_S=10^{31\pm1}m^{-2}\cdot s^{-1})$，$\Delta G_A$ 为扩散活化能，k 为 Boltzmann 常数，T_m 为金属的熔点，α 为晶核形状因子（对球状晶核，$\alpha=\frac{16\pi}{3}$），σ 为固/液界面能，$f(\theta)=\frac{(2+\cos\theta)(1-\cos\theta)^2}{4}$，$\Delta H$ 为金属的结晶潜热。令

$$\xi=\frac{\Delta T}{T_m} \tag{3-30}$$

$$\psi=\frac{\alpha\sigma^3}{k\Delta H^2 T_m} \tag{3-31}$$

$$\phi = \frac{\Delta G_A}{k T_m} \tag{3-32}$$

则式(3-29)可表示为如下形式：

$$I_S = A_S \exp\left(-\frac{\phi}{1-\xi}\right) \exp\left(-\frac{\phi f(\theta)}{(1-\xi)\xi^2}\right) \tag{3-33}$$

式(3-28)中的积分项与图 3.15 形核率曲线上阴影部分的面积有关，但此面积无法直接求出。为此在图 3.15 形核率曲线上过冷度为 ΔT^* 处作 I_S 曲线的切线，由于切线左边阴影部分的面积与切线右边阴影部分的面积相对比较小，加之阴影部分面积的变化对过冷度的影响非常小，例如，若将此面积增大一倍，即变化 100%，可以算出，在 $V/R_C = 10^{-14} \sim 10^1 m^3 \cdot K^{-1} \cdot s$ 的实验条件范围内，金属的形核过冷度只会变化 0.66% ～ 0.41%，变化非常微小。故为了计算方便，可用切线右边阴影部分的面积代替阴影部分的面积，即

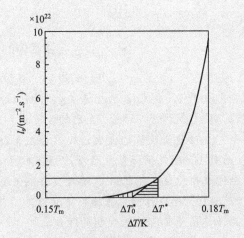

图 3.15 铝的异质形核率 I_S 随过冷度 ΔT 的变化曲线，即 $f(\theta) = 0.55$

$$1 \approx \int_{\Delta T_0^*}^{\Delta T^*} \frac{dI_S}{d\Delta T}\bigg|_{\Delta T = \Delta T^*} (\Delta T - \Delta T_0^*) \cdot S_V \cdot V \cdot \frac{1}{R_C} \cdot d\Delta T$$

$$= \frac{1}{2} S_V V (\Delta T - \Delta T_0^*)^2 \frac{1}{R_C} \frac{dI_S}{d\Delta T}\bigg|_{\Delta T = \Delta T^*} \tag{3-34}$$

由图 3.15 得

$$\frac{dI_S}{d\Delta T}\bigg|_{\Delta T = \Delta T^*} = \frac{I_S^*}{\Delta T^* - \Delta T_0^*} \tag{3-35}$$

将式(3-35)代入式(3-34)得

$$1 = \frac{1}{2} I_S^* S_V V (\Delta T - \Delta T_0^*) \frac{1}{R_C} \tag{3-36}$$

对式(3-29)求导得

$$\frac{dI_S}{d\Delta T}\bigg|_{\Delta T = \Delta T^*} = \left[\frac{(2-3\xi^*)\phi f(\theta)}{(1-\xi^*)^2 \xi^{*3} T_m} - \frac{\phi}{(1-\xi^*)^2 T_m}\right] I_S^* \tag{3-37}$$

根据式(3-35)和式(3-37)得

$$\frac{1}{\Delta T^* - \Delta T_0^*} = \frac{(2-3\xi^*)\phi f(\theta)}{(1-\xi^*)^2 \xi^{*3} T_m} - \frac{\phi}{(1-\xi^*)^2 T_m} \tag{3-38}$$

将式(3-38)和式(3-33)代入式(3-36)得

$$\frac{A_S T_m S_V V}{2 R_C} = \frac{(2-3\xi^*)\phi f(\theta) - \phi\xi^{*3}}{(1-\xi^*)^2 \xi^{*3}} \exp\left(\frac{\phi}{1-\xi^*}\right) \exp\left(\frac{\phi f(\theta)}{(1-\xi^*)\xi^{*2}}\right) \tag{3-39}$$

2. 最大过冷度

金属熔体中的晶核数最小只可为零，不会为负，所以式(3-39)的右边不会小于零。对式(3-39)右边的各项进行分析，发现只有第1项中的分子项有可能小于零，其余各项均大于零。所以，为了保证式(3-39)的右边不小于零，则式(3-39)右边第1项中有可能小于零的分子项必须大于等于零，即

$$(2-3\xi^*)\psi f(\theta)-\phi\xi^{*3}\geqslant0 \qquad (3-40)$$

式(3-40)的左边随 ξ^* 的增大而减小，当 ξ^* 增大到某一临界值，即达到最大无量纲过冷度 ξ^*_{max} 时，式(3-40)的左边减小到零，即

$$2-3\xi^*_{max}-\frac{\phi}{\psi f(\theta)}\xi^{*3}_{max}=0 \qquad (3-41)$$

式(3-41)表明，金属熔体的最大无量纲过冷度 ξ^*_{max} 不仅与无量纲扩散活化能因子 ϕ 和无量纲形核驱动力因子 ψ 的比值有关，而且也与异质核心的润湿角因子 $f(\theta)$ 有关。

图3.16表示出了 $f(\theta)=1$ 时，金属熔体的最大无量纲过冷度 ξ^*_{max} 随 ϕ/ψ 的变化曲线及对几种金属 ξ^*_{max} 的计算结果。由此可以看出，ξ^*_{max} 随 ϕ/ψ 的减小而增大，ϕ/ψ 为零时，ξ^*_{max} 达到其极限值2/3。

$f(\theta)$ 对最大无量纲过冷度 ξ^*_{max} 的影响如图3.17所示。由此图可以看出：最大无量纲过冷度 ξ^*_{max} 随 $f(\theta)$ 的减小而减小；$f(\theta)$ 减小到零时，ξ^*_{max} 变为零。

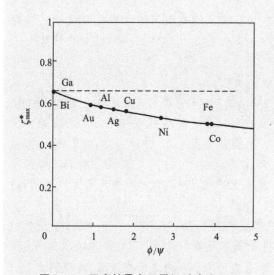

图 3.16　元素的最大无量纲过冷度 ξ^*_{max}
随 ϕ/ψ 的变化关系

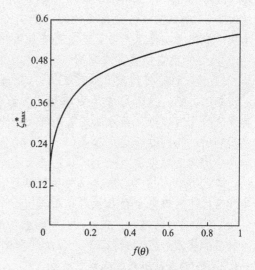

图 3.17　铝的最大无量纲过冷度 ξ^*_{max}
随 $f(\theta)$ 的变化关系

3. 工艺参数对过冷度的影响

将金属的有关物理化学参数代入式(3-39)，以无量纲过冷度 ξ^* 为纵坐标，以无量纲工艺参数因子 $\omega\left(\omega=\dfrac{A_s T_m S_V V}{2R_C}\right)$ 为横坐标，用Graphtool软件可作出 ξ^* 随 ω 的变化曲线。不同 $f(\theta)$ 下，铝的无量纲过冷度 ξ^* 随工艺参数因子 ω 的变化曲线如图3.18所示。

由此可以看出：在 ω 一定时，ξ^* 随 $f(\theta)$ 的减小而减小；在 $f(\theta)$ 一定时，ξ^* 随 ω 的变化经历了区域 I 的缓变、区域 II 的突变和区域 III 的缓变等 3 个阶段。ω 位于区域 I 时，ξ^* 随 ω 的减小缓慢增大，ω 减小到一临界值时，ξ^* 达到其最大值 ξ^*_{max}；ω 位于区域 II 时，ξ^* 随 ω 的增大急剧减小；ω 位于区域 III 时，ξ^* 随 ω 的增大缓慢减小。

目前，乳化法的工艺参数水平一般位于区域 II；用于大体积金属熔体净化的熔融玻璃净化法的工艺参数水平一般位于区域 III。因为在区域 III 时，ξ^* 受 ω 的影响较小，所以，可以预测：若采用目前用于大体积金属熔体的熔融玻璃净化法对金属熔体进行净化，并把金属熔体的体积从目前的 $10^{-5} \sim$

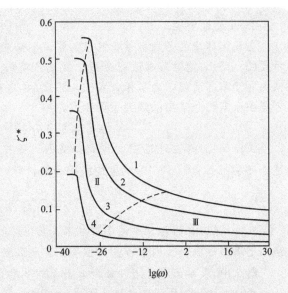

**图 3.18　铝的无量纲过冷度 ξ^* 随无量纲工艺
参数因子 ω 的变化曲线**
1—$f(\theta)=1$　2—$f(\theta)=0.5$
3—$f(\theta)=10^{-2}$　4—$f(\theta)=10^{-3}$

$10^{-4} \mathrm{m}^3$ 增大到工业体积 $0.1 \sim 1 \mathrm{m}^3$，增大 $3 \sim 4$ 个数量级，金属熔体的过冷度将不会有明显的减小。这说明将深过冷快速凝固技术应用于实际生产时，不会存在能否使工业大体积金属熔体获得深过冷的问题。

4. 过冷度方程的实际应用

1）确定过冷熔体中有效异质核心的 S_V 和 $f(\theta)$

在此之前，从未见过有关 S_V 确定方法的报道。对 $f(\theta)$ 的确定虽有过一些报道，但其方法缺乏可信性。其方法是首先假定一个有效形核率，然后将被确定金属的有关物理参数和所测得的过冷度代入式(3-29)，即可计算出 $f(\theta)$。这种确定方法的主要缺陷：一是将有效形核率看成一个定值，没有考虑 S_V，$f(\theta)$，R_C 和 V 等因素对形核过程的影响；二是有效形核率的给出仅凭经验估计，无实验和理论依据。故所确定出的 $f(\theta)$ 与实际情况不可避免会存在较大差距。

式(3-39)的建立，使 S_V 和 $f(\theta)$ 的准确确定成为可能。在熔炼条件一定(即异质核心种类和密度一定)的情况下，若能分别测得金属熔体在体积为 V_1、冷却速度为 R_{C1} 下的过冷度 ξ^*_1，和金属熔体在体积为 V_2、冷却速度为 R_{C2} 下的过冷度 ξ^*_2，则根据式(3-39)可得

$$\frac{V_2 R_{C1}}{V_1 R_{C2}} = \frac{(1-\xi^*_1)^2 \xi^{*3}_1 [(2-3\xi^*_2)\psi f(\theta) - \phi \xi^{*3}_2]}{(1-\xi^*_2)^2 \xi^{*3}_2 [(2-3\xi^*_1)\psi f(\theta) - \phi \xi^{*3}_1]} \times$$

$$\exp\left(\frac{\phi(\xi^*_2 - \xi^*_1)}{(1-\xi^*_2)(1-\xi^*_1)}\right) \times \exp\left(\frac{(\xi^{*2}_1 - \xi^{*3}_1 - \xi^{*2}_2 + \xi^{*3}_2)\psi f(\theta)}{(1-\xi^*_2)(1-\xi^*_1)\xi^{*2}_1 \xi^{*2}_2}\right) \quad (3-42)$$

求解式(3-42)，可计算出给定熔炼条件下，金属熔体中有效异质核心的润湿角因子 $f(\theta)$。$f(\theta)$ 确定后，将 $f(\theta)$ 和 ξ^*_1 相对应的 V_1，R_{C1} 或与 ξ^*_2 相对应的 V_2，R_{C2} 代入(3-39)

式，即可确定出 S_V。

表 3-2 列出了根据 Mueller 的实验结果，用式(3-42)和式(3-39)对铝被硫酸盐乳化后有效异质核心的 $f(\theta)$ 和 S_V 计算结果。所确定出的 S_V 与 V 之积，即异质核心的总表面积比乳化颗粒的表面积小，这说明乳化膜是不均匀的，其中只有一小部分膜的形核能力比较强、是有效形核基底，这与 Mueller 的实验分析结果是一致的。

表 3-2　铝被硫酸盐乳化后有效异质核心的 $f(\theta)$ 和 S_V 的计算结果

参数		数值	
铝的物理参数	扩散活化能 $\Delta G_A / (\mathrm{J \cdot mol^{-1}})$	1.65×10^4	
	熔点 T_m / K	933	
	固液界面能 $\sigma / (\mathrm{J \cdot m^{-2}})$	0.113	
	熔化潜热 $\Delta H / (\mathrm{J \cdot mol^{-1}})$	1.047×10^4	
实验参数及结果	体积 $V / \mathrm{m^3}$	4.19×10^{-15}	11.77×10^{-12}
	冷却速度 $R_C / (\mathrm{K \cdot S^{-1}})$	500	0.33
	无量纲过冷度 ξ	0.187	0.143
计算结果	单位体积中异质核心表面积 $S_V / \mathrm{m^{-1}}$	$10^{-4.37}$	
	润湿角因子 $f(\theta)$	0.55	

2) 预测金属熔体在任意体积和冷速下的过冷度

将所确定出的 $f(\theta)$ 和 S_V 代入式(3-39)，可预测出相同熔化条件下，金属熔体在任意体积和冷速下的过冷度。图 3.19 表示出了铝被硫酸盐乳化后(即 $f(\theta)=0.55$，$S_V=10^{-4.37}\,\mathrm{m^{-1}}$)的无量纲过冷度 ξ^* 随金属熔体体积与冷速比值 V/R_C 的变化曲线，图中小黑点("·")为 Mueller 的实验结果。图示结果说明本文的理论曲线与 Mueller 的实验结果是吻合的。

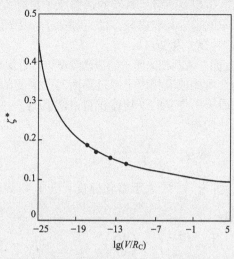

图 3.19　铝的无量纲过冷度 ξ^* 随 V/R_C 的变化曲线

摘自《中国科学：E 辑》，第 30 卷，第 1 期，2000 年 2 月。

3.3 晶体的生长

晶核一旦生成，就必然通过其自身的生长来完成结晶过程。晶体生长是液相中原子不断向晶体表面堆砌的过程，即固液界面不断地向液相中推移的过程。固液界面处固、液两相体积自由能的差值 ΔG_V 构成了晶体生长的驱动力，其大小取决于界面温度，对合金而言还与其成分有关。因此晶体的生长主要受界面生长动力学过程、传热过程、传质过程等方面的影响。本节主要讨论晶体的生长的界面动力学问题。

3.3.1 晶体生长中固-液界面处的原子迁移

在晶体生长过程中，由于能量起伏，固-液界面两侧总有一定的原子处于高的能量状态，能越过界面进入液相（或固相）。所以，界面是作着相反迁移运动的原子构成的动态结构，如图 3.20 所示，界面处始终存在固相原子迁移到液相的熔化反应（m）及液相原子迁移到固相中的凝固反应（F）。则单位面积界面处的反应速率为：

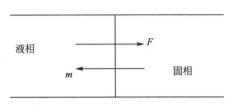

$$\left(\frac{dN}{dt}\right)_m = N_S f_S A_m \nu_S e^{\frac{\Delta G_A + \Delta G_V}{kT_i}} \qquad (3-43)$$

图 3.20 固-液界面处的原子迁移

$$\left(\frac{dN}{dt}\right)_F = N_L f_L A_F \nu_L e^{-\frac{\Delta G_A}{kT_i}} \qquad (3-44)$$

式中：N_S、N_L——单位面积界面处固、液两相的原子数，对于平面界面，$N_S = N_L = N$；

f_S、f_L——固、液两相中每个具有足够能量跳向界面的几率，一般有 $f_S = f_L = \frac{1}{6}$；

A_m、A_F——一个原子到达界面后不因弹性碰撞而被弹回的几率，$A_m \approx 1$，而 $A_F \leqslant 1$（A_F 与原子到达固相表面后所具有的近邻原子数有关，固相表面的台阶越多，迁移原子就越容易获得较多的近邻原子，因而被弹回的几率就越小，相应地 A_F 也就越接近 1）；

ν_S、ν_L——则分别是界面处固、液两相的原子的振动频率，可近似地认为 $\nu_S = \nu_L = \nu$；

ΔG_A——一个具有平均自由能地液相原子越过界面时所需要的激活自由能；

ΔG_V——单个液、固相原子所具有的平均体积自由能差值。

设界面处温度为 T_i，由式（3-6）得

$$\Delta G_V = \frac{L(T_0 - T_i)}{T_0} \qquad (3-45)$$

当晶体进行生长时，凝固速度 $\left(\frac{dN}{dt}\right)_F$ 要大于熔化速度 $\left(\frac{dN}{dt}\right)_m$，界面才能向液相动态推进，且界面得生长速度 R 应满足

$$R \propto \left(\frac{dN}{dt}\right)_F - \left(\frac{dN}{dt}\right)_m \qquad (3-46)$$

即

$$R \propto \frac{1}{6} N \nu e^{-\frac{\Delta G_A}{kT_i}} \left(A_F - e^{-\frac{\Delta G_V}{kT_i}}\right) \qquad (3-47)$$

或

$$R \propto \frac{1}{6} N \nu e^{-\frac{\Delta G_A}{kT_i}} \left[A_F - e^{-\frac{L(T_0 - T_i)}{kT_0 T_i}} \right] \tag{3-48}$$

若晶体要生长，则 $R > 0$，须满足 $T_i < T_0$，并同时满足 $A_F > e^{-\frac{L(T_0 - T_i)}{kT_0 T_i}}$ 或 $\Delta G_V > (-\ln A_F) kT_i$。也就是说，只有当界面处于过冷状态并使相变驱动力足以克服热力学能障 $((-\ln A_F) kT_i)$ 时，晶体才能生长。

令 $\Delta T_K = T_0 - T_i$，称之为动力学过冷度，即晶体生长所必需的过冷度。$(-\ln A_F) kT_i$ 为晶体生长所必须克服的热力学能障，其大小取决于固-液界面固相一侧所具有的台阶数量；ΔG_A 为动力学能障，其大小取决于固、液两相结构以及液相原子向固相原子过渡的具体形式。因此，界面生长动力学规律，即生长速度与过冷度之间的关系与界面的微观结构以及晶体的生长机理密切相关。

3.3.2　固-液界面的微观结构

1. 杰克逊(Jackson)模型

从原子尺度看固-液界面的微观结构可分为粗糙界面和平整界面两类。

(1) 粗糙界面：界面固相一侧的点阵位置有一半左右为固相原子所占据。这些原子散乱地随机分布在界面上，形成一个坑坑洼洼、凹凸不平的界面层。

(2) 平整界面：固-液界面固相一侧表面的点阵位置几乎全部为固相原子所占据，只留下少数空位或台阶，从而形成了一个整体上平整光滑的界面结构。

需要指出的是，所谓粗糙界面和平整界面是对原子尺度而言的。在显微尺度下，粗糙界面由于其原子散乱分布的统计均匀性反而显得比较平滑；而平整界面则由一些轮廓分明的小晶面所构成。因此粗糙界面又称非小面界面(或非小晶面)，平整界面又称小面界面(或小晶面)。在非平界面生长条件下，粗糙界面将生长成光滑的树枝状结构；平整界面将生长成有棱角的晶体(图 3.21)。

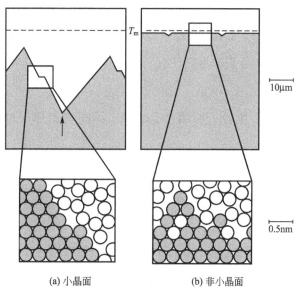

(a) 小晶面　　　　　　　　(b) 非小晶面

图 3.21　固-液界面微观结构示意图

图 3.21 和图 3.22 可见，粗糙界面与平整界面在金属晶体的生长过程中表现出截然不同的形貌，究其根源是其固-液界面的微观结构有着很大的差异。因此，需要进一步讨论决定固液界面微观结构类型的机理。

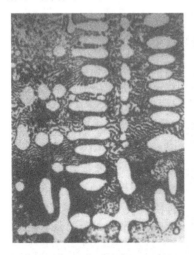 

(a) Cu–Ag共晶基底上Ag的非小晶面枝晶

(b) 富Sn基底上β–SnSb化合物的小晶面立方形晶体

图 3.22　合金的固-液界面形貌

根据杰克逊(Jackson)理论，界面的平衡结构应是界面自由能最低的结构。固-液界面处固体的能量高于固体内部原子的能量，这部分差值转变为表面能。在恒压条件下，有

$$\Delta H = \Delta u + p\Delta V \tag{3-49}$$

固-液转变时，可认为 $\Delta V \approx 0$，有

$$\Delta H = \Delta u \tag{3-50}$$

因此，潜热 ΔH 可看作内能-结合能的差值，如果把液态金属内的原子结合能视为 "0" 的话，则当固-液转变时，潜热 ΔH_0 可看作一个固体原子所具有的结合能。若固体原子的配位数为 γ，则一个结合键的能量为 $\Delta H_0/\gamma$。

假设固-液界面上 N 个可能原子位置中都有原子堆积时，若表面层原子的配位数为 η，则界面上原子的理论结合能可表示为 $\dfrac{\Delta H_0}{n}(\eta + A)$（其中 A 为固-液界面层原子与邻近固体原子联系的配位数）。

如果界面上 N 个原子位置上只有 N_A 个原子，则界面原子的实际结合能为 $\dfrac{\Delta H_0}{\gamma}(\eta x + A)$ $\left(\text{其中 } x = \dfrac{N_A}{N}\right)$。因此，由于原子排列不满而造成的结合能差为

$$\frac{\Delta H_0}{\gamma}(\eta + A) - \frac{\Delta H_0}{\gamma}(\eta x + A) = \frac{\Delta H_0}{\gamma}\eta(1-x) \tag{3-51}$$

界面上的原子总数为 Nx，所以总的结合能差应为

$$Nx\frac{\Delta H_0}{\gamma}\eta(1-x) = \Delta u \tag{3-52}$$

在液态原子向固-液界面上堆积过程中，界面自由能的变化为

$$\Delta G_s = \Delta u - T\Delta S \tag{3-53}$$

式中右边第二项是由于界面上原子与空位的紊乱排列所引起的组态熵从而造成的自由能的变化。有

$$\Delta S = -Nk[x\ln x + (1-x)\ln(1-x)] \tag{3-54}$$

将式(3-54)代入式(3-53)，整理得

$$\frac{\Delta G_S}{NkT_0} = \frac{\Delta H_0}{kT_0}\left(\frac{\eta}{\gamma}\right)[x\ln x + (1-x)\ln(1-x)] \tag{3-55}$$

令

$$\alpha = \frac{\Delta H_0}{kT_0}\left(\frac{\eta}{\gamma}\right) \tag{3-56}$$

则界面自由能 ΔG_S 的相对变化量 $\frac{\Delta G_S}{NkT_0}$ 可用式(3-57)表示。

$$\frac{\Delta G_S}{NkT_0} = \alpha[x\ln x + (1-x)\ln(1-x)] \tag{3-57}$$

式(3-57)中，α 称为 Jackson 因子，作为固-液微观界面结构的判据，其计算由式(3-56)给出。可见，Jackson 因子 α 由两项因子构成。

(1) $\frac{\Delta H_0}{kT_0}$，它取决于系统两项的热力学性质。在熔体结晶的情况下，可近似地由无量纲的熔化熵 $\left(\frac{\Delta S_m}{R}\right)$ 所决定，即 $\alpha \approx \left(\frac{\Delta S_m}{R}\right)\left(\frac{\eta}{\gamma}\right)$。

(2) $\frac{\eta}{\gamma}$，称界面取向因子。它与晶体结构及界面处的晶面取向有关。如面心立方晶体的 $\{111\}$ 面，$\frac{\eta}{\gamma} = \frac{6}{12} = 0.5$；$\{100\}$ 面为 $\frac{4}{12}$。对于绝大多数结构简单的金属晶体来说，$\frac{\eta}{\gamma} \leqslant 0.5$；对于晶体结构较复杂的非金属、亚金属和某些化合物晶体来说，$\frac{\eta}{\gamma}$ 有可能大于 0.5，但在任何情况下均小于 1。取向因子反映了晶体在结晶过程中的各向异性，低指数的密排面具有较高的 $\frac{\eta}{\gamma}$ 值。

对于不同的 α 值时，界面自由能的相对变化量 $\frac{\Delta G_S}{NkT_0}$ 与 x 之间的函数关系如图 3.23 所示。可见，其形状是随着 α 的不同而变化的。

因此，界面自由能最低的平衡结构也随 α 的改变而改变。

当 $\alpha \leqslant 2$ 时，$\frac{\Delta G_S}{NkT_0}$ 在 $x = 0.5$ 处具有极小值，即界面的稳定平衡结构应有一半左右的点阵位置为固相原子所占据，此时固-

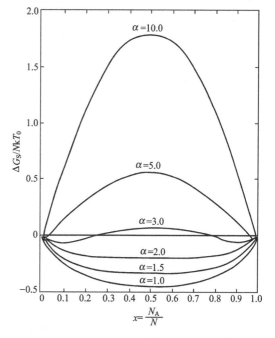

图 3.23　不同 α 值下的 $\frac{\Delta G_S}{NkT_0}$ —x 曲线

液界面为粗糙界面。

当 $2<\alpha<5$ 时，$\dfrac{\Delta G_S}{NkT_0}$ 在偏离 $x=0$（或 $x=1$）处有极值，表明界面的平衡结构应有部分点阵位置为固相原子所占据。

当 $5\leqslant\alpha$ 时，$\dfrac{\Delta G_S}{NkT_0}$ 在 x 接近 0 及接近 1 处各有一个最低值，即界面的稳定平衡结构或是只有少数点阵位置被占据，或是绝大部分位置被占据后而仅留下少量空位，此时固-液界面为平整界面。α 越大，极值点越趋向 $x=0$（或 $x=1$）处，则界面越平整。

绝大多数金属的熔化熵（表 3-3）均小于 2，界面取向因子 $\dfrac{\eta}{v}\leqslant0.5$，因此，$\alpha$ 值也必小于 2。故在其结晶过程中，固-液界面是粗糙界面。多数非金属和有机化合物的熔化熵都比较大，即使在 $\dfrac{\eta}{v}<0.5$ 的情况下，α 值仍大于 5。故这类物质结晶时，其固-液界面为由基本完整的晶面所组成的平整界面。铋、铟，锗、硅等物质的情况则介于两者之间，这时 $\dfrac{\eta}{v}$ 的大小对决定界面类型起着决定性的作用。如硅的 ｛111｝ 面取向因子最大 $\left(\dfrac{\eta}{v}=\dfrac{3}{4}\right)$，$\alpha=2.67$，如以该面作为生长界面则为平整界面，而在其余情况下皆为粗糙界面。所以这类物质结晶时，其固-液界面往往具有混合结构。

表 3-3　部分物质的熔化熵

材料	熔化熵 $\left(\dfrac{\Delta S_m}{R}\right)$	材料	熔化熵 $\left(\dfrac{\Delta S_m}{R}\right)$
钾(K)	0.825	铅(Pb)	0.935
铜(Cu)	1.14	银(Ag)	1.14
汞(Hg)	1.16	镉(Cd)	1.22
锌(Zn)	1.26	铝(Al)	1.36
锡(Sn)	1.64	镓(Ga)	2.18
铋(Bi)	2.36	铟(In)	2.57
锗(Ge)	3.15	硅(Si)	3.56
水(H₂O)	2.63	水杨酸苯酯(Salol)	7.0
铌酸锂(LiNbO₃)	5.44	宝石(Al₂O₃)	6.09

2. 特姆金(Temkin)模型

上述讨论的 Jackson 理论虽然通过 α 因子对固-液界面的微观结构进行了很好的解释，但其局限性也是双层结构的界面模型。如果固液界面是粗糙界面，根据其理论，占据 50％ 的点阵位置的固相原子所构成的新原子层上又将有 50％ 的点阵位置为新来的固相原子所占据。依次生长，仅具有双层结构的粗糙界面是难以存在的，粗糙界面应当具有多层结构。

在实际中还发现，判断物质是按粗糙界面长大还是按光滑界面长大的，单靠熔化熵值的大小是不够的，它还和物质在溶液中的浓度以及凝固时的过冷度有关。例如 Al - Sn 合金中，随着 Al 浓度的减少，先共晶相（初生相）Al 的结晶形貌由非小面转变为小面界面。又比如白磷在低的长大速度时，具有小面界面；但当长大速度增加时，却转变为非小面界面。基于此，D. E. Temkin 提出了多层界面模型（也称 Temkin 模型、扩散界面模型）。

Temkin 模型如图 3.24 所示，在这个多层界面中，存在着原子排列较为规则的原子簇（图中阴影线圆所代表），原子簇中的晶体位置被部分填满，并与一定的晶面相对应，原子簇中的原子排列的有序化程度随着与固相（图中黑色圆所代表）距离的接近而提高。在多层界面中，除了排列规则的原子簇外，还分布着排列非常紊乱的原子（即液相原子，图中白色圆所代表）。

若对多层界面进行进一步讨论，则在固液转变中考虑其能量关系。界面中特定的层数用 n 表示（图 3.25），第 n 层所包含的原子座位数为 N，其中固相的原子数为 N_S，液相的原子数为 N_L。并且第 n 层中，定义固相原子的体积分数 $f_n = \dfrac{N_S}{N}$，则液相原子的体积分数为 $1 - f_n$。当此多层界面变粗糙时，其自由能的变化如式（3 - 58）所表示。

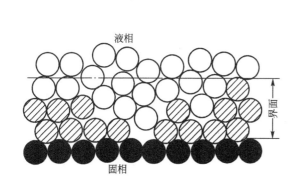

图 3.24 固-液界面的多原子层模型

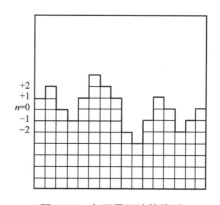

图 3.25 多层界面计算模型

$$\frac{\Delta G_s}{NkT_0} = \beta\left[\sum_{n=-\infty}^{0}(1-f_n) - \sum_{n=1}^{\infty}f_n\right] + \alpha\sum_{n=-\infty}^{\infty}f_n(1-f_n) + \sum_{n=-\infty}^{\infty}(f_n-f_{n+1})\ln(f_n-f_{n+1})$$

$$(3 - 58)$$

$$\alpha = \frac{\Delta H_0}{kT} \tag{3 - 59}$$

$$\beta = \frac{\mu_L - \mu_S}{kT} \tag{3 - 60}$$

式中：μ_L、μ_S——分别为液相、固相的化学势；

ΔH_0——一个固相原子所具有的结合能。

由 $\dfrac{\partial\left(\dfrac{\Delta G_s}{NkT_0}\right)}{\partial f_n} = 0$，可得

$$\frac{f_n - f_{n+1}}{f_{n-1} - f_n} \exp(-2\alpha f_n) = \exp(-\alpha + \beta) \qquad (3-61)$$

方程(3-61)无法得到解析解，但可利用数值法进行求解，其结果如图 3.26(其中固液界面的层数见表 3-4)可以得出以下结论。

(1) 在平衡温度下(即 $\beta = 0$)，界面的厚度决定于 α 值，α 可近似为熔化熵。当 α 值较小时，界面自由能的极大值和极小值几乎没有差别，界面为多层界面；当 α 值较大时，界面自由能的极大值和极小值的差别很大，界面为一个原子层或两个原子层厚度(即平整界面，或称为突变界面)。图 3.26 所示为稳定态时固-液界面的层数与固相分数关系。

(2) 在过冷状态下(即 $\beta > 0$)，由于式(3-58)右边第一项起作用，相当于参量 β 在界面上施加了附加的驱动力。当附加的驱动力较小时，界面自由能的极大值和极小值相差较大；当附加的驱动力较大时，不存在界面自由能的极大值和极小值，这样 β 就必然存在临界值 β_c。当 $\beta > \beta_c$ 时，随着界面的移动，界面自由能趋于降低，界面移动已经不再需要激活能。图 3.27 给出了 α 与 β 的关系。图中整个平面划分了 A、B 两个区域，区域 A 自由能具有真正的极小值，因而是稳定的，如果原来为光滑面，则生长过程中仍为光滑面；区域 B 没有自由能的极小值，因而是不稳定区域，原来光滑界面转变为粗糙界面。

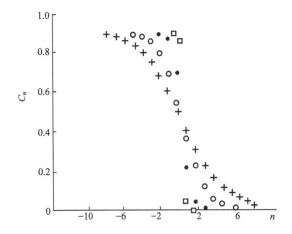

图 3.26　稳定态时固-液界面的层数与固相分数的关系

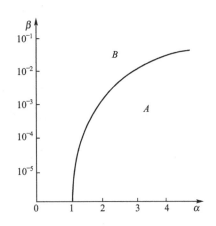

图 3.27　过冷状态下界面 α 与 β 的关系

表 3-4　固-液界面的层数

α 值	0.446	0.769	1.889	3.310
界面层数	≈20	≈12	≈4	≈2
图中记号	+	○	●	□

图 3.27 中还表明，如果 α 值足够大，即使对应较高的 β 值，界面也可保持平整界面的状态；但如果 $\alpha < 1.2$，则不论 β 值多大，固液界面总保持粗糙界面结构。

总之，在 Temkin 模型中，界面原子层的厚度随过冷度的增加而增加，在过冷度较小的情况下，界面的原子层数较少，长大可以按原子簇中每层台阶的侧面扩展的方式进行。

因此，即使是熔化熵值低的金属，在足够小的界面过冷度下（$\Delta T_k \approx 10^{-5}$K），其长大也按小面结构进行。反之，在过冷度较大的情况下，固-液界面的原子层变厚，粗糙度随之增加。因此，即使原来属于小面界面结构长大的物质，也能转变为非小面结构长大。显然，在上述讨论中，存在一个临界过冷度，熔化熵大的物质其临界过冷度也随之增大；反之亦然。

3.3.3 界面的生长方式和生长速度

根据固-液界面微观结构的不同，晶体可以通过三种不同的机理进行生长。生长速度受过冷度的支配，但它们之间的关系却随生长机理的不同而不同。因此生长动力学规律与界面的微观结构及其具体的生长机理密切相关。

1. 连续生长机理-粗糙界面的生长

由 Jackson 理论可知，粗糙界面的界面处始终存在着 50% 左右随机分布的空位置。这些空位置构成了晶体生长所必需的台阶，从而使得液相原子能够连续、无序而等效地往上堆砌。进入台阶的原子由于受到较多固相近邻原子的作用，因此比较稳定，不易脱落或弹回，于是界面便连续、均匀地垂直生长。这种生长方式被称为连续生长、垂直生长或正常生长。这种生长机理对绝大多数金属或合金的结晶过程都是适用的。其特点如下。

（1）由于 $A_F \rightarrow 1$，故生长中几乎不存在热力学能障。同时由于界面的多层结构和过渡性质，其动力学能障也比较小。因此生长过程易为较小的动力学过冷所驱动，并能得到较高的生长速度。连续生长速度 R_1 与动力学过冷度 ΔT_k 成正比。

$$R_1 = \frac{DL_0 \Delta T_k}{RT_0^2} = \mu_1 \Delta T_k \qquad (3-62)$$

式中：D——原子扩散系数；

μ_1——连续生长动力学常数。

据估计 $\mu_1 \approx 1 \sim 100$cm/(s·K)，因此在很小的过冷度下就可以获得极高的生长速度。实际铸锭凝固时的晶体生长速度约为 10^{-2}cm/s，由此而推算出的动力学过冷度 $\Delta T_k \approx 10^{-2} \sim 10^{-4}$K，小到无法测量的程度。

（2）过冷度的大小是由界面附近的温度条件和成分条件所决定的。由于这种生长机理的界面原子迁移速度极高，故晶体的生长速度最后将由传热过程或传质过程所决定。

2. 二维形核生长机理-完整平整界面的生长

平整界面具有很强的晶体学特性，一般都是特定的密排面。晶面内原子排列紧密，结合力较强。无法借助于连续生长机理进行生长，而是利用二维形核的方法进行生长。即首先通过在平整界面上形成二维晶核而产生台阶，然后通过原子在台阶上的堆砌而使生长层沿界面铺开（图 3.28）。当长满一层后，界面就前进了一个晶面间距。这时又必须借助于二维形核产生新的台阶，新一层才能开始生长……所以这种生长是不连续的。简而言之，完整平整界面的生长是通过台阶的产生和台阶

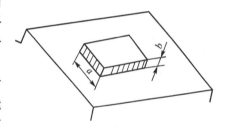

图 3.28　平整界面二维形核模型

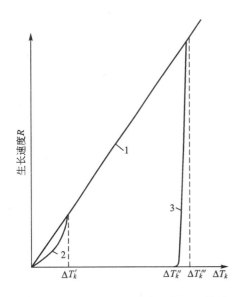

图 3.29 三种主要生长机理的 R 与 ΔT_k 的关系
1—连续生长 2—螺旋位错生长
3—二维生核生长

运动而进行的。

台阶沿界面的运动是这种生长机理的基本特征，故又称侧面生长、沿面生长或层状生长。由于二维形核的热力学能障较高，同时由于界面的突变性质，其动力学能障也比较大，需要较大的动力学过冷来驱动，生长速度也比连续生长低。其台阶生长速度 R_2 与 ΔT_k 的关系为

$$R_2 = \mu_2 e^{-\frac{b}{\Delta T_k}} \qquad (3-63)$$

式中：μ_2、b——该生长机理的动力学常数。

该生长机理的动力学过冷度 ΔT_k 存在着一个临界值：低于它时 R_2 几乎为零；一旦超过它，R_2 就迅速增大（图 3.29），继续增加 ΔT_k 则完全达到按连续生长速度。这是因为 ΔT_k 很大时，二维形核也很快，界面上形成许多的二维晶核时，此时的界面结构实际上已经成为粗糙界面。据估计，此临界值约为 1～2K，至少是连续生长所需的动力学过冷度的 10^2 倍。

3. 从缺陷处生长机理-非完整平整界面的生长

二维形核生长机理是对理想的平整界面而言的。多数实验表明，即使在远低于上述的临界动力学过冷度的情况下，平整界面晶体仍能以可观的速度进行生长。这些结果并不表明二维形核理论的失败，而是意味着生长过程中存在着某种效应。这些效应能为界面不断提供生长台阶，从而加速生长过程。晶体中的缺陷，例如位错和孪晶就能产生这些效应，由于它们在晶体生长中的普遍存在，因而使得这两种生长机理比二维形核生长具有更大的现实意义。很多合金中的非金属相都是通过该机理进行生长的。

1) 螺旋位错生长机理

当生长着的平整界面上存在有螺旋位错露头时，界面就不再是简单的平面，而是一个螺旋面，并且必然存在有现成的台阶［图 3.30(a)］。通过原子在台阶上的不断堆砌，晶面便围绕位错露头而旋转生长。由于靠近位错处的台阶只需堆砌少量的原子就能旋转一周，而离位错较远处则需堆砌较多的原子才能旋转一周，故生长的结果将在晶体表面上形成螺旋形的蜷线［图 3.30(b)］。图 3.31 即为 SiC 晶体以螺旋位错生长的形貌。

螺旋式的台阶在生长过程中是不会消失的。这样就避免了二维形核的必要性，从而大大地减小了生长过程中的热力学能障，并使生长速度加快。但由于原子仍然只能在台阶部分堆砌，因而其生长速度仍比连续生长慢。研究表明，这时生长速度 R_3 与 ΔT_k 之间呈抛物线关系（图 3.29），定量表示为

$$R_3 = \mu_3 \Delta T_k^2 \qquad (3-64)$$

式中：μ_3——该生长方式的动力学常数，$\mu_3 \approx 10^{-2} \sim 10^{-4} \text{cm}/(\text{s} \cdot \text{K})$。

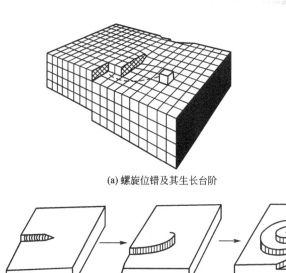

(a) 螺旋位错及其生长台阶

(b) 螺旋线的形成

图 3.30　螺旋位错生长机理示意图

2) 旋转孪晶生长机理

旋转孪晶一般容易产生在层状结晶的晶体中，如在石墨晶体的生长中即起到重要作用。石墨晶体具有以六角网络为基面的层状结构，基面之间结合较弱。在结晶过程中，原子排列的层错构成了旋转孪晶(图 3.32)。旋转孪晶的旋转边界上存在着许多台阶，这些台阶即提供了液相原子向固相堆砌的位置，使得石墨晶体侧面方向[$10\bar{1}0$]生长大大快于[0001]方向，而形成片状组织。

3) 反射孪晶生长机理

由反射孪晶面所构成的凹角也是晶体生长的一种台阶源。图 3.33 所示的面心立方晶体反射

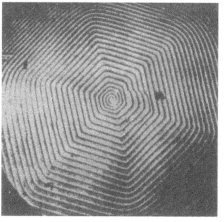

图 3.31　SiC 晶体的螺旋位错生长

孪晶面与生长界面相交时，由孪晶的两个(1 1 1)面在界面处构成凹角。原子可以直接向凹角沟槽的根部开始堆砌，此凹面即为晶体生长提供了现成的台阶。且随着在孪晶面所在方向上生长的不断进行，此凹角始终存在，从而保证了生长的持续进行。

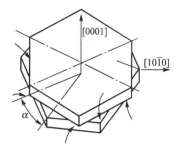

图 3.32　石墨的旋转孪晶及其生长台阶

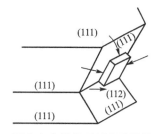

图 3.33　面心立方晶体反射孪晶及其凹角边界

4. 晶体的生长方向和生长表面

晶体的生长方向和生长表面的特性与界面的性质有关。粗糙界面是一种各向同性的非晶体学晶面，原子在界面各处堆砌能力相同，因此在相同的过冷度下，界面各处的生长速度均相等，晶体的生长方向则取决于热流及溶质原子的扩散。

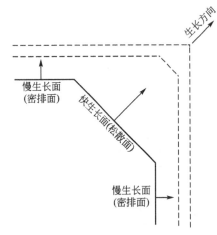

图 3.34 生长表面逐渐为密排面所覆盖的过程

平整界面具有很强的晶体学特性，由于不同晶面族上原子密度和晶面间距不同，液相原子向上堆砌的能力也各不相同。因此在相同的过冷度下，各族晶面的生长速度也必然不同。一般而言，液相原子比较容易向排列松散的晶面（非密排面）上堆砌，因而在相同的过冷度下，非密排面的生长速度比密排面的生长速度大。这样生长的结果，快速生长的非密排面逐渐隐没，晶体表面逐渐为密排面所覆盖（图 3.34）。故在显微尺度下，晶体的生长表面是由一些棱角分明的密排小晶面所组成。由于密排面的界面能最低，因此这种生长表面也是符合界面能最低原则的。同时，由于密排面的侧向生长速度最大，因此当过冷度不变时，晶体的生长方向是由密排面相交后的棱角方向所决定的。

从能量角度，晶体的生长形态符合自由能最小原理。由于晶体的体积自由能只与固体体积有关并且总是小于液相的，因此，自由能最小对应于界面能最小，即

$$\oint_A \sigma_n \mathrm{d}A = \min \tag{3-65}$$

式中：σ_n——法线为 n 晶面的界面能；

A——界面面积。

在此基础上，Wulf 提出了著名的 Wulf 定律，即晶体的平衡形态是由这样一些晶面围成的，它们的比表面能 σ 与晶体的起始生长点到这些晶面的距离成正比，其数学表达式为

$$\frac{\sigma_1}{h_1} = \frac{\sigma_2}{h_2} = \cdots = \frac{\sigma_n}{h_n} \tag{3-66}$$

按照上述原则可采用作图法确定晶体的平衡形态。Wulf 理论只能确定晶体的平衡形态，即本征形态。然而，凝固过程通常都是在非平衡条件下进行的，晶体的生长形态要受到传热、传质及液相流动等因素的影响。因此，晶体生长形态通常要从物质内部结构和能量分布出发计算，主要的计算模型有 BFDH 模型、周期键链理论、界面附着能模型、Ising 模型等。

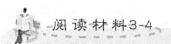

阅读材料3-4

经典凝固形核问题的思考

王建中

凝固过程从其发生到结束是由两个过程构成，即起始晶核的形成和这些核心的长大。

多年来，关于晶体生长的研究人们做了大量的工作，取得了很多卓有成效的研究结果。然而，凝固过程不仅仅是晶体长大过程，晶核是如何形成的、晶核在形成前是如何演变的等问题也是凝固过程研究的重要问题。M. Volmer、R. Becker、Я. И. Френкель 等人建立的经典凝固形核理论，经过近 80 年众多研究者的补充、完善已形成了定性解释凝固形核(尤其是均质形核)的经典教义。然而，对于经典形核理论中的若干问题诠释的是否合理，本文做了一些新的思考。

1. 液固相变的热力学基础

凝固是由液态向固态转变的一级相变过程，这种相变过程为何发生、是如何发生的，这是很早以前就受到人们高度关注的研究课题之一。理论物理学家 J. W. Gibbs 在 1878 年发表的《论复相物质的平衡》专著中对液固相变为何发生，从热力学角度给出了精辟的论述。图 3.35 是 J. W. Gibbs 关于液固相变发生的热力学定性描述，由图可知，设 G_a 为固态金属自由能随温度变化曲线，G_b 为液态金属自由能随温度变化曲线。当 $T < T_m$ 时，$\Delta G = G_a - G_b < 0$，则固相为稳定存在相；同样，$T > T_m$ 时，$\Delta G = G_a - G_b > 0$，此时液相为稳定存在相。当 $T = T_m$ 时，$\Delta G = 0$，液固两相处于平衡状态。当温度改变时，体系随温度条件的改变而发生液固或固液相变。

J. W. Gibbs 对液固相变的热力学描述，从宏观热力学理论上正确说明了液固相变为何进行，同时也开创了相变热力学研究的先河。

作为凝固过程发生的热力学定性描述，J. W. Gibbs 的阐述无疑是正确的，然而面对众多的凝固现象，详细的、更为理性化的诠释则明显不足。比如凝固过冷现象等。为了对凝固过程发生、发展过程进行理性解释，M. Volmer、R. Becker 等人在 J. W. Gibbs 工作的基础上对凝固过程的进行，从热力学方面做了进一步的理论解释，如图 3.36 所示。

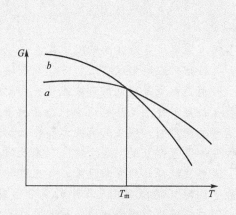

图 3.35　液固相变热力学关系

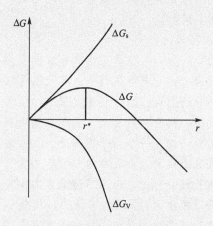

图 3.36　液固过程自由能变化关系

图 3.36 的热力学解释：液态金属体系中，由液态向固态转变时体系的自由能主要由两项组成，一是体积自由能 ΔG_V，二是表面自由能 ΔG_S，当体系温度 $T \leqslant T_m$ 时，ΔG_V 随晶胚尺寸 r 的增大而减小，ΔG_S 则随 r 的增大而增大，总自由能变化 $\Delta G = \Delta G_V + \Delta G_S$ 随 r 的增大呈现近抛物线型的规律变化。当 $r < r^*$ 时，r 增加，ΔG 增大；当 $r > r^*$ 时，r

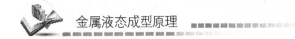

增加，ΔG 减小，r^* 为临界形核核心。运用该理论，可以很好地对凝固过程-形核和生长作热力学的定性解释。

2. 经典晶核形成模型

然而，仔细推敲图 3.36，可以发现，在 $r<r^*$ 时，r 增大是 ΔG 增加的过程，从热力学角度上说这是非自发过程，或者说由 r 长大为 r^* 从热力学角度看是不可能进行的。这样上述的热力学解释就出现了矛盾，凝固形核需要有尺度大于 r^* 的晶核存在，但小于 r^* 的晶胚则自发的趋于越来越小，那么 r^* 是如何形成的？为了解释临界形核核心的形成，并使其不违反热力学定律，人们提出了两种不同的晶核形成模型。

1）双分子聚合模型

W. A. Tiller 曾指出，在形核过程中，具有固态结构的分子丛簇（以下简称晶胚）可以想象为通过以下双分子聚合过程而形成：

$$a_1+a_1=a_2$$
$$a_2+a_1=a_3$$
$$\cdots\cdots\cdots\cdots\cdots$$
$$a_{i-1}+a_1=a_i$$
$$a_i+a_1=a_{i+1}$$
$$\cdots\cdots\cdots\cdots$$

其中含有 i^* 个分子的晶胚作为具有临界大小的晶核，总的来说，它们将继续长大。假如这种假设是在 $T\leqslant T_m$ 的条件下，那么根据 $\Delta G-r$ 曲线（图 3.36），当 $r>r^*$ 时，这种关系是成立的。然而，当 $r_i<r^*$ 时，r_i 增大，$\Delta G_i>0$，此时 r_i 增大的过程是非自发过程，就是说，即使有若干个原子聚集，从热力学角度看，继续长大违反热力学定律，分散是这个聚集体的必然趋势。由此可见，Tiller 的这种双分子聚合模型在热力学上是难以自圆其说的。

2）起伏说

为了能使 r_i 存在且不违反热力学定律，人们又提出了液态金属的起伏说。起伏说包括两层含义：一是结构起伏；二是能量起伏。通过结构起伏形成满足 $r_i=r^*$ 的晶胚，以实现晶核的形成。通过能量起伏来补偿当 $r_i=r^*$ 时晶核所缺少的哪部分能量。由此就给出了这样一幅生动的画面，液态金属中数十甚至几百个处于无序热运动状态的原子，在某一时刻，向某一个原子周围运动，按某种有序结构排列，形成具有固体晶体结构的晶胚，并且形成的这个晶胚同时处于为其提供能量的能量起伏的"谷"中。只有此时，r^* 才具有长大的可能，而且不违反热力学定律。显然从统计热力学角度看，发生这种事件的概率是极小的。Tiller 曾指出，指望 i 个原子同时碰撞以及几率很小的多分子碰撞，其发生的可能性都是极小的。由此可见，晶核形成并没有得到合理的、科学的解释。

3. 晶核形成的新解释

近年来，液态金属结构的 X 射线衍射的结果显示，液态金属中存在一定尺度的短、中程序的原子团，其尺度约为 0.4～2.0nm。这些中、短程序的原子团在液态金属中可以稳定存在，当温度升高时，短程序原子团数量增加，中程序原子团数量减少。有资料还认为这种不同尺度的原子团在液态条件下，在相应的温度条件下也在发生"相变"。

    根据人们对液态金属结构认识的深化和新的研究结果，同样对凝固过程中形核核心的形成也可以从新的角度来认识。如果液态金属中有能够稳定存在的中、短程序原子团，那么假设这种稳定存在的中、短程序的原子团是晶胚，而液态金属中可以形成凝固形核核心的晶胚就成为一种客观存在。当温度改变时，液态金属中的晶胚的尺度和不同尺度晶胚的几率在随之改变，如图3.37所示。温度升高，大尺度晶胚减小，小尺度晶胚增加；温度降低，大尺度晶胚数量增加，小尺度晶胚数量减少。在温度接近熔点时，稳定存在的晶胚尺度接近 r^*。这种尺度小于 r^* 的晶胚镶嵌在由液态金属原子为背景的液态体系中。当液态金属温度下降时，液态金属原子以这些稳定存在的晶胚为核心起伏振荡，当 $T \leqslant T_m$ 时，液态体系中部分原子起伏进入晶胚中，使得晶胚尺寸 $r \geqslant r^*$，这时，由 r^* 构成的微小单元体系的自由能中的体积项 ΔG_V 为负值，若液态金属过冷满足了 r^* 形核的条件，这种稳定存在的晶胚就成为形核核心，使得凝固过程在此条件下自发进行。这样晶核的形成就不需要以双原子模型来一步一步的结合生长，从而违反了热力学条件；同样也不出现"起伏"说中的小概率事件。

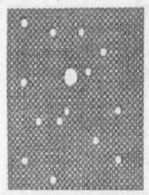 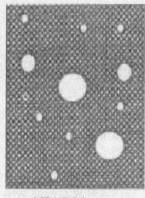

(a) 金属液温度为 T_1 (b) 金属液温度为 T_2 (c) 金属液温度为 T_3

图 3.37　不同温度 $(T_1 > T_2 > T_3 > T_m)$ 下金属液中晶胚的变化

○—小尺度晶胚，◦—中尺度晶胚，◯—尺度接近 r^* 的大尺度晶胚

摘自《辽宁工学院学报(自然科学版)》第 21 卷第六期，2001 年 12 月。

 思考题

1. 基本概念

一次结晶	临界形核半径	平整界面
热力学过冷度	临界过冷度	小面界面
动力学过冷度	临界形核功	非小面界面
均质形核	形核率	连续生长
异质形核	有效成核温度	二维形核生长
动力形核	粗糙界面	Jackson 因子
临界晶核		

2. 何谓金属的一次结晶？它对铸件的质量有何影响？

3. 液态金属在凝固时必须过冷，而在加热使其熔化却无须过热，即一旦加热到熔点就立即熔化，为什么？

（给出一组典型数据作参考，以金为例，其液-固、液-气、固-气相的界面能分别为 $\sigma_{SL}=0.132J \cdot m^{-2}$，$\sigma_{LV}=1.128J \cdot m^{-2}$，$\sigma_{SV}=1.400J \cdot m^{-2}$。）

4. 式(3-13)为形核率计算的一般公式。对于金属，若形核的激活能 ΔG_A 与临界形核功 $\Delta G^*_{均}$ 相比甚小，可以忽略不计，因此金属凝固时的形核率作简化计算，即

$$\dot{N}=K_1 e^{-\frac{\Delta G^*_{均}}{kT}}$$

试计算液体 Cu 在过冷为 180K、200K 和 220K 时的均匀形核率。

（已知常数 $L=1.88 \times 10^9 J \cdot m^{-3}$，$T_0=1356K$，$\sigma_{LC}=0.177J \cdot m^{-2}$，$K_1=6 \times 10^{28} m^{-3}$，$k=1.38 \times 10^{-23} J \cdot K^{-1}$）

5. 已知 Ni 的 $L=1870J \cdot mol^{-1}$，$T_0=1453K$，$\sigma_{LC}=2.25 \times 10^{-5} J \cdot m^{-2}$，摩尔体积为 $6.6 cm^3$，假如其均质形核的最大过冷度为 319K，试求出临界形核功和临界形核半径。

6. 按题 5 的条件，若在熔体中加入形核剂促使其非均质形核，假设衬底的 $f(\theta)=0.5$，则求出此时形核所需要的过冷度 ΔT。

7. 论述均质形核与非均质形核之间的区别与联系，并分别从临界形核半径、形核功这两个方面阐述外来衬底的润湿能力对临界形核过冷度的影响。

8. 在非均质形核中，衬底的几何形状对形核会产生那些影响？

9. 晶体生长过程中必须克服哪两类能障，其大小又取决于什么？

10. 从原子尺度看，决定固-液界面微观结构的条件是什么？

11. 说明 Jackson 因子的作用。

12. 简述 Temkin 模型和 Jackson 模型的异同。

13. 阐述各种界面微观结构与其生长机理和生长速度之间的联系，并指出它们的生长表面和生长方向各有的特点。

第**4**章
单相合金的结晶

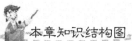 **本章知识结构图**

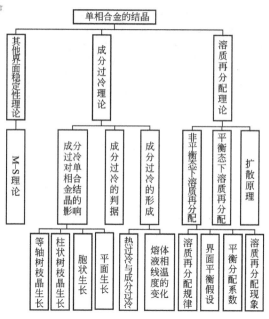

 **本章学习提示**

　(1) 理解单相合金的含义；了解溶质扩散的基本规律。

　(2) 理解平衡态下溶质再分配现象的形成及平衡分配系数。

　(3) 理解非平衡条件下，界面平衡假设的内涵及其作用。

　(4) 掌握不考虑固相扩散时，液相在不同传质条件下的溶质再分配规律；掌握 Scheil公式、Tiller 公式。

　(5) 理解成分过冷的含义及其与热过冷之间的异同点。

　(6) 掌握成分过冷的基本判据；掌握在不同溶质在分配规律下，成分过冷的计算公式。

　(7) 理解在纯热过冷状态下，单相合金一次结晶的生长方式。

　(8) 掌握成分过冷对单相合金结晶的影响规律。

　(9) 理解枝晶间距的意义。

　(10) 了解其他界面稳定性理论。

导入案例

单相合金在工程中有着广泛的应用，下面以铜镍合金、钛合金为例说明。

(1) 铜镍二元合金，由于铜、镍元素之间彼此可无限固溶，从而形成连续固溶体，即为 α-单相合金，当把镍加入纯铜含量超过 16% 以上时，产生的合金色泽就变得洁白如银，称为白铜。铸造白铜具有优良的耐蚀性和较高的强度、良好的铸造工艺性能，广泛用于制造耐蚀结构件中。图 4.1 所示为典型的白铜枝晶状组织。

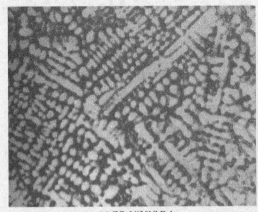

(a) ZCuNi30NbFel   (b) ZCuNi10Fel

图 4.1　铸造白铜的显微组织(×50 倍)

(2) 钛合金具有比强度高、韧性好、无磁性、耐腐蚀等优良特性，广泛应用于航空、航天、航海、石油化工、体育器械、医疗器械等各个领域，其中铸造 α 型或 β 型钛合金即为典型的单相合金材料。其中铸造 α 型钛合金在退火态下组织为单一 α 相固溶体，具有良好的断裂韧性、焊接性，用于航空发动机的机匣壳体、泵体、叶轮和阀门等零件的生产。β 型钛合金中 ZTB32 合金具有极高的耐腐蚀能力，应用于耐强酸的泵或阀门等铸件；某些高强度 β 型钛合金，如 Ti-15-3 合金(其抗拉强度可达 1300MPa)，可取代高强度钢作为飞机结构件用材。图 4.2 所示为钛合金铸件。

(a)F1赛车变速箱壳体   (b)深潜器框架

图 4.2　钛合金铸件

金属从液相转变为固相的过程，称为金属的一次结晶。液态金属在一次结晶过程中，根据形成固相的特点可分为单相合金、多相合金。单相合金是指在一次结晶中，仅析出一个固相的合金，如固溶体、金属间化合物等，纯金属结晶析出单一成分的单相组织，也可视为单相合金结晶的特例。多相合金是指一次结晶中同时析出两个或两个以上新相的合金，如具有共晶、偏晶或包晶等转变的合金。

由第3章讨论可知，金属晶体在生长过程中主要以粗糙界面的形式生长，其界面动力学能障很小，晶体生长过程主要受传热、传质过程控制。

4.1　凝固过程的溶质再分配理论

结晶中的溶质再分配决定着界面处固、液两相成分变化的规律。同温度场分布一样，也是控制晶体生长行为的重要因素之一。

4.1.1　扩散定律

在结晶过程中，溶质元素在固相内的运动是通过扩散作用完成的，在液相中可以通过扩散或对流作用完成。由此可见，扩散在溶质再分配过程中起着重要作用，而扩散作用的基本规律可以通过菲克第一、第二定律进行描述。

1. 菲克第一定律

对于一个A、B物质的二元系或多元系，溶质A在扩散场中某处的扩散通量J_A（也称扩散强度，即单位时间内通过单位面积的溶质量）与该处的浓度梯度成正比，如式（4-1）所示。菲克第一定律描述的是在稳态扩散条件（即体系内部各处的浓度不随时间的变化而变化，$\dfrac{dC_A}{dt}=0$）下，溶质传输的宏观规律。

$$J_A = D\frac{dC_A}{dx} \tag{4-1}$$

式中：D——溶质A的扩散系数，即单位浓度梯度下的扩散通量；

$\dfrac{dC_A}{dx}$——溶质A在x方向上的浓度梯度，即单位距离内浓度变化率。

2. 菲克第二定律

对于非稳态扩散条件，即$\dfrac{dC_A}{dt}\neq0$，在一维扩散的情况下，体系中任一点浓度随时间的变化率与该处浓度梯度成正比，即为菲克第二定律，如式（4-2）。

$$\frac{\partial C_A}{\partial t} = D\frac{\partial^2 C_A}{\partial x^2} \tag{4-2}$$

式中：D——扩散系数。

4.1.2　溶质再分配现象的产生及平衡分配系数

1. 溶质再分配现象的产生

除纯金属这一特例外，单相合金的结晶过程是在一个固、液两相共存的温度区间内完

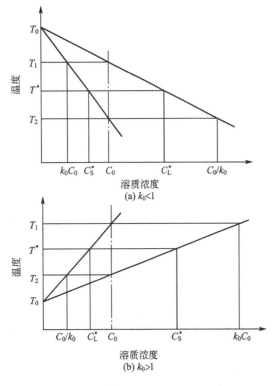

图 4.3　单相合金的平衡分配系数

成的。在区间内的任一点，共存两相都具有不同的成分(图 4.3)。因此结晶过程中，随温度的下降，固、液相平衡成分随之发生改变，溶质必然要在界面前沿富集(或贫乏)，所以晶体生长与传质过程必然相伴而生。也就是从形核开始直到结晶完毕，在整个过程中，固、液两相内部将不断进行着溶质元素的重新分布。这一过程称为合金结晶过程中的溶质再分配。它是合金结晶的一大特点，对结晶过程影响宏观及微观成份及偏析现象、晶体的生长形态、组织分布及气孔、裂纹、缩松缩孔等诸多方面，从一定程度上决定了合金材料的各种性能。

2. 平衡分配系数

决定固-液界面两侧溶质成分分离的系统热力学特性可用平衡分配系数 k_0 表示之。其定义为在给定的温度 T^* 下，平衡固相溶质浓度 C_S^* 与液相溶质浓度 C_L^* 之比，即

$$k_0 = \frac{C_S^*}{C_L^*} \tag{4-3}$$

因此 k_0 实质上是描述了在固、液两相共存的条件下，溶质原子在固-液界面两侧的平衡分配特征。假设合金的液相线和固相线都为直线(其斜率分别为 m_L、m_S)，对于给定的合金系统，其 k_0 为一常数 $\left(k_0 = \frac{m_L}{m_S}\right)$，与温度和浓度无关(图 4.3)。当合金的熔点随溶质浓度的增加而降低时，$C_S^* < C_L^*$，$k_0 < 1$；反之，当合金熔点随溶质浓度的增加而升高，$C_S^* > C_L^*$，$k_0 > 1$。对大多数单相合金而言，$k_0 < 1$。因此下面只讨论 $k_0 < 1$ 的情况，除非另加说明，其结论对 $k_0 > 1$ 的情况也适用。

3. 界面平衡假设

在实际结晶过程中，溶质原子在固、液两相中的扩散速度有限，界面两侧固、液相在大范围内成分不可能均匀化，所以是一个非平衡过程，界面不可能处于绝对的平衡状态。如前所述，单相合金的固液界面绝大多数是连续生长的粗糙面，由于生长中能障极小，很小的动力学过冷($\Delta T_k \approx 10^{-2} \sim 10^{-4}$ K)便能使界面产生可观的生长速度。为方便研究，可以近似地认为，在传热、传质和界面反应这三个基本过程中，单相合金的晶体生长仅取决于热的传输和质的传递，而原子通过界面的阻力则小到可以忽略不计。界面处固、液两相始终处于局部平衡状态之中。根据相变动力学理论，局部平衡过程可以采用热力学方法处理。这就可以直接利用平衡相图确定界面处固、液两相在任一瞬间的成分。此即所谓界面平衡假设，是讨论非平衡结晶中基本规律的基础。即在结晶过程中，固液界面处的固相浓

度 C_S^* 与液相浓度 C_L^* 的比值仍等于平衡分配系数 k_0，即满足式(4-3)。但在非平衡条件下，固液界面固相一侧的浓度 C_S^* 与固相的平均浓度 $\overline{C_S}$ 是不相等的($C_S^* \neq \overline{C_S}$)，这是由于溶质元素在固相中的扩散进程远落后于固液界面的生长速度；而在平衡结晶中，由于冷却足够缓慢，固相中溶质元素可以实现充分扩散，有 $C_S^* = \overline{C_S}$。

界面平衡假设对速度缓慢的单晶体可控生长以及在一般凝固条件下具有粗糙界面结晶相的生长，都表现出良好的近似。但具有平整界面结晶相的生长及某些极端条件(如快速凝固等)下结晶相的生长则与事实有一定的偏离，此时界面平衡假设是不适用的。

4.1.3 平衡结晶时的溶质再分配

对于在结晶过程中，固、液两相都能通过充分传质而使成分完全均匀并完全达到平衡相图对应温度的平衡成分，称为平衡结晶，如图4.3所示，假设合金原始成分为 C_0，固、液两相在温度 T^* 时的平衡成分为 C_S^* 与 C_L^*，相应的质量分数为 f_S^* 和 f_L^*，则由平衡条件下的杠杆定律

$$C_S^* f_S^* + C_L^* f_L^* = C_0 \tag{4-4}$$

且 $f_S^* + f_L^* = 1$，将式(4-3)代入式(4-4)，有

$$C_S^* f_S^* + \frac{C_S^*}{k_0}(1 - f_S^*) = C_0 \tag{4-5}$$

得

$$C_S^* = \frac{C_0 k_0}{1 - f_S^*(1 - k_0)} \tag{4-6}$$

同理

$$C_L^* = \frac{C_0 k_0}{1 - f_S^*(1 - k_0)} \tag{4-7}$$

式(4-6)、式(4-7)即为平衡结晶中的溶质再分配规律。开始结晶时，$f_S^* \approx 0$，$f_L^* \approx 1$，因而 $C_S^* = C_0 k_0$，$C_L^* = C_0$；在结晶的任一瞬间，$f_S^* = 1 - f_L^*$，则 $C_S^* = k_0 C_L^*$，结晶将结束时，$f_S^* \approx 1$，$f_L^* \approx 0$，因而 $C_S^* \approx C_0$，$C_L^* \approx \frac{C_0}{k_0}$，与图4.3平衡图所示的规律完全相同。可见平衡结晶时的溶质再分配仅决定于热力学参数 k_0，而与动力学参数无关。结晶过程中虽然存在有溶质再分配的现象，但结晶完成以后将得到与液态金属原始成分完全相同的单相均匀固溶体组织。

4.1.4 非平衡结晶时溶质再分配

平衡结晶只是一种理想状态，在实际中一般不可能完全达到。特别是固相中原子扩散不足以使固相成分均匀，一般凝固条件下热扩散系数 α 约为 $5 \times 10^{-2} \, \text{cm}^2/\text{s}$ 数量级，而溶质原子在液态金属中的扩散系数 D_L 仅为 $5 \times 10^{-5} \, \text{cm}^2/\text{s}$ 数量级，特别是溶质原子在固相中的扩散系数 D_S 只有 $5 \times 10^{-8} \, \text{cm}^2/\text{s}$ 数量级。如果在单相合金的结晶过程中，固、液两相的均匀化来不及通过传质作用而充分进行，则除界面处能处于局部平衡状态外，两相的平均成分势必要偏离平衡图所确定的数值，此结晶过程即为非平衡结晶。非平衡结晶时的溶质再分配规律主要取决于液相传质条件。

下面以一个等截面的水平圆棒自左向右的单向结晶过程为例进行讨论。假设合金原始

成分为 C_0，界面前方为正温度梯度，界面始终以宏观的平面形态向前推进，并且始终忽略掉溶质原子在固相中微不足道的扩散过程。

1. 固相无扩散、液相均匀混合时的溶质再分配

在固相无扩散条件下，假设结晶过程能保证液态金属在任何时刻都能通过扩散、对流或强烈搅拌而使其成分完全均匀。其他假设条件已如前述，如图 4.4 所示。当液态金属左端温度到达液相线温度 T_1 时，结晶开始，此时固相成分、液相成分分别为 $k_0 C_0$、C_0（图 4.4(b)）。假设结晶过程中的某一瞬间（温度为 T^*），固、液两相在界面处的成分分别为 C_S^* 与 C_L^*。此时，$C_S^* > k_0 C_0$ 由于固相无扩散，因此 $\overline{C_S^*} < C_S^*$；根据假设条件，液相能充分混合，即 $\overline{C_L^*} = C_L^*$。类似平衡相图的表示方法，随着结晶过程的进行，固相平均浓度 $\overline{C_S}$ 的变化则如图 4.4 中虚线所表示。可见，该虚线与 T_E 温度的交点"2"处，相对于平衡相图的 C_{sm}（即开始产生共晶反应的临界成分点）点左移。也可理解为对于平衡相图中一次结晶为单相合金成分 C_0 的合金，在非平衡结晶中可能以亚共晶的形式结晶，即先析出固熔体相，剩余部分液相则以共晶形式结晶。

若进一步考察其结晶过程中溶质再分配的规律，假定在 T^* 温度下，固、液两相在界面处的成分分别为 C_S^* 与 C_L^*，且相应的质量分数分别为 f_s、$(1-f_s)$，当界面处的固相进一步生长 $\mathrm{d}f_s$ 时，其排出溶质量则为 q_1，有

$$q_1 = (C_L^* - C_S^*)\mathrm{d}f_s \tag{4-8}$$

与此同时，剩余液相吸收固相排出的溶质量 q_2 使得液相浓度升高 $\mathrm{d}C_L^*$，有

$$q_2 = (1-f_s)\mathrm{d}C_L^* \tag{4-9}$$

由质量守恒，固液界面处固相排出的溶质量等于液相吸收的溶质量，即 $q_1 = q_2$，将式（4-8）、式（4-9）代入，有

$$(C_L^* - C_S^*)\mathrm{d}f_s = (1-f_s)\mathrm{d}C_L^* \tag{4-10}$$

又由界面平衡假设，在界面处有 $k_0 = \dfrac{C_S^*}{C_L^*}$，故式（4-10）可写成

$$\frac{(1-k_0)C_S^*\,\mathrm{d}f_s}{k_0} = \frac{(1-f_s)\mathrm{d}C_S^*}{k_0} \tag{4-11}$$

即

$$\frac{\mathrm{d}C_S^*}{C_S^*} = \frac{(1-k_0)\mathrm{d}f_s}{1-f_s} \tag{4-12}$$

积分得

$$\ln C_S^* = (k_0-1)\ln(1-f_s) + \ln C \tag{4-13}$$

式中：C——积分常数。

将初始条件：$f_s = 0$ 时，$C_S^* = k_0 C_0$，代入式（4-13），得 $C = k_0 C_0$，因此

$$C_S^* = k_0 C_0 (1-f_S)^{k_0-1} \tag{4-14}$$

同样

$$C_L^* = C_0 f_L^{k_0-1} \tag{4-15}$$

式（4-14）、式（4-15）被称为夏尔（Scheil）公式，或称非平衡结晶时的杠杆定律。此公式在比较广泛的实验条件范围内描述了固相无扩散、液相均匀混合下的溶质再分配规律，有着广泛的用途，后面还要讨论更广意义上的 Scheil 公式。

由 Scheil 公式可见,在固-液界面不断向右推进的同时,界面处两相成分也不断发生变化。由于固相无扩散,因而其内部成分是不均匀的,从而使其平均成分 $\overline{C}_S$ 偏离平衡图所示状态而处于虚线 1-2 的位置(图 4.4(a))。然而液相成分却始终是均匀的,其平均成分 $\overline{C}_L$ 与界面处的平衡成分 C_L^* 相等(图 4.4(c))。由于在相同的温度下 $\overline{C}_S < C_S^*$,$\overline{C}_L = C_L^*$,因此必有 $f_L > f_L^*$。即在这种情况下,剩余液相数量 f_L 必然大于平衡结晶时的相应数量 f_L^*,以致温度下降到固相线温度 T_2 时,还剩余有一定数量的液相,有待在更低的温度下完成其结晶过程。如果虚线 1-2 所示成份在共晶温度 T_E 下仍小于 C_0,则最后将残留下一部分共晶成分(C_E)的液体凝固成共晶组织(图 4.4(d))。

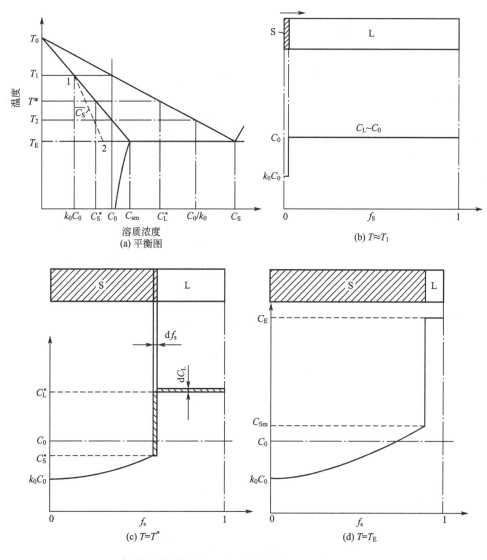

图 4.4 溶质在液相中均匀混合时的溶质再分配过程(T 为界面温度)

2. 固相无扩散、液相只有扩散而无对流或搅拌时的溶质再分配

在原始假设与前述相同的条件下,考虑液相只有扩散(扩散系数 D_L)的单向结晶过程,

固相排出的溶质在液相中难以迅速地散开达到均匀,如图 4.5 所示。当液态金属左端温度到达 T_1 时,结晶开始进行,初始时刻析出成分为 k_0C_0 的固相,如图 4.5(b)所示。由于 $k_0 < 1$,随着晶体的生长,将不断向界面前沿排出溶质原子并以扩散规律向液体内部传输。设 R 为固-液界面的生长速度;x 是以界面为原点沿其法向伸向熔体的动坐标;$C_L(x)$ 为液相中沿 x 方向的浓度分布,$\dfrac{dC_L(x)}{dx}\Big|_{x=0}$ 为界面处液相中的浓度梯度。则单位时间内单位面积界面处排出的溶质量 q_1 和扩散走的溶质量 q_2 分别为

$$q_1 = R(C_L^* - C_S^*) = RC_L^*(1-k_0) \tag{4-16}$$

$$q_2 = -D_L\frac{dC_L(x)}{dx}\Big|_{x=0} \tag{4-17}$$

根据固-液界面前沿液相溶质富集层成分分布及变化情况,此结晶过程分为三个阶段。

(1)结晶初期的过渡阶段,$q_1 > q_2$,如图 4.5(c)所示。晶体生长的结果将导致溶质原子在界面前沿进一步富集。溶质的富集降低了界面处的液相线温度,只有温度进一步降低时界面才能继续生长。所以这一时期的结晶特点是,伴随着界面的向前推进,固、液两相平衡浓度 C_S^* 与 C_L^* 持续上升,界面温度不断下降。在该阶段,由于浓度梯度随 C_L^* 的增大而急速地上升,因此 q_2 增大的速率比 q_1 更快。故 q_1 与 q_2 之间的差值随生长的进行而迅速地减小,直到 $q_1 = q_2$。

(2)稳定生长阶段。$q_1 = q_2$ 时,界面上排出的溶质量与扩散走的溶质量相等,晶体便进入稳定生长阶段。这时由于界面溶质富集不继续增大,界面处固、液两相将以恒定的平衡成分向前推进,界面必然是等温的。界面前方液相中也必然会维持着一个稳定的溶质分布状态(图 4.5(d))。

(3)结晶末期的过渡阶段。晶体的稳定生长一直进行到临近结束时,富集的溶质集中在残余液相中无法向外扩散,于是界面前沿溶质富集又进一步加剧,界面处固、液两相的平衡浓度 C_S^*、C_L^* 又进一步上升,形成了晶体生长的最后过渡阶段。结晶完成以后的固相浓度分布情况如图(4-5(e))所示。

在稳定生长过程中,界面前方液相中的浓度分布 $C_L(x)$ 取决于以下两个因素的综合作用:一个是由菲克第二定律所确定的,即由扩散所引起的浓度变化——$D_L\dfrac{d^2C_L(x)}{dx^2}$,另一个是固-液界面整体以结晶速度 R 向前推进时所引起的单位时间内浓度变化 $R\dfrac{dC_L(x)}{dx}$,有基本方程

$$-D_L\frac{d^2C_L(x)}{dx^2} + R\frac{dC_L(x)}{dx} = \frac{dC_L(x)}{dt} \tag{4-18}$$

对于稳定生长阶段,$\dfrac{dC_L(x)}{dt} = 0$,即

$$-D_L\frac{d^2C_L(x)}{dx^2} + R\frac{dC_L(x)}{dx} = 0 \tag{4-19}$$

此方程通解为

$$C_L(x) = A + Be^{-\frac{R}{D_L}x} \tag{4-20}$$

其边值条件为

(a)$x = \infty$ 时,$C_L(x) = C_0$,

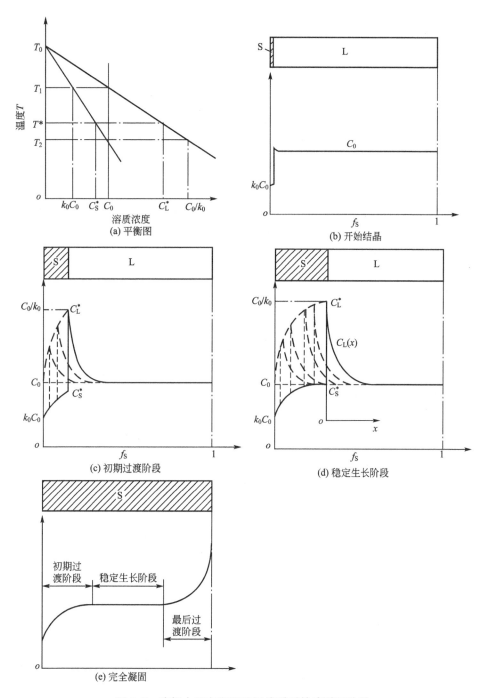

图 4.5　液相中只有有限扩散传质时的溶质再分配

（b）$x=0$ 时，$q_1=q_2$。

由条件（a）可求得积分常数 $A=C_0$，故式（4-20）可写成

$$C_L(x)=C_0+Be^{-\frac{R}{D_L}x} \tag{4-21}$$

由条件（b）结合式（4-16）、式（4-17）、式（4-21）可求得

$$B=\frac{1-k_0}{k_0}C_0$$

所以得

$$C_L(x)=C_0\left(1+\frac{1-k_0}{k_0}e^{-\frac{R}{D_L}x}\right) \quad (4-22)$$

式(4-22)称为蒂勒(Tiller)公式，描述了晶体在固相无扩散、液相只有有限扩散而无对流和搅拌的条件下，稳定生长阶段界面前方液相中的溶质浓度分布规律。它是一条指数衰减曲线，$C_L(x)$随着x的增加而迅速地下降为C_0，从而在界面前方形成了一个急速衰减的溶质富集边界层。令$x=0$，即可求得界面处液相的平衡浓度$C_L^*=C_0/k_0$以及相应的固相平衡浓度$C_S^*=k_0C_L^*=C_0$。如果不考虑极其微小的动力学过冷，则界面温度便等于合金的平衡固相线温度T_2。由此可见，在稳定生长阶段，界面两侧以不变的成分$C_S^*=C_0$与$C_L^*=\frac{C_0}{k_0}$向前推进，一直到最后过渡阶段为止。稳定生长的结果，可以获得成分为C_0的单相均匀固溶体。

由式(4-22)可见，在相同的原始成分C_0下，$C_L(x)$曲线的形状受晶体生长速度R、溶质在液相中的扩散系数D_L以及平衡分配系数k_0影响。在稳定生长阶段，R越大，D_L或k_0越小，则界面前溶质原子富集越严重，曲线$C_L(x)$就越陡(图4.6)。在固-液界面前方，以$[C_L(x)-C_0]$为富集层内坐标为x处液相成分对远离富集层($x\to\infty$)的液相成分C_0的偏差，它表示了溶质富集程度。$x=0$时溶质富集程度最大，为$C_0\left(\frac{1}{k_0}-1\right)$，随着$x$的增大，$C_L(x)$以指数规律衰减。当$x=\frac{D_L}{R}$时，$[C_L(x)-C_0]$值降到$C_0\left(\frac{1}{k_0}-1\right)\frac{1}{e}$，一般将$\frac{D_L}{R}$称为富集层的特征距离。

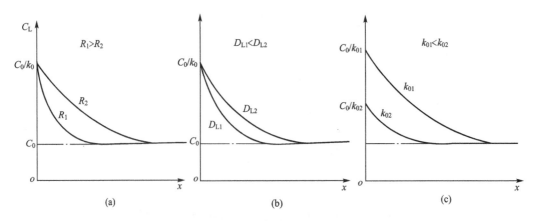

图4.6 R、D_L 和 k_0 对稳定生长阶段 $C_L(x)$ 曲线的影响

3. 固相无扩散、液相存在部分混合时的溶质再分配

对于上述两种假设条件，液相充分混合条件即代表液相的传质作用最充分，类似于平衡结晶；液相仅有扩散而无对流，代表了液相传质作用最弱的情形。而对于更一般的情

况，实际上结晶过程中液相既不可能达到完全均匀的混合（除非以机械或电磁力进行强烈搅拌），同时液相也不可能只发生溶质的扩散，必然存在流动传质。所以，实际上液相既有扩散传质又有一定对流传质，从而形成溶质的部分混合。

在液相部分混合时，可以认为，在紧靠固液界面的前方，存在着一薄层流速作用不到的液体，称其为扩散边界层。在边界层内，溶质原子只能通过扩散进行传输，在边界层外，液相则可借助流动（对流或搅动）而达到完全混合。边界层厚度 δ 对结晶过程中固液界面前方的溶质再分配起着决定性作用，δ 随着流动作用的增强而减小，当对流作用非常强（如强烈搅拌的条件下），以致 $\delta \rightarrow 0$ 时，其溶质再分配规律与液相完全混合时相同[图4.7(c)]；相反，当对流作用极其微弱，从而使 $\delta \rightarrow \infty$ 时，则其溶质再分配规律又接近于液相仅有有限扩散传质的情况[图4.7(a)]；而其液相存在部分混合时，即 δ 一定时，其溶质再分配特点（如图4.7(b)所示）则介于上述两种假设。

进一步讨论，在存在有限扩散边界层 δ 时，在边界层以内只靠扩散进行传质（无对流），在边界层以外的液相因为存在对流作用得以保证成分均匀。假定液相容积很大，边界层外液相将不在受已经凝固固相的影响，而保持原始成分

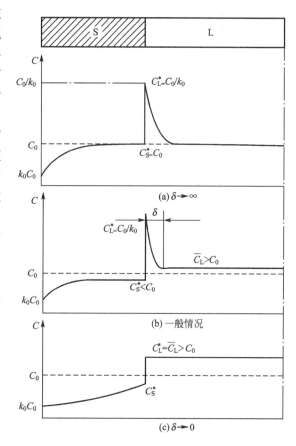

图4.7 液相传质条件对溶质再分配规律的影响

C_0；而固相成分 C_S^* 和液相成分 C_L^*，在凝固速度 R、边界层厚度 δ 一定的情况下，也保持一定值，即存在稳定生长阶段。所以，在液相存在部分混合时，描述界面前方液相中的浓度分布方程(4-20)仍然成立，但其边界条件为：

(a) $x = \delta$ 时，$C_L(x) = C_0$；

(b) $x = 0$ 时，$C_L(x) = C_L^*$。

此时方程(4-20)的解为

$$\frac{C_L(x) - C_0}{C_L^* - C_0} = 1 - \frac{1 - e^{-\frac{R}{D_L}x}}{1 - e^{-\frac{R}{D_L}\delta}} \qquad (4-23)$$

$C_L(x)$ 为边界层内任意一点 x 的液相成分。若液相不是充分大，则边界层厚度 δ 以外的液相浓度不在固定于 C_0 不变，而是随着界面的推进逐渐提高的。设其平均成分 $\overline{C_L}$，则公式(4-23)应为

$$\frac{C_{\mathrm{L}}(x)-\overline{C_{\mathrm{L}}}}{C_{\mathrm{L}}^{*}-\overline{C_{\mathrm{L}}}}=1-\frac{1-\mathrm{e}^{-\frac{R}{D_{\mathrm{L}}}x}}{1-\mathrm{e}^{-\frac{R}{D_{\mathrm{L}}}\delta}} \qquad (4-24)$$

可以看到，式(4-24)仍然适用于液相只有有限扩散而无对流或搅拌时的情况，此时 $\delta\to\infty$，$\overline{C_{\mathrm{L}}}=C_0$，$C_{\mathrm{L}}^{*}=\dfrac{C_0}{k_0}$，代入式(4-24)即得式(4-22)，即说明 Tiller 公式是 $\delta\to\infty$ 时的特例。

对于稳定生长阶段时的 C_{S}^{*}、C_{L}^{*} 值，类似于液相只有有限扩散时的求解。在单位时间内单位面积界面处排出的溶质量 q_1 和扩散走的溶质量 q_2 分别为

$$q_1=R(C_{\mathrm{L}}^{*}-C_{\mathrm{S}}^{*}) \qquad (4-25)$$

$$q_2=-D_{\mathrm{L}}\frac{\mathrm{d}C_{\mathrm{L}}(x)}{\mathrm{d}x}\bigg|_{x=0} \qquad (4-26)$$

再对式(4-23)进行求导，并令 $x=0$ 得

$$-D_{\mathrm{L}}\frac{\mathrm{d}C_{\mathrm{L}}(x)}{\mathrm{d}x}\bigg|_{x=0}=-R\frac{C_{\mathrm{L}}^{*}-C_0}{1-\mathrm{e}^{-\frac{R}{D_{\mathrm{L}}}\delta}} \qquad (4-27)$$

根据质量守恒，$q_1=q_2$，解得

$$C_{\mathrm{L}}^{*}=\frac{C_0}{k_0+(1-k_0)\mathrm{e}^{-\frac{R}{D_{\mathrm{L}}}\delta}} \qquad (4-28)$$

$$C_{\mathrm{S}}^{*}=\frac{k_0 C_0}{k_0+(1-k_0)\mathrm{e}^{-\frac{R}{D_{\mathrm{L}}}\delta}} \qquad (4-29)$$

由此可见，对于液相部分混合的单向生长中，在 C_0、k_0、D_{L} 一定情况下，稳定时固相成分 C_{S}^{*} 取决于凝固速度 R 和边界层厚度 δ。R 越大，C_{S}^{*} 越接近 C_0；δ 越小，C_{S}^{*} 越低，当 $\delta\to\infty$，$C_{\mathrm{S}}^{*}=C_0$。

把稳定生长阶段固相成分 C_{S}^{*} 与初始液态金属初始溶度 C_0 的比值定义为有效分配系数 k_{E}，则有

$$k_{\mathrm{E}}=\frac{C_{\mathrm{S}}^{*}}{C_0}=\frac{k_0}{k_0+(1-k_0)\mathrm{e}^{-\frac{R}{D_{\mathrm{L}}}\delta}} \qquad (4-30)$$

该式表示有效分配系数与平衡分配系数之间的关系。需要说明的是，式(4-28)、式(4-29)、式(4-30)在液相容积很大的假设条件下成立。在有限长度水平圆棒结晶过程中，不能假设液相充分大，则扩散层以外的液相不能保持 C_0 不变，而是随着固相分数增加而逐渐提高的，此时液相浓度 $\overline{C_{\mathrm{L}}}>C_0$，在、$\delta$、$R$ 不变的情况下，C_{S}^{*} 也随之升高，但 k_{E} 保持不变。这种情况，称为动态平衡。

当用稳定生长阶段(也包括动态平衡生长阶段)时以 k_{E} 代替 k_0，由式(2-25)、式(2-26)得到普遍情况下的 Scheil 公式。

$$C_{\mathrm{S}}^{*}=k_{\mathrm{E}}C_0(1-f_{\mathrm{S}})^{k_{\mathrm{E}}-1} \qquad (4-31)$$

$$\overline{C_{\mathrm{L}}}=C_0 f_{\mathrm{L}}^{k_{\mathrm{E}}-1} \qquad (4-32)$$

式(4-31)、式(4-32)所表示的 Scheil 公式只适用于单向的稳定生长阶段，不适用于结晶初期、结晶末期的过渡阶段。当 $\delta \to 0$ 时，$k_E = k_0$，即前述液相充分混合的假设；当 $\delta \to \infty$，$k_E = 1$，即前述液相只有有限扩散而无对流或搅拌的假设；一般情况下，$k_0 < k_E < 1$，即液相部分混合的条件下，工程实际常在这一范围内。

4.2 成 分 过 冷

4.2.1 成分过冷的产生

熔体的过冷度是其液相线温度与实际温度的差值，过冷度决定着固-液界面的生长方式和晶体的形态。而在凝固过程中，随着固-液界面的不断生长，界面前端液相的浓度按溶质再分配规律不断地发生变化。因此对于合金熔体来讲，其实际液相线温度是随浓度的变化而变化的。也就是说，固-液界面前方熔体的过冷状态取决于其局部温度的分布形式和具体的溶质的再分配规律。

1. 溶质富集引起界面前方熔体液相线温度的变化

由于合金的液相线温度随其成分而变化，故界面前方溶质分布的不均匀，必然导致熔体各处液相线温度的差异。假设液相线近似为直线，则其斜率 m 必为常数(当 $k_0 < 1$ 时，$m < 0$；$k_0 > 1$ 时，$m > 0$)，因此液相线温度 T_L 与其相应成分 C_L 之间必然存在有如(4-33)所示的关系。

$$T_L = T_0 + mC_L \tag{4-33}$$

式中：T_0——纯金属熔点。

另假设以液相只存在扩散传质的情况为例来研究界面前方溶质再分配对前方熔体液相线温度的变化，即界面前端液相浓度符合 Tiller 公式，则由式(4-22)和式(4-33)可得到式(4-34)，即界面前方熔体实际液相线温度 $T_L(x)$ 的变化规律。

$$T_L(x) = T_0 + mC_0 \left(1 + \frac{1-k_0}{k_0} e^{-\frac{R}{D_L}x} \right) \tag{4-34}$$

当 $x = 0$ 时，有

$$T_L(0) = T_0 + m \frac{C_0}{k_0} = T_2 \tag{4-35}$$

当 $x \to \infty$ 时，有

$$T_L(\infty) = T_0 + mC_0 = T_1 \tag{4-36}$$

式中：T_1——C_0 成分时，熔体的液相线温度；
  T_2——C_0 成分时，熔体的固相线温度。

$T_L(x)$ 曲线变化规律如图 4.8 所示。显然，$T_L(x)$ 的变化范围是 $T_1 \sim T_2$，即合金的平衡结晶温度范围。由此可见，尽管由于平衡分配系数 k_0 的差异造成了固-液界面前端液体内两种相反的溶质分布状态($k_0 < 1$ 时，界面处溶质富集；$k_0 > 1$ 时，界面处溶质贫乏)，

但液相线温度 $T_L(x)$ 在界面前方的分布规律却是相同的。

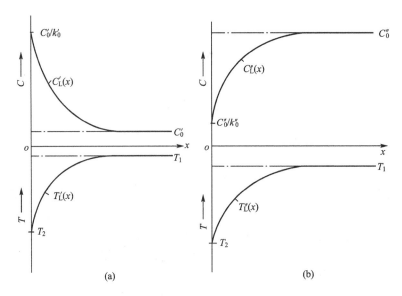

图 4.8　界面前方熔体中液相线温度的变化规律

2. 热过冷与成分过冷

在纯金属和一般单相合金晶体生长过程中，根据是否存在溶质原子的作用，在其固-液界面前方熔体内可能产生两种形式不同的过冷。

(1) 热过冷。对纯金属这一特例而言，由于它们在固定温度下结晶，因而其过冷状态仅与界面前方的局部温度分布有关。设界面平衡结晶温度 T^*，动力学过冷度 ΔT_k，x 是以界面为原点沿其法向伸向熔体的动坐标，G_L 界面前方液相的温度梯度。则界面前方局部温度分布可表示为

$$T(x) = T^* - \Delta T_k + G_L x \qquad (4-37)$$

若纯金属界面的平衡结晶温度 $T^* = T_0$，故界面前方熔体内的过冷状态可以表示为

$$\Delta T_h = T_0 - (T_0 - \Delta T_k + G_L x) = \Delta T_k - G_L x \qquad (4-38)$$

式中：ΔT_h——热过冷度。

当不考虑 ΔT_k 时

$$\Delta T_h = -G_L x \qquad (4-39)$$

可见只有当界面液相一侧形成负温度梯度时，才能在纯金属晶体界面前方熔体内获得过冷(严格地说是获得大于 ΔT_k 的过冷)。这种仅由熔体实际温度分布所决定的过冷状态称为热过冷。

(2) 成分过冷。对于一般单相合金，由于其结晶过程中存在着溶质再分配，界面前方熔体中的液相线温度是随其成分而变化的。因此，其过冷状态要由界面前方的实际温度(即局部温度分布)和熔体内的液相线温度分布两者共同确定，在这种情况下，不仅负温度梯度能导致界面前方熔体过冷，即使是在正温度梯度下，如图 4.9 所示，只要熔体某处的

实际温度 $T(x)$ 低于同一地点的液相线温度 $T_L(x)$，也能在界面前方熔体中获得过冷。这种由溶质再分配导致界面前方熔体成分及其凝固温度发生变化而引起的过冷称为成分过冷。

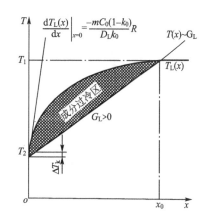

图 4.9 界面前方熔体中成分过冷的形成

3. 成分过冷判据

由图 4.9 可见，产生成分过冷的条件是界面液相一侧的温度梯度 G_L 必须小于曲线 $T_L(x)$ 在界面处的斜率，即

$$G_L < \frac{dT_L(x)}{dx}\bigg|_{x=0} \tag{4-40}$$

1) 液相只有有限扩散条件下的成分过冷

由式(4-34)求导，并令在 $x=0$，得

$$\frac{dT_L(x)}{dx}\bigg|_{x=0} = -\frac{mC_0(1-k_0)}{D_L k_0} R \tag{4-41}$$

代入式(4-40)有

$$\frac{G_L}{R} < -\frac{mC_0(1-k_0)}{k_0} \frac{1}{D_L} \tag{4-42}$$

此即液相只有有限扩散条件下的成分过冷判据。它给出了成分过冷产生的临界条件。当判据条件成立时，界面前方必然存在有成分过冷；反之则不会出现成分过冷。在前述假设下，式(4-37)中的界面平衡结晶温度为

$$T^* = T_0 + m\frac{C_0}{k_0} \tag{4-43}$$

因此成分过冷值 ΔT_C 可以表示为

$$
\begin{aligned}
\Delta T_C &= T_L(x) - T(x) \\
&= T_0 + mC_0\left(1 + \frac{1-k_0}{k_0} e^{-\frac{R}{D_L}x}\right) - \left(T_0 + \frac{mC_0}{k_0} - \Delta T_k + G_L x\right) \\
&= \frac{-mC_0(1-k_0)}{k_0}\left(1 - e^{-\frac{R}{D_L}x}\right) + \Delta T_k - G_L x
\end{aligned}
\tag{4-44}
$$

不考虑 ΔT_k 时

$$\Delta T_C = \frac{-mC_0(1-k_0)}{k_0}\left(1 - e^{-\frac{R}{D_L}x}\right) - G_L x \tag{4-45}$$

令 $\Delta T_C = 0$，则可从下式求出成分过冷区的宽度 x_0

$$\frac{-mC_0(1-k_0)}{k_0}\left(1 - e^{-\frac{R}{D_L}x_0}\right) = G_L x_0 \tag{4-46}$$

由函数 $e^{-\frac{R}{D_L}x_0}$ 的幂级数展开式可以近似求得

$$e^{-\frac{R}{D_L}x_0} \approx 1 - \frac{R}{D_L}x_0 + \frac{1}{2}\left(-\frac{R}{D_L}x_0\right)^2 \tag{4-47}$$

将此结果代入式(4-46)，移项计算后得：

$$x_0 = \frac{2D_L}{R} + \frac{2k_0 C_L D_L^2}{mC_0(1-k_0)R^2} \tag{4-48}$$

由上述可见，成分过冷的产生以及成分过冷值 ΔT_c 与成分过冷区宽度 x_0 的大小既取决于凝固过程中的工艺条件 G_L 与 R，也与合金本身的性质，如 C_0、k_0、m 及 D_L 的大小有关。R、C_0 和 m 越大，C_L、D_L 越小，k_0 偏离 1 越远，则成分过冷值越大，成分过冷区越宽，反之亦然。

又有，合金的结晶温度范围 (T_1-T_2) 可如式(4-49)表示。

$$T_1-T_2=(T_0+mC_0)-\left(T_0+\frac{mC_0}{k_0}\right)=\frac{-mC_0(1-k_0)}{k_0} \qquad (4-49)$$

因此，可用 (T_1-T_2) 替代上述式(4-45)、式(4-48)中 $\frac{-mC_0(1-k_0)}{k_0}$ 项，即单相合金中 C_0、m 与 k_0 对成分过冷的影响可以归纳为结晶温度范围大小的作用。

$$\Delta T_C=(T_1-T_2)(1-e^{-\frac{R}{D_L}x})-G_L x \qquad (4-50)$$

$$x_0=\frac{2D_L}{R}-\frac{2C_L D_L^2}{(T_1-T_2)R^2} \qquad (4-51)$$

因此可见在相同的条件下，宽结晶温度范围的合金更易获得大的成分过冷。反之成分过冷就小，甚至不形成成分过冷。

热过冷与成分过冷之间的根本区别是前者仅受传热过程控制，后者则同时受传热过程和传质过程制约。若令式(4-44)或式(4-45)中 $C_0=0$，则成分过冷判据就变成为热过冷判据，ΔT_C 的表达式则变成为 ΔT_h 的表达式。因此，在晶体生长过程中，界面前方的热过冷只不过是成分过冷在 $C_0=0$ 时的一个特例而已，两者在本质上是一致的，对晶体生长过程的影响也相同。

2) 液相部分混合条件下的成分过冷

若在更一般的条件下，即液相处于部分混合条件，则界面前方液相线温度的表达式(4-37)仍然成立，但其中的液相浓度 $C_L(x)$ 则由式(4-24)给出，即

$$T_L=T_0+m\left[\overline{C_L}+(C_L^*-\overline{C_L})\left(1-\frac{1-e^{-\frac{R}{D_L}x}}{1-e^{-\frac{R}{D_L}\delta}}\right)\right] \qquad (4-52)$$

对式(4-52)左、右项同时求导，有

$$\frac{dT_L(x)}{dx}=m(C_L^*-\overline{C_L})\left(-\frac{R}{D_L}\frac{e^{-\frac{R}{D_L}x}}{1-e^{-\frac{R}{D_L}\delta}}\right) \qquad (4-53)$$

则液相线 $T_L(x)$ 曲线在界面处的斜率为

$$\left.\frac{dT_L(x)}{dx}\right|_{x=0}=-m(C_L^*-\overline{C_L})\frac{R}{D_L}\frac{1}{1-e^{-\frac{R}{D_L}\delta}} \qquad (4-54)$$

由前述，式(4-28)在液相不充分大的条件下，即

$$C_L^*=\frac{\overline{C_L}}{k_0+(1-k_0)e^{-\frac{R}{D_L}\delta}} \qquad (4-55)$$

由式(4-40)、式(4-54)、式(4-55)得

$$\frac{G_L}{R}<-\frac{m\overline{C_L}}{D_L}\frac{1}{\frac{k_0}{(1-k_0)}+e^{-\frac{R}{D_L}\delta}} \qquad (4-56)$$

式(4-56)为液相部分混合条件下的成分过冷判据，也是比式(4-42)更具一般意义的成分过冷判据。当 $\delta\to\infty$、$\overline{C_L}=C_0$ 时，该公式形式上即变换成式(4-42)，即为液相只有有

限扩散的情况下的判据。

4.2.2 热过冷对纯金属结晶过程的影响

1. 界面前方无热过冷下的平面生长

当固-液界面前方液相一侧为正温度梯度(即 $G_L > 0$)时,则纯金属晶体界面前方熔体中不存在热过冷(图4.10)。这时宏观平坦界面的界面能最低,因此其形态是稳定的。界面上偶然产生的任何突起必将伸入过热熔体中而被熔化,界面最终仍保持其平坦状态(图4.11)。只有当固相不断散热而使界面前沿熔体温度进一步降低时,晶体才能得以生长,而界面本身则始终处于 $T_i(T_i = T_0 - \Delta T_K)$ 的等温状态之下。

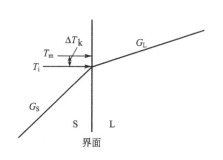

图4.10 纯金属液相正温度梯度

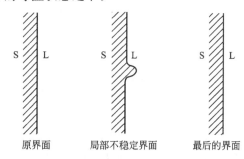

图4.11 纯金属在正温度梯度下的平面生长

这种界面生长方式称为平面生长。结晶过程中,每个晶体逆着热流平行向内生长成一个个柱状晶。如果开始只有一个晶粒,则可获得理想的单晶体。

2. 热过冷作用下的枝晶生长

当固-液界面前方液相一侧为负温度梯度(即 $G_L < 0$)时,则界面前方熔体存在着一个大的热过冷区,其过冷度大于 ΔT_K,如图4.12所示。

此时,宏观平坦的界面形态是不稳定的。一旦界面上偶然产生一个凸起,它必将与过冷度更大的熔体接触而很快地向前生长,形成一个伸向熔体的主干。主干侧面也存在过冷度,从而生长出二次分枝。但侧面在释放出结晶潜热使温度升高,过冷度减小,主干前端仍伸入过冷熔体,因此先生长主干方向的过冷度大于侧向的二次分枝处,也即造成主干方向的生长要优先于侧向生长。同样道理,在二次分枝上还可能长出三次分枝,如此类推,从而形成树枝晶,这种界面生长方式称为枝晶生长(图4.13)。如果 $G_L < 0$ 的情况产生于单向生长过程中,得到的将是柱状枝晶;如果 $G_L < 0$ 发生在晶体的自由生长过程中,则将形成等轴枝晶。

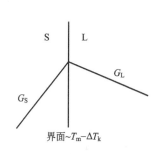

图4.12 纯金属液相负温度梯度

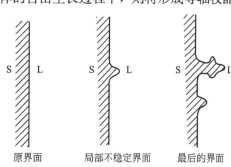

图4.13 纯金属在负温度梯度下的枝晶生长

4.2.3 成分过冷对单相合金结晶过程的影响

成分过冷对一般单相合金结晶过程的影响与热过冷对纯金属的影响本质相同。但由于同时存在着传质过程的制约，在无成分过冷的情况下，界面也以平面生长方式长大，但随着成分过冷的出现和增大，界面生长方式将依次以胞状晶→柱状晶→等轴晶形式进行生长。

1. 界面前方无成分过冷时的平面生长

如图 4.14 所示，当一般单相合金晶体生长满足如式(4-57)所示的条件时，则固液界面前方熔体不存在成分过冷。界面上随机形成的任何突起(图 4.14(a))必将伸入过热熔体中而被熔化，界面最终仍保持其平坦状态(图 4.14(b))，因此界面将以平面生长方式长大。在这种情况下，除了在晶体生长初期过渡阶段和最后过渡阶段界面要发生相应的温度和成分变化外，在整个稳定生长阶段，其生长过程与纯金属的平面生长没有本质的区别。宏观平坦的界面是等温的，并以恒定的平衡成分向前推进。生长的结果将会在稳定生长区内获得成分完全均匀的单相固溶体柱状晶甚至单晶体。

$$\frac{G_L}{R} \geqslant -\frac{mC_0(1-k_0)}{D_L k_0} \left(\text{或} \geqslant \frac{T_1 - T_2}{D_L}\right) \quad (4-57)$$

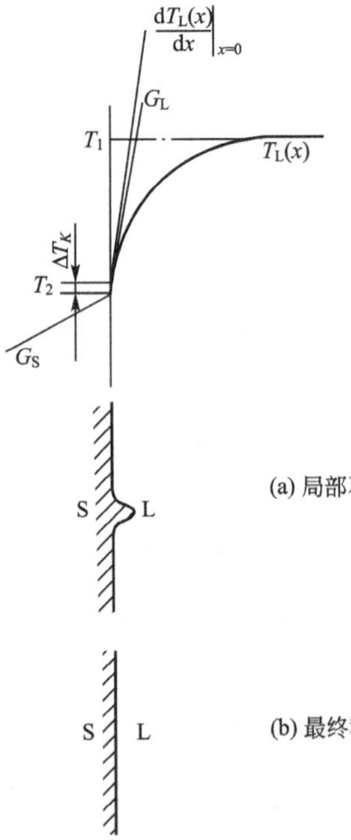

假设单相合金稳定生长阶段界面生长速度为 R，由于界面是等温状态，则根据能量守恒，界面流入的热量等于流出的热量，即有

$$G_S \lambda_S = G_L \lambda_L + R\rho L \quad (4-58)$$

图 4.14 界面前方无成分过冷时平面生长

式中：λ_S、λ_L——分别为固、液相的导热系数；

$\quad\quad G_S$、G_L——分别为固、液相在界面处的温度梯度；

$\quad\quad\quad \rho$——合金的密度；

$\quad\quad\quad L$——合金的结晶潜热。

将式(4-58)整理后，得

$$R = \frac{G_S \lambda_S - G_L \lambda_L}{\rho L} \quad (4-59)$$

对于单相合金的平面生长，G_L 还应满足式(4-57)，将其代入式(4-59)，得

$$R \leqslant \frac{G_S \lambda_S}{\rho L - \dfrac{mC_0(1-k_0)}{D_L k_0}\lambda_L} \quad (4-60)$$

或

$$R \leqslant \frac{G_S \lambda_S}{\rho L + \dfrac{(T_1 - T_2)}{D_L}\lambda_L} \quad (4-61)$$

由式(4-60)、式(4-61)可见，若要保持界面的平面生长，其生长速度不能超过某一

极限值。类似地，对于纯金属的平面生长，其界面的生长速度 $R_纯$ 也不能超过某一临界值，如式(4-62)所示。

$$R_纯 \leqslant \frac{G_s\lambda_s}{\rho L} \qquad (4-62)$$

与纯金属相比而言，单相合金要实现稳定的平面生长，需要更高的温度梯度和更低的界面生长速度。当然合金的结晶温度范围(T_1-T_2)更大、扩散系数 D_L 越小，其实现平面生长的工艺控制要求也越严。

2. 窄成分过冷区作用下的胞状生长

如图 4.15 所示，当一般单相合金晶体生长过程中，满足 $\frac{G_L}{R}$ 略小于 $-\frac{mC_0(1-k_0)}{D_Lk_0}$ $\left(或\frac{T_1-T_2}{D_L}\right)$时，则固液界面前方存在着一个狭窄的成分过冷区。该成分过冷区的存在，破坏了平面界面的稳定性。这时宏观平坦界面偶然扰动而产生的任何凸起都必将面临较大的过冷而以更快的速度进一步长大，同时不断向周围熔体中排出溶质(当 $k_0<1$ 时)。由于相邻凸起之间的凹入部位的溶质浓度比凸起前端增加得更快，而凹入部位的溶质扩散到熔体深处，较凸起前端更为困难。因此，凸起快速长大的结果导致了凹入部位溶质的进一步富集，而溶质富集则降低了凹入部位熔体的液相线温度，从而降低其过冷度，甚至过冷度为零。因此，凸起的横向生长速度受到抑制，并形成一些由低熔点熔质富集区所构成的网络状沟槽。而凸起前端的生长则由于成分过冷区宽度的限制，不能自由地向熔体前方伸展。当由于溶质的富集而使界面各处的液相成分达到相应温度下的平衡浓度时(严格地说，是相应温度比液相成分所确定的平衡温度低 ΔT_k 时)，界面形态趋于稳定。这样，在窄成分过冷区的作用下，不稳定的平坦就破裂成一种稳定的、由许多近似于旋转抛物面的凸出圆胞和网络状的凹陷沟槽所构成的新的界面形态，称为胞状界面。以胞状界面向前推进的生长方式称为胞状生长。胞状生长的结果是形成胞状晶。

研究表明，形成胞状界面的成分过冷区的宽度约在 $0.01\sim0.1$cm 之间，发展良好的规则胞状界面具有如图[4.16(e)]所示的正六边形沟槽结构。在平面形态到规则的胞状界面形态之间，随着成分过冷的不同，界面形态呈现出若干过渡形式。如图(4.16)所示，当不存在成分过冷或成

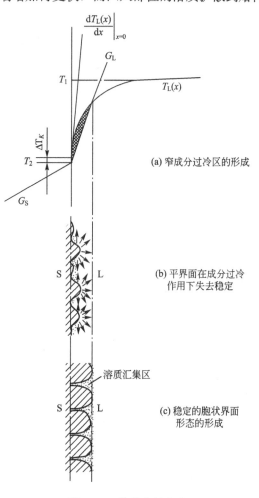

图 4.15 胞状生长方式

分过冷小于其动力学过冷度时，固液界面呈平面生长［4.16(a)］；当成分过冷较小时，界面首先变得凹凸不平而出现若干溶质富集的凹坑(或称"痘点")［4.16(b)］；随着成分过冷区的增大，凹坑数量增加，并趋于连接［4.16(c)］；当成分过冷区继续增大，凹坑连接成沟槽，从而构成不规则的胞状界面［4.16(d)］；成分过冷区进一步增大时，不规则的胞状界面转变成规则的正六边形胞状界面［4.16(e)］；当成分过冷区再增大时，胞状界面逐渐失稳，形成不规则界面［4.16(f)］。

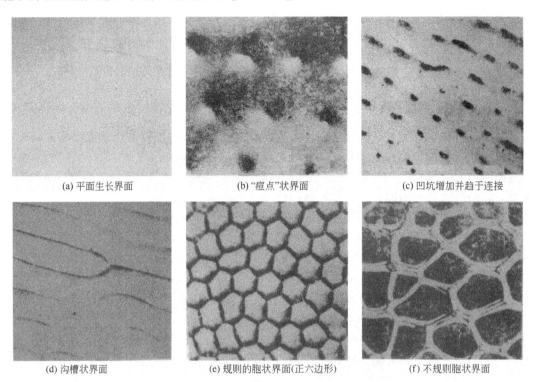

(a) 平面生长界面　　(b) "痘点"状界面　　(c) 凹坑增加并趋于连接

(d) 沟槽状界面　　(e) 规则的胞状界面(正六边形)　　(f) 不规则胞状界面

图 4.16　胞状晶随成分过冷变化时的形成及发展过程

由胞状界面生长而成的每一簇胞状晶都是一些平行排列的亚结构。它们分别由同一个晶体分裂而成，彼此间为小角度晶界所分离。根据界面形态的不同，这些亚结构或成条状、或成片状沿纵向排列。每个胞状晶的横向成分很不均匀，对于 $k_0<1$ 的合金，晶胞中心溶质含量最低，向着四周逐渐增高。在沟槽处溶质大量浓集，甚至在 C_0 不高的情况下也可能出现少量的共晶相。

3. 较宽成分过冷区作用下的柱状树枝晶生长

在胞状生长中，晶胞凸起垂直于等温面生长，其生长方向与热流相反而与晶体学特性无关［图 4.17(a)］。随着 $\frac{G_L}{R}$ 的减小和 C_0 的增加，界面前方的成分过冷区逐渐加宽，晶胞凸起伸向熔体更远。凸起前端近似于旋转抛物面的界面由于溶质的析出而在熔体中面临着新的成分过冷，因而逐渐变得不稳定：凸起前端逐渐偏向于某一择优取向(立方晶体为<100>)，而界面也开始偏离原有的形状并出现具有强烈晶体学特性的凸缘结构［图 4.17(b)］，当成分过冷区进一步加宽时，凸起前端所面临的新的成分过冷也进一步加强，凸缘上开始形成短小的锯齿状二次分枝［图 4.17(c)］，胞状生长就转变为柱状枝晶生长。如果成分过冷区足够大，二次分枝在随后的生长中又会在其前端分裂出三次分枝。与此同时，继续伸向熔体的主干前端又会有新的二次分枝形成。这样不断分枝的结果，在成分过冷区内迅速形成了树枝晶的骨架(图 4.18)。此后随着等温面向前推移，一次分枝继续不断地向前伸展、分裂。在构成枝晶骨架的固-液两相区内，随着分枝的生长，剩余液相中溶质不断富集，熔点不断降低，致使分枝周围熔体的过冷很快消失，分枝便停止分裂和延伸。由于没有成分过冷的作用，分枝侧面往往以平面生长的方式完成其凝固过程。

和纯金属在 $G_L<0$ 下的柱状枝晶生长不同，单相合金柱状枝晶生长是在 $G_L>0$ 下进行的。如同平面生长和胞状生长一样，是一种热量通过固相散失的约束生长，等温面的前进约束着枝晶前端以一定的速度向液相推进，而溶质元素在液相中的扩散则支配着枝晶的生长行为。在生长过程中主干彼此平行地向着热流相反的方向延伸，相邻主干的高次分枝往往互相连接起来排列成方格网状，构成了柱状枝晶特有的板状阵列，从而使材料的各项性能表现出强烈的各向异性。

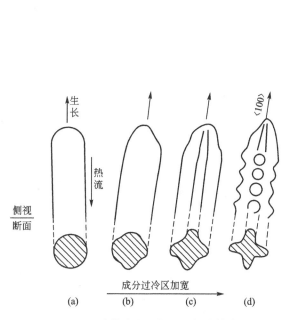

图 4.17　胞状生长向枝晶生长的转变

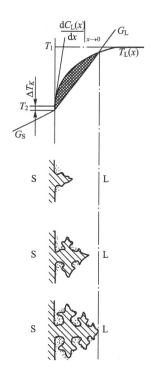

图 4.18　柱状枝晶生长过程

4. 宏观结晶状态的转变和等轴枝晶生长

如图 4.19 所示，当界面前方成分过冷区进一步加宽时，成分过冷的极大值 ΔT_{CM} 将大于熔体中非均质形核最有效衬底大量形核所需的过冷 $\Delta T_{非}^*$，于是在柱状枝晶生长的同时，界面前方这部分熔体也将发生新的形核过程，并且导致了晶体在过冷熔体($G_L<0$)的自由生长，从而形成了方向各异的等轴枝晶。等轴枝晶的存在阻止了柱状晶区的单向延伸，此后的结晶过程便是等轴晶区不断向液体内部推进的过程。

就合金的宏观结晶状态而言，平面生长、胞状生长和柱状枝晶生长皆属于一种晶体自型壁形核，然后由外向内单向延伸的生长方式，称为外生生长。等轴枝晶在熔体内部自由生长的方式则称为内生生长。可见成分过冷区的进一步加大促使了外生生长向内生生长的转变。显然，这个转变是由成分过冷的大小和外来质点非均质形核的能力这两个因素所决定的。大的成分过冷和强形核能力的外来质点都有利于内生生长和等轴枝晶的形成。

5. 枝晶的生长方向和枝晶间距

1）枝晶的生长方向

枝晶生长具有鲜明的晶体学特征。其主干和各次分枝的生长方向均与特定的晶向相平行。图4.20是立方晶系枝晶生长方向的示意图。一些晶系的枝晶生长方向见表4-1。

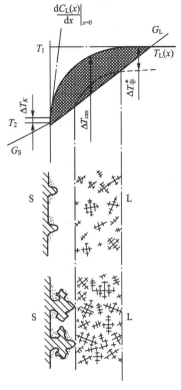

图 4.19　从柱状枝晶的外生生长
转变为等轴枝晶的内生生长

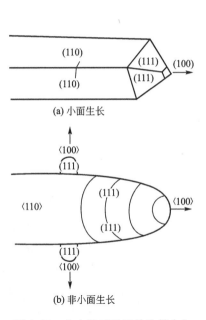

图 4.20　立方晶系枝晶的生长方向

小面生长的枝晶结构特征是易于理解的。以立方晶系为例，其生长表面均为慢速生长静密排面{111}所包围，由四个{111}面相交而成的锥体尖顶所指的方向就是枝晶的生长方向。然而迄今尚未提出完善的理论，把非小面生长的粗糙金属界面的非晶体学性质与其枝晶生长中的鲜明的晶体学特征联系起来。

表4-1　枝晶生长方向

晶体结构	枝晶生长方向	晶体结构	枝晶生长方向
面心立方	<100>	密排六方	<10$\bar{1}$0>
体心立方	<100>	体心正方	<110>

2) 枝晶间距

枝晶间距指的是相邻同次分枝之间的垂直距离，实际上则用金相视野下测得的各相邻同次分枝之间距离的统计平均值来表示。枝晶间距是树枝晶组织细化程度的表征，枝晶间距越小，组织就越细密，分布于其间的元素偏析范围也就越小，故铸件越容易通过热处理而均匀化，这时的显微缩松和非金属夹杂物也更加细小分散，因而也就越有利于性能的提高。

通常采用的有一次枝晶间距 d_1 和二次枝晶间距 d_2 两种。前者是柱状枝晶的重要参数，后者对柱状枝晶和等轴枝晶均有重要意义。

研究指出，纯金属的枝晶间距决定于晶面处结晶潜热的散失条件，而一般单相合金的枝晶间距与潜热的扩散和溶质元素在枝晶间的扩散行为相关，必须将温度场和溶质扩散场耦合起来进行研究。众多研究者采用不同的模型来预测枝晶间距，下面举几个典型的进行介绍。

（1）一次枝晶间距 d_1。

Hunt 表达式：

$$d_1^4 = \frac{64mD_L\Gamma(k_0-1)C_\infty}{RG_L^2} \tag{4-63}$$

式中：m——液相线斜率；

Kurz 公式：

$$d_1 = 4.3\Delta T'^2 \left(\frac{D_L\Gamma}{\Delta T_0 k_0}\right)^{1/4} R^{-\frac{1}{4}} G_L^{-\frac{1}{2}} \tag{4-64}$$

式中：$\Delta T'$——枝晶尖端温度与非平衡固相温度之差；

冈本平公式：

$$d_1 = a_0 \left[\frac{mC_0(k_0-1)D_L}{G_L R}\right]^{\frac{1}{2}} \tag{4-65}$$

式中：a_0——晶体生长形态的修正系数；

从式（4-63）～式（4-65）所举例的三个典型一次枝晶间距的预测公式，可见一次枝晶间距 d_1 与界面生长速度 R、生长界面液相一侧的温度梯度 G_L 的指数成反比。

（2）二次枝晶间距 d_2。

二次枝晶在生长过程中，其大小和数量会随着时间的变化而变化。随着时间的延长，细的二次枝晶臂逐渐消失，粗的二次臂逐渐长大，如图 4.21 所示。

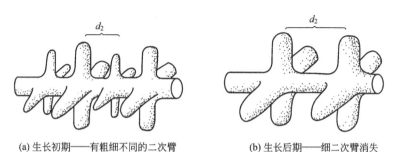

(a) 生长初期——有粗细不同的二次臂　　　　(b) 生长后期——细二次臂消失

图 4.21　二次枝晶臂粗化过程示意图

对于二次枝晶臂的粗化机制，提出了如图 4.22 所示的三种模型。模型 I 由 Kattamis 等提出，其核心思想是细二次枝晶在生长过程中逐渐溶解，导致二次枝晶间距增大；模型 II 由 Kattamis、Chernov、Klia 等提出，该模型是假设二次枝晶较细的根部逐渐溶解，残留的固相游离到液相中，使二次枝晶间距增大；模型Ⅲ由 Kahlweit 提出，该模型指出，细的二次枝晶臂的尖端开始溶解，导致二次枝晶从端部到根部逐渐溶解，最后该二次枝晶消失，导致二次枝晶间距增大。

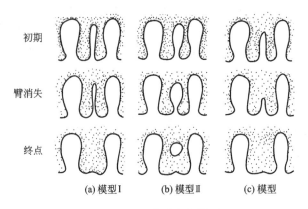

初期
臂消失
终点

(a) 模型Ⅰ   (b) 模型Ⅱ   (c) 模型

图 4.22　二次臂粗化模型

一般认为，二次枝晶间距可表示为

$$d_2 = b\left(\frac{\Delta T_S}{G_L R}\right)^{\frac{1}{3}} \tag{4-66}$$

式中：b——与合金性质有关的常数；

G_L——测量枝晶间距部位凝固期间界面液相一侧的温度梯度；

R——界面的生长速度；

ΔT_S——该处的非平衡结晶温度范围。

从式(4-66)可知，二次枝晶间距与冷却速度 $R^{1/3}$、温度梯度 $G_L^{1/3}$ 成反比，同时还与非平衡结晶温度范围 ΔT_S 有关。实际上 $\frac{\Delta T_S}{G_L R}$ 就是晶体在该处的局部凝固时间 τ_f（即 $\tau_f = \frac{\Delta T_S}{G_L R}$），$\tau_f$ 越小，二次枝晶间距也越小。另外，常数 b 还与合金的成分、平衡分配系数、液相线斜率等多种因素相关。图 4.23、图 4.24 所示为冷却速度及合金成分对二次枝晶间距影响的实验结果。

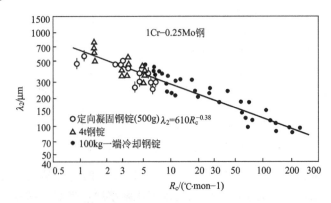

图 4.23　不同钢锭内平均冷却速度对二次枝晶间距的影响

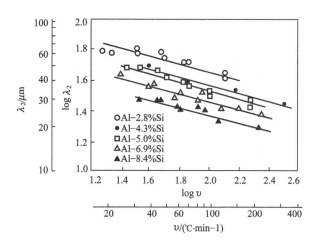

图 4.24 Al‑Si 合金中 Si 含量对二次枝晶间距的影响

4.3 其他界面稳定性理论介绍

Chalmers 等人提出的成分过冷理论，对晶体生长进行了成功的描述，并在 20 世纪 50～60 年代得到了蓬勃发展。然而，从后续的研究工作中，也发现其存在一定的局限性，主要表现在以下几个方面。

（1）由于没有考虑结晶过程中固液界面能的影响，因此无法估计平滑界面出现凹凸后的过冷度的变化。

（2）成分过冷理论只能描述平界面何时失稳，并不能说明界面形态改变的机制。

（3）对于快速凝固等特殊条件下的结晶过程，成分过程理论已经无法适用。因为快速凝固时，界面移动速度 R 值很大，按成分过冷理论，G_L/R 值应随 R 值增大而减小，更容易出现树枝晶，但实际情况是快速凝固后，固液界面的稳定性反而增大。

正因如此，在固液界面稳定性上，先后发展了 M‑S 理论、非线性动力学稳定理论等。其中 M‑S 理论，也称为界面稳定动力学理论，是由 Mullins 和 Sekerka 鉴于成分过冷理论存在的不足，提出的一个考虑了溶质温度场和浓度场、固液界面能以及界面动力学的理论。

4.3.1 M‑S 理论的模型

微观上，固液界面本身不是完全平滑的，而是由许多无限的凹坑和凸起所构成的曲面。其中的凹凸的大小一定随温度和浓度的变化而变化，即界面的扰动。

假设以固液界面建立坐标，设 z 方向指向液相而垂直于固液界面，x 方向与固液界面平行，在未受干扰的情况下，界面为等速运动的平面，在运动坐标中其界面方程为 $z\equiv0$；在受到几何干扰后，简化此干扰为正弦波，其界面方程如式（4‑67）所示。

$$z=\delta\sin(\omega x) \tag{4-67}$$

式中：δ——正弦波振幅；

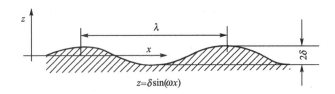

图 4.25　固液界面出现扰动的示意图

ω——振动频率，$\omega=\dfrac{2\pi}{\lambda}$（$\lambda$ 为波长）。

令 $\dot{\delta}=\dfrac{\mathrm{d}\delta}{\mathrm{d}t}$，则振幅随时间的变化率为 $\dfrac{\dot{\delta}}{\delta}$。固液界面的稳定性则取决于 $\dfrac{\dot{\delta}}{\delta}$ 的符号，如果符号为正，意味着扰动增长，界面是不稳定的；反之，如果符号为负，意味着扰动衰减，界面是稳定的。

4.3.2　M-S 理论界面稳定性判据

$\dfrac{\dot{\delta}}{\delta}$ 数值的计算较繁杂，下面仅将其计算的基本思路及结论进行简要的阐述。

假设系统处于稳定状态，没有对流，而且固-液界面向前推进的速度 R 为一常数，即温度场和溶质的扩散必须满足如式（4-68）～式（4-70）所示的方程组。

$$\nabla^2 C+\left(\frac{R}{D_\mathrm{L}}\right)\left(\frac{\partial C}{\partial z}\right)=0 \tag{4-68}$$

$$\nabla^2 T_\mathrm{L}+\left(\frac{R}{a_\mathrm{th}^\mathrm{L}}\right)\left(\frac{\partial T_\mathrm{L}}{\partial z}\right)=0 \tag{4-69}$$

$$\nabla^2 T_\mathrm{S}+\left(\frac{R}{a_\mathrm{th}^\mathrm{S}}\right)\left(\frac{\partial T_\mathrm{S}}{\partial z}\right)=0 \tag{4-70}$$

式中：C——溶质在液相中的浓度；

D_L——溶质在液相中的扩散系数；

R——界面向前推进的速度，为常数；

T_L、T_S——分别为液相、固相的温度；

a_th^L、a_th^S——分别为液相、固相的热扩散率，有 $a_\mathrm{th}^\mathrm{L}=\dfrac{\lambda_\mathrm{L}}{c_\mathrm{L}}$，$a_\mathrm{th}^\mathrm{S}=\dfrac{\lambda_\mathrm{S}}{c_\mathrm{S}}$（$\lambda_\mathrm{L}$、$\lambda_\mathrm{S}$——分别为液相、固相的导热系数；$c_\mathrm{L}$、$c_\mathrm{S}$——分别为液相、固相的比热容）。

要求解上述方程组，必须还要相应的边界条件，又假设在距离固-液界面几个波长直至无穷远处，浓度场 C 及温度场（T_L、T_S）与未产生扰动的情况（$\delta=0$）一样；且固液界面处需满足以下两个边界条件。

（1）固液界面的温度 T_i 应满足式（4-71）。

$$T_i=mC_i+T_\mathrm{N} \tag{4-71}$$

式中：m——相图中液相线的斜率；

C_i——固液界面液相一侧的成分；

T_N——考虑了界面曲率作用的纯金属熔点，其大小由式（4-72）所示。

$$T_\mathrm{N}=T_\mathrm{m}-T_\mathrm{m}\Gamma k=T_\mathrm{m}-T_\mathrm{m}\Gamma\delta\omega^2\sin(\omega x) \tag{4-72}$$

式中：T_m——纯金属在固液界面为平面时的熔点；

Γ——表面张力常数，$\Gamma = \dfrac{\sigma}{H}$（$\sigma$——固液界面的表面张力，即比表面能；$H$——单位体积溶剂的结晶潜热）；

k——固液界面上某处的平均曲率。

（2）用热流计算的固液界面推进速度应等于用溶质扩散计算的界面推进速度，即

$$R(x) = \frac{1}{H}\left[\lambda_S\left(\frac{\partial T_S}{\partial z}\right)_i - \lambda_L\left(\frac{\partial T_L}{\partial z}\right)_i\right] = \frac{D_L}{C_i(k_0-1)}\left(\frac{\partial C}{\partial z}\right)_i \tag{4-73}$$

式中：k_0——溶质平衡分配系数。

式（4-73）中，$\dfrac{D_L}{C_i(k_0-1)}\left(\dfrac{\partial C}{\partial z}\right)_i$ 项表示传质部分；$\dfrac{1}{H}\left[\lambda_S\left(\dfrac{\partial T_S}{\partial z}\right)_i - \lambda_L\left(\dfrac{\partial T_L}{\partial z}\right)_i\right]$ 项表示传热部分，其中 $\lambda_S\left(\dfrac{\partial T_S}{\partial z}\right)_i$ 项表示固相传热，$\lambda_L\left(\dfrac{\partial T_L}{\partial z}\right)_i$ 项表示液相传热。

通常，界面处的温度 T_i 与浓度 C_i 在考虑到界面具有正弦扰动的情况下，可表示为

$$T_i = T_0 + a\delta\sin(\omega x) \tag{4-74}$$

$$C_i = C_0 + b\delta\sin(\omega x) \tag{4-75}$$

式中：T_0、C_0——平界面时液相的温度和浓度；

a、b——受界面扰动频率、表面张力、浓度梯度、温度梯度等影响的函数，其大小分别由式（4-76）～式（4-80）表示。

$$a = mb - T_m\Gamma\omega^2 \tag{4-76}$$

$$b = \frac{2G_C T_m\Gamma\omega^3 + \omega G_C(g_S + g_L) + G_C\left(\omega^* - \dfrac{R}{D_L}\right)(g_S - g_L)}{2\omega mG_C + (g_S - g_L)\left(\omega^* - \dfrac{R}{D_L}\right)(1 - k_0)} \tag{4-77}$$

$$g_S = \frac{\lambda_S}{\bar{\lambda}}G_S \tag{4-78}$$

$$g_L = \frac{\lambda_L}{\bar{\lambda}}G_L \tag{4-79}$$

$$\omega^* = \frac{R}{2D_L} + \sqrt{\left(\frac{R}{2D_L}\right)^2 + \omega^2 + \frac{P}{D_L}} \tag{4-80}$$

$$P = \frac{\dot{\delta}}{\delta} \tag{4-81}$$

式中：G_C——$\delta = 0$ 时的溶质浓度梯度；

G_S、G_L——固相、液相中的温度梯度；

$\bar{\lambda}$——平均导热系数，$\bar{\lambda} = \dfrac{\lambda_S + \lambda_L}{2}$；

ω^*——液相中沿固液界面溶质的扰动频率。

根据上述边界条件，可以求得在界面上出现正弦扰动的情况下，液相、固相中的浓度及温度分布，对它们求导后代入式（4-73），整理后得

$$R(x) = \frac{\bar{\lambda}}{H}(g_S - g_L) + \frac{\bar{\lambda}}{H}\omega[2a - (g_S - g_L)]\delta\sin(\omega x) \tag{4-82}$$

由式（4-67）可得

$$R(x) = v_0 + \frac{\mathrm{d}}{\mathrm{d}t}[\delta(t)\sin(\omega x)] = v_0 + \dot{\delta}\sin(\omega x) \tag{4-83}$$

式中：v_0——无扰动（即 $\delta = 0$）时，界面推进速度。

式(4-83)右边第一项对应式(4-82)右边第一项，其右边第二项也相互对应，可得

$$\dot{\delta} = \left(\frac{2\bar{\lambda}}{H}\right)\omega\left[a - \frac{(g_S + g_L)}{2}\right]\delta \tag{4-84}$$

所以

$$\frac{\dot{\delta}}{\delta} = \left(\frac{2\bar{\lambda}}{H}\right)\omega\left[a - \frac{(g_S + g_L)}{2}\right] \tag{4-85}$$

将 a 值代入式(4-84)、式(4-85)，整理后得

$$\frac{\dot{\delta}}{\delta} = \frac{R\omega\left[\omega^* - \left(\dfrac{R}{D_L}\right)(1-k_0)\right]}{(g_S - g_L)\left[\omega^* - \left(\dfrac{R}{D_L}\right)(1-k_0)\right] + 2\omega mG_C}$$

$$\left[-2T_m\Gamma\omega^2 - (g_S + g_L) + 2mG_C\frac{\left(\omega^* - \dfrac{R}{D_L}\right)}{\omega^* - \left(\dfrac{R}{D_L}\right)(1-k_0)}\right] \tag{4-86}$$

由于 M-S 理论中，$\dfrac{\dot{\delta}}{\delta}$ 的正负决定着固液界面的稳定性。对于式(4-86)来说，分母第一项由于 $g_S > g_L$，$\omega^* > \dfrac{R}{D_L}(1-k_0)$（由式(4-80)中 ω^* 的定义式可知，$\omega^* > \dfrac{R}{D_L}$；而 $(1-k_0) < 1$）；第二项浓度梯度 G_C 和液相线斜率 m 的符号总是同号的，因此分母数值恒为正数。由此，$\dfrac{\dot{\delta}}{\delta}$ 的符号即取决于式(4-86)中的分子项，并将 $2\left[\omega^* - \left(\dfrac{R}{D_L}\right)(1-k_0)\right]$ 这一符号始终为正数的公因子去掉，即可可到界面稳定性的判别式(4-87)。

$$S(\omega) = -T_m\Gamma\omega^2 - \frac{(g_S + g_L)}{2} + mG_C\frac{\left(\omega^* - \dfrac{R}{D_L}\right)}{\omega^* - \left(\dfrac{R}{D_L}\right)(1-k_0)} \tag{4-87}$$

因此，函数 $S(\omega)$ 的正负决定着扰动振幅是增长还是衰减，从而决定固液界面的稳定性。$S(\omega)$ 符号为正，界面是失稳的；反之，界面为稳定态。

4.3.3 M-S 理论界面稳定性的分析

为了进一步了解 M-S 理论中，对于界面稳定的判定，下面对判据 $S(\omega)$ 进行定性地分析。由式(4-87)可知，函数 $S(\omega)$ 的构成由等式右边三项组成。第一项 $-T_m\Gamma\omega^2$，由界面能决定，由于界面能 Γ 恒为正值，因此该项始终为负数，即说明界面能的增加有利于固-液界面的稳定。第二项 $-\dfrac{(g_S + g_L)}{2}$，由温度梯度决定，若温度梯度为正，该项数值为负，则有利于界面稳定；反之亦然。此结论与成分过冷理论的判据是一致的。第三项由前述分析，恒为正数，表明该项始终是界面失稳的因素，其中 mG_C 表明固液界面前端由于溶质再分配作用出现的溶质浓度梯度，类似于成分过冷理论所表明的那样，导致界面的不稳

定性。$\dfrac{\left(\omega^*-\dfrac{R}{D_\mathrm{L}}\right)}{\omega^*-\left(\dfrac{R}{D_\mathrm{L}}\right)(1-k_0)}$项表明溶质沿界面扩散对界面稳定性的影响。

可以设想，界面上由于一个小的扰动产生了一个小凸缘，如果扩散能使凸缘前端多余的溶质和释放的潜热及时传递出去，分散于整个界面，则凸缘会继续向前生长，造成界面的失稳。反之，沿界面扩散不足，则使界面稳定。要使凸缘前端多余的溶质元素能沿整个界面分布均匀，要求溶质的扩散距离大体上等于扰动的波长 λ。

在不考虑溶质沿固液界面扩散及界面能的影响时，即 $D_\mathrm{L}\to\infty$，$\dfrac{R}{D_\mathrm{L}}\ll1$，

$\dfrac{\left(\omega^*-\dfrac{R}{D_\mathrm{L}}\right)}{\omega^*-\left(\dfrac{R}{D_\mathrm{L}}\right)(1-k_0)}\approx1$；$\Gamma\to0$。则由产生界面稳定性的条件 $S(\omega)<0$，得

$$\frac{(g_\mathrm{S}+g_\mathrm{L})}{2}>mG_\mathrm{C} \tag{4-88}$$

由定义

$$\frac{(g_\mathrm{S}+g_\mathrm{L})}{2}=\frac{\lambda_\mathrm{L}G_\mathrm{L}+\lambda_\mathrm{S}G_\mathrm{S}}{\lambda_\mathrm{L}+\lambda_\mathrm{S}} \tag{4-89}$$

mG_C 在稳定态时，有

$$mG_\mathrm{C}=m\frac{\mathrm{d}C}{\mathrm{d}x}=m\left[\frac{R}{D_\mathrm{L}}C_\mathrm{L}^*(1-k_0)\right]=\frac{mRC_0(1-k_0)}{D_\mathrm{L}\,k_0} \tag{4-90}$$

所以，式(4-88)可改写为

$$\frac{\lambda_\mathrm{L}G_\mathrm{L}+\lambda_\mathrm{S}G_\mathrm{S}}{\lambda_\mathrm{L}+\lambda_\mathrm{S}}>\frac{mRC_0(1-k_0)}{D_\mathrm{L}\,k_0} \tag{4-91}$$

若将式(4-91)中，假设固相和液相中的温度梯度相等($G_\mathrm{L}\equiv G_\mathrm{S}$)、导热系数相等($\lambda_\mathrm{L}\equiv\lambda_\mathrm{S}$)，即得到成分过冷判据，即式(4-42)。由此，也可以认为，成分过冷理论是 M-S 理论在一定简化条件下的特殊形式。
又有

$$\frac{\lambda_\mathrm{L}G_\mathrm{L}+\lambda_\mathrm{S}G_\mathrm{S}}{\lambda_\mathrm{L}+\lambda_\mathrm{S}}=\frac{(\lambda_\mathrm{S}G_\mathrm{S}-\lambda_\mathrm{L}G_\mathrm{L})+2\lambda_\mathrm{L}G_\mathrm{L}}{\lambda_\mathrm{L}+\lambda_\mathrm{S}}=\frac{HR}{\lambda_\mathrm{L}+\lambda_\mathrm{S}}+G_\mathrm{L}\left(1+\frac{\lambda_\mathrm{L}-\lambda_\mathrm{S}}{\lambda_\mathrm{L}+\lambda_\mathrm{S}}\right) \tag{4-92}$$

将式(4-92)代入式(4-91)，得

$$\frac{H}{\lambda_\mathrm{L}+\lambda_\mathrm{S}}+\frac{G_\mathrm{L}}{R}\left(1+\frac{\lambda_\mathrm{L}-\lambda_\mathrm{S}}{\lambda_\mathrm{L}+\lambda_\mathrm{S}}\right)>\frac{mC_0(1-k_0)}{D_\mathrm{L}k_0} \tag{4-93}$$

Davis 和 Fryzk 利用上述式(4-42)、式(4-87)、式(4-93)，在 Sn-In 合金(In 含量在 0.00025%~0.04%范围内)中进行了计算，其结果如图 4.26 所示。表明，M-S 理论由于考虑到了界面能、结晶潜热及溶质沿固液界面扩散的影响，其平面生长的稳定区相对于成份过冷理论是扩大了(图 4.26 中粗实线下方范围)。但在 $\dfrac{G_\mathrm{L}}{R}$ 较大时，却使稳定区有所

缩小。这是由于固、液相导热系数差减小及结晶潜热释放速度减小所造成的。

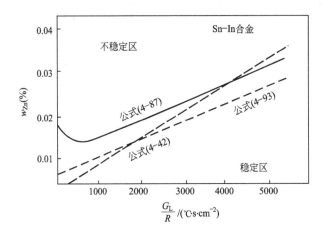

图 4.26　Sn－In 合金凝固组织与计算出的界面稳定性判据的关系

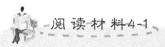

重力对流对凝固界面形态的影响

段萌萌　陈长乐　李展耀　靳全伟

在凝固和晶体生长实验过程中，液相流动总是存在的，如因固相收缩产生的液相流动、结晶过程引起的界面流、温度和浓度不均匀分布的热对流或溶质流等等，还有在某些情况下人为的强迫液体流动。因此，对凝固过程中流动的作用加以研究具有重大意义，国际凝固界公认凝固过程中的流体流动效应是现代凝固科学的前沿领域。

1. 实验方法

选用丁二腈-5%乙醇(Succinonitrile-5%ethanol，5%为质量分数，以下同)模型合金作为实验对象。丁二腈熔点低(58.1℃)，光学透明，具有较低的熔化熵，Jackson 因子为 0.97，体心立方结构，是非小平面生长类型晶体，可以用丁二腈及其合金模拟研究金属。

图 4.27 和图 4.28 分别为本文所用的模型合金生长室和晶体生长系统的示意图。晶体生长室冷端保持恒温，热端利用加热电路进行加热，并设精密控温和温度记录系统。温度控制范围为 10～200℃，温度波动范围为 ±0.1℃。生长室内壁空腔厚 500μm。

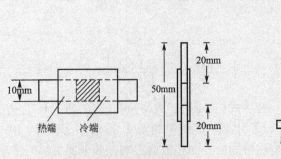

图 4.27　晶体生长室示意图

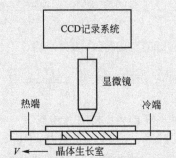

图 4.28　晶体生长系统示意图

装有模型合金的生长室位于温度梯度平台上，由机械装置牵引生长室沿温度梯度方向作匀速运动，牵引速度为$50\sim100\mu m/s$。采用CKX41型透射式浮雕相衬显微镜直接实时观测晶体生长的动态过程和界面前沿流场形态并用CCD相机跟踪拍摄记录。

将晶体生长室固定在显微镜观测台上，整体竖直放置(与水平面成$90°$)，从而产生垂直于生长方向的重力对流，实验中的无对流和有对流情况下生长室的方位示意图如图4.29和图4.30。

在生长室中放置一定数量的密度与模型合金接近的示踪离子($\Phi=2\sim5\mu m$)，液相流动的速度由示踪离子来标定。

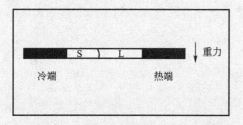

图4.29　无对流情况下装置方位示意图
水平放置；显微镜从上向下方向观察竖直放置

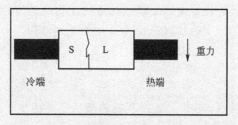

图4.30　有对流情况下装置方位示意图
竖直放置；显微镜从纸面外向纸面里方向观察

2. 实验结果与分析

1) 重力对流对平界面的影响

图4.31是平界面在垂直于生长方向的重力对流作用下的形态，液相流动速度为$V=75\mu m/s$，t为记录时间。在重力对流的作用下，平界面上因扰动产生的凸缘相对于无流动情况时发展缓慢，平-胞转变时间变长。

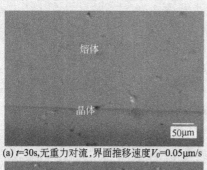

(a) $t=30s$,无重力对流,界面推移速度$V_0=0.05\mu m/s$

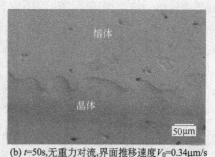

(b) $t=50s$,无重力对流,界面推移速度$V_0=0.34\mu m/s$

(c) $t=30s$,有重力对流,界面推移速度$V_0=0.05\mu m/s$

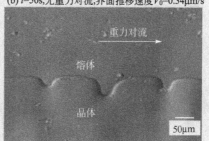

(d) $t=66s$,有重力对流,界面推移速度
$V_0=1.26\mu m/s$;温度梯度$G=3.72K/mm$

图4.31　重力对流对丁二腈-5%乙醇合金平界面的影响

丁二腈—5％乙醇合金平衡分凝系数 $k_0<1$。在晶体生长的同时，界面上不断析出溶质，形成溶质边界层。边界层内溶质浓度分布不均匀，因此在界面上形成由溶质浓度差引起的溶质对流。但是，在我们的实验中，当界面处于光滑平界面时，由界面上溶质浓度差引起的溶质对流的影响远远小于重力引起的对流。也就是说，在平界面上强烈的重力对流下，溶质对流的影响可以忽略。

晶体生长过程中，溶质边界层内溶质浓度较高的区域，凝固点较低，处于组分过冷状态，从而促使平界面上由扰动引起的凸缘长大，不利于生长界面的稳定。在垂直于生长方向的重力对流的作用下，对流冲刷界面，在不断冲刷下，凝固过程中析出的溶质及时地被带走，缓解了组分过冷出现的可能，从而对平界面的稳定起到了保护作用。

下面从理论计算上分析上述结论。

无流动条件下的平-胞转变最大生长速度为

$$V_{0(\max)}=-\frac{Gk_0D}{mC_0(1-k_0)} \tag{4-94}$$

式中：G——凝固界面前沿的温度梯度；

$\quad\quad k_0$——溶质分配系数；

$\quad\quad m$——液相线斜率；

$\quad\quad C_0$——合金成分；

$\quad\quad D$——溶质在液相中的扩散系数。

在本实验条件中，对于丁二腈—5wt％乙醇合金，$G=3.72\text{K/mm}$，$k_0=0.2$，$D=1.89\times10^{-9}\,\text{m}^2/\text{s}$，$C_0=5$，$m=-3.6\text{K/wt}\%$。所以，$V_{0(\max)}=0.098\mu\text{m/s}$。

实验中，在垂直于生长方向的重力对流作用下，界面推移速度为 $0.85\mu\text{m/s}$ 时，固-液界面仍是平界面生长。由此可见，垂直于生长方向的重力对流提高了平界面的稳定性，这与 Mcfadden 等人和 Delves 从理论上计算出的垂直于生长方向的液相流动对界面形态稳定性有极大提高的结论一致。

2）重力对流对胞状界面的影响

由于重力对流的存在，胞晶的形态也有一定不同。图 4.32 为拍摄到的胞状界面在重力对流影响下出现顺流偏转的状态，液相流动速度为 $V=75\mu\text{m/s}$。

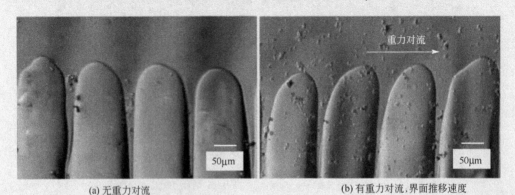

(a) 无重力对流　　　　　　　　　　(b) 有重力对流，界面推移速度
　　　　　　　　　　　　　　　　　　$V_0=14.47\mu\text{m/s}$，$G=3.72\text{K/mm}$

图 4.32　重力对流对丁二腈—5wt％乙醇合金胞晶界面的影响

定向凝固中的胞晶，是以胞晶阵列的形式生长。因此考察胞晶在流场里生长形态的变化，不能孤立地研究单个胞晶的行为，还应考虑单个胞晶与周围胞晶列在时间和空间条件上产生的相互作用。只有在研究胞晶阵列整体行为的基础上，具体分析单个胞晶生长端前沿浓度场在流场作用下的变化情况，才能找出胞晶生长顺流偏转的机理。

为了说明胞晶生长顺流偏转的机理，我们对胞晶端部在流场中的受力情况进行如下分析。将胞晶端形状近似为半球模型，如图4.33所示。

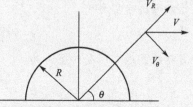

流动的 Reynolds 数为

$$Re=\frac{Vx}{\nu}=8.347\times10^{-4}\ll1$$

图4.33 小 Re 数圆球绕流

其中 x 为胞端半球直径，V 为液相流动速度，ν 为运动黏度。实验中测得 $x=28.94\mu m$，$V=75\mu m/s$，$\nu=2.6\times10^{-6} m^2/s$。可见，实验中的胞晶端部的流动为小 Reynolds 数流动。熔体黏度 $\mu=\nu\rho$，其中熔体密度 $\rho=1.02g/cm^3$，于是 $\mu=2.652\times10^{-3}$ kg/(m·s)。

胞晶端部的定常小 Reynolds 数流动可忽略迁移惯性项，于是得到其流动的 Stokes 运动方程：

$$\begin{cases}\nabla V=0\\\nabla P=\mu\nabla^2 V+\rho g\end{cases}\tag{4-95}$$

式中：P——胞晶尖端压力；
$\quad\quad g$——重力加速度。

边界条件为：
$r=R$ 时，$V_r=V_\theta=0$；
$r=\infty$ 时，$V_r=V\cos\theta$；$V_\theta=-V\sin\theta$。

相应的边界条件下，方程的解如下：

$$\begin{cases}V_R=V\cos\theta\left(1-\frac{3R}{2r}+\frac{R^3}{2r^3}\right)\\V_\theta=-V\sin\theta\left(1-\frac{3R}{4r}-\frac{R^3}{4r^3}\right)\\P=P_\infty-\mu\frac{3VR}{2r^2}\cos\theta\end{cases}\tag{4-96}$$

根据应力关系式，球面上的法向应力和切向应力分别为

$$\begin{cases}f_R=\frac{3}{2}\mu V\frac{1}{R}\cos\theta-P_\infty\\f_\theta=-\frac{3}{2}\mu V\frac{1}{R}\sin\theta\end{cases}\tag{4-97}$$

在重力对流下生长的胞晶端部受力如图4.34所示。

胞晶端部在黏性流体里受到由法向应力和切向应力产生的 Stokes 力为

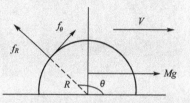

图4.34 重力对流下的胞晶端部受力分析图

$$F = \int_0^{\pi} (f_\theta \sin\theta - f_R \cos\theta) 2\pi R^2 \sin\theta d\theta \qquad (4-98)$$

将式(4-97)代入式(4-98)，得

$$F = 6\pi\nu RV = 0.5425 \times 10^{-10} N$$

胞晶端部所受重力为

$$G = Mg = \rho\Omega g = 0.6345 \times 10^{-10} N$$

于是得胞晶端部所受的合力为

$$F + G = 1.18 \times 10^{-10} N$$

具体分析每个胞晶端部所受重力，其受力方向与 Stokes 力的方向相同。由此可见，本实验中，胞晶端部在重力对流的作用下，受到热力学因素，Stokes 力和胞晶端部重力的综合作用，从而造成了胞晶界面的顺流偏转。

3）重力对流对胞-枝转化临界过程的影响

图 4.35 中显示了实验过程中观察到的现象，液相流动速度为 $V = 75\mu m/s$。从图 4.35 中可以清楚地看出，对于枝晶 W 来说，迎着重力对流的一侧（B 侧），扰动较另外一侧（A 侧）先显现出来，二次臂的形成也比 A 侧早。

对于枝晶 W，由于重力对流的冲刷作用，B 侧界面附近的溶质浓度低于 A 侧界面处的溶质。在这种情况下，当界面上开始发生胞-枝转变时，B 侧由于过冷度较 A 侧大，该侧界面上的扰动更容易扩大而形成枝晶状界面。于是在胞-枝转化的临界状态下会观察到胞晶迎着对流方向一侧上二次臂开始出现，而背着重力对流方向一侧的界面仍然是稳定界面状态。

4）重力对流对枝晶界面的影响

在图 4.36 中，液相流动速度为 $V = 75\mu m/s$。从图 4.36 中可以看到，由于一侧的二次枝晶臂已经长出，长出的二次枝晶臂伸入到原来的胞晶之间的狭缝内，二次枝晶臂界面附近析出溶质，使狭缝内溶质富集更加严重，从而抑制了其相邻胞晶在该侧的二次臂的生长，于是形成了多个只有单侧臂的枝晶形态。

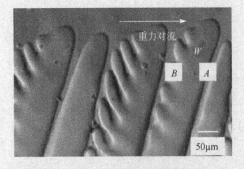

图 4.35 丁二腈-5%乙醇合金发生胞-枝转变时受重力对流的影响界面推移速度 $V_0 = 21.32\mu m/s$, $G = 3.72K/mm$

图 4.36 丁二腈-5%乙醇合金枝晶生长受重力对流的影响界面推移速度 $V_0 = 48.88\mu m/s$, $G = 3.72K/mm$

当枝晶在静态熔体中生长时，二次枝晶臂一般是以一次枝晶晶轴为对称轴进行对称生长的。但当液相的流动方向垂直于一次枝晶臂的生长方向时，迎流一侧的二次枝晶臂生长较快而变得较为发达，而背流一侧的二次枝晶臂的生长却受到了抑制。

流动造成固-液界面温度的扰动，使得枝晶尖端参差不齐。那些深入到液体深处的枝晶，其周围液体中富集的溶质被流动的液体及时带走，这里热量的传输也较为强烈，所以其生长速度更快。而那些落后的枝晶生长速度却缓慢下来，直到停止生长。

研究得到枝晶端部界面的受力情况与胞晶端部界面相似，于是导致了枝晶端部的偏转方向与胞晶相同。

对无重力对流和有重力对流两种情况下枝晶的形貌参数（枝晶一次间距 λ 和顶端半径 R）进行计算和测量，其与界推移速度 V 的关系曲线如图 4.37。

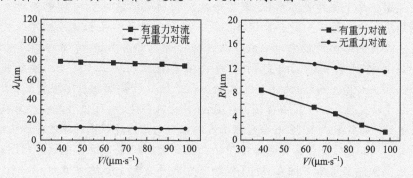

图 4.37 丁二腈－5%乙醇合金枝晶一次间距和顶端半径与生长速度的关系
$G=3.72K/mm$

从图 4.37 中可以看出，相对于无对流情况，重力对流作用下的枝晶一次间距增大，顶端半径减小。因为重力对流提供了一定的能量，加快了长势较强的枝晶的间距调整，抑制了弱势枝晶的生长。迎流侧二次臂逐渐发达起来之后，界面推移速度不断加快，将其旁边的弱势枝晶淹没，使得枝晶间距增大。对于顶端半径来说，一方面，重力对流下的枝晶界面推移速度加快、考虑到界面稳定性，顶端半径减小；另一方面，重力对流使界面上的热量分布更加均匀，顶端半径变大。但是，由于重力对流速度较小，热量分布的均匀化对顶端半径的影响较界面推移速度变化引起的顶端半径变化小一些，在重力对流影响下的顶端半径都减小。

3. 结论

垂直于生长方向的重力对流对凝固过程的影响总结如下。

(1) 流动提高了平界面的稳定性。

(2) Stokes 力和重力的作用，使得胞晶生长顺流偏转。

(3) 胞-枝转变过程中，迎流侧二次臂形成较早，先形成枝晶。

(4) 枝晶迎流侧二次臂生长较快，较为发达。

(5) 枝晶的偏转方向与胞晶相同，顺流偏转。

(6) 枝晶一次间距增大，顶端半径减小。

➡ 摘自《中国科学 G 辑：物理学 力学 天文学》第 37 卷，第 3 期，2007 年：396～402。

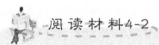

阅读材料 4-2

液态 Fe-Sb 合金中枝晶生长规律研究

王伟丽 吕勇军 秦海燕 魏炳波

1. 实验方法

采用熔融玻璃净化方法研究大体积液态 Fe-10%Sb 合金的深过冷与快速凝固。合金试样用纯度为 99.9%Fe 和 99.95%Sb 制备，质量约为 1g。在坩埚的底部和试样的上部放入适量成分为 70%B_2O_3+20%$Na_2B_4O_7$+10%CaF_2 的净化剂。首先抽真空至 2×10^{-4}Pa 左右，然后反充 99.999%Ar 气至 1×10^5Pa。在高纯 Ar 气保护下，用高频电磁感应装置加热熔化试样待过热至液相线以上 100~300K 时保温 3~5min，随后切断电源使其冷却凝固。每个试样循环熔化-凝固 3 次。利用经标准双铂铑热电偶标定的红外测温仪测定加热和冷却过程中的合金熔体温度，并用红外晶体生长速度测定仪检测枝体晶生长速度。在自由落体实验中，把试样放入底部开有 Φ0.3mm 喷嘴的 Φ16×150mm 石英试管中，再将试管置入 3m 落管顶部，抽真空至 2.0×10^{-4}Pa 后反充高纯 He(99.995%)和 Ar(99.999%)的混合气体至 1×10^5Pa。用高频感应熔炼装置加热试样至合金液相线温度以上 200~300K 并保温 5~10min，吹入高纯 Ar 气使液态合金雾化成为大量微小液滴下落，研究 Fe-10%Sb 合金微小液滴在自由落体过程中的深过冷和快速凝固。

由于 Fe-Sb 二元合金具有两种不同的相图，实验研究必须首先确定相图的合理性。为此，采用高频感应熔炼方法在 Ar 气保护下制备质量为 15g 的大体积 Fe-10%Sb 合金试样，并在慢速加热和冷却过程中对其进行热分析。将直径为 φ0.3mm 双铂铑热电偶置入 Φ0.5×150mm 石英试管中，然后直接插入合金熔体中进行测温，试样循环加热-冷却 3 次。实验测得液相线温度 1717K，固相线温度 1293K，结晶温度间隔为 424K。Massalski 发表的 Fe-Sb 合金相图中 T_L=1753K，T_S=1269K，结晶温度间隔 ΔT_{LS}=484K。Durand 及合作者的 Fe-Sb 合金相图中 T_L=1743K，T_S=1586K，ΔT_{LS}=157K。由此可知，实验结果与 Massalski 的相图符合得较好，故以此作为研究 Fe-10%Sb 合金的基础。

因为 Sb 的饱和蒸气压较高，加热熔炼过程中容易挥发，实验过程中严格控制其在 Fe-Sb 合金中的实际成分。实验结束后，将试样切割、镶嵌并抛光，用 100mL CH_3CH_2OH+20mLHCl 溶液腐蚀 10min。用 FEI Sirion 型扫描电子显微镜和 Zeiss Axiovert 200MAT 光学显微镜分析合金微观组织形貌特征，再用 Rigaku D/max 2500 X 射线衍射仪对相组成进行测定，并用 INCA Energy 300 型电子能谱仪对合金的微区溶质分布进行研究。

2. 实验结果与分析讨论

图 4.38(a)是 Fe-10%Sb 合金在平衡相图中的位置。该合金成分位于共晶线的最左端，液相线温度 T_L=1753K，固相线温度 T_S=1269K，结晶温度间隔为 ΔT_{LS}484K($0.28T_L$)。从平衡相图中得知，在 1753~1269K 温度范围形成 α-Fe 单相固溶体。不同实验条件下的相组成分析结果如图 4.38(b)所示，最上面的一条曲线为自由落体条件下 X 射线衍射(XRD)分析谱线，其余 3 条曲线均为熔融玻璃净化实验中不同过冷度合金 XRD 衍射分析曲线。可以看出，Fe-10%Sb 合金均由 α-Fe 单相组成，与平衡相图一致。但是，与纯 α-Fe 相的 X 射线衍射图谱相比，图 4.38(b)的 X 射线衍射谱线整体向右偏

移，并且衍射峰的宽度有所拓展。自由落体条件下合金液滴获得的最大过冷度 $\Delta T=$ 568K($0.32T_L$)，熔融玻璃净化实验获得的大体积合金熔体最大过冷度 $\Delta T=429K$ ($0.24T_L$)，均超过了经典形核理论预期的均质形核临界过冷度 $0.2T_L$。

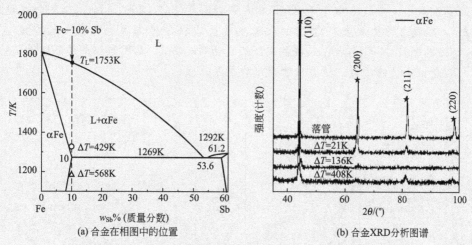

(a) 合金在相图中的位置　　　　　(b) 合金XRD分析图谱

图4.38　Fe-10%Sb 合金在平衡相图中的位置及其 XRD 分析图谱

1) 大体积深过冷 Fe-10%Sb 合金中枝晶枝晶组织形态

图 4.39 是熔融玻璃净化实验得到的大体积 Fe-10%Sb 合金枝晶组织形貌。在过冷度 ΔT 小于 77K 的小过冷条件下(图 4.39(a))，凝固组织主要是粗大枝晶，一次枝晶主干和二次分枝十分发达，具有明显的方向性，枝晶间存在碎断晶粒。当过冷度 $\Delta T>$ 77K 时，枝晶主干细化，碎断枝晶向等轴晶转变，出现枝晶、碎断枝晶和等轴晶共存的组织形态。当过冷度达到 196 K 时(图 4.39(b))，强烈的再辉使枝晶组织完全熔断，呈现等轴晶和无主干枝晶共存的凝固组织形貌。随着过冷度增大，等轴晶组织逐渐细化。如果过冷度 $\Delta T=296K$(图 4.39(c))，凝固组织表现为蠕虫状无主干枝晶和少量的等轴晶组织，其生长没有方向性。当过冷度进一步增大到 $\Delta T=408K$ 时(图 4.39(d))，凝固组织全部由精细的蠕虫状无主干枝晶组成。

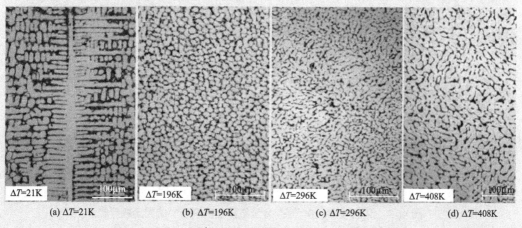

(a) ΔT=21K　　(b) ΔT=196K　　(c) ΔT=296K　　(d) ΔT=408K

图4.39　Fe-10%Sb 合金在不同过冷度下的凝固组织特征

图 4.40 为 Fe - 10%Sb 合金凝固组织中一次枝晶长度和二次分枝间距随过冷度的变化关系。在过冷度 $\Delta T = 21$K 条件下，一次枝晶非常发达，主干长度达到 1.6mm。二次分枝也很粗大，其间距为 13.79μm。随着过冷度逐渐增大，一次枝晶主干长度和二次分枝间距急剧减小。当过冷度大于 296K 时，一次枝晶长度仅为 50μm，二次分枝间距为 5.41μm，微观形态主要表现为蠕虫状无主干枝晶和等轴晶共存组织。过冷度 $\Delta T = $ 408K 时，晶粒尺寸为 44μm，而枝晶间距又变为 8.33μm，凝固组织全部是蠕虫状枝晶。可见，随着过冷度的增大，枝晶尺寸变化非常显著。

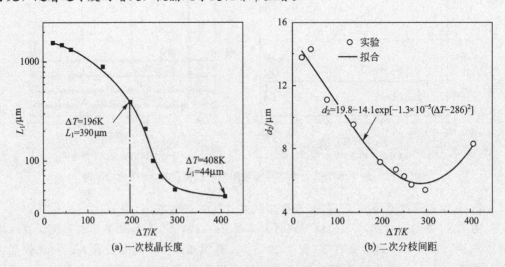

(a) 一次枝晶长度　　　　　　　　　　(b) 二次分枝间距

图 4.40　Fe - 10%Sb 合金枝晶尺寸随过冷度的变化关系

2) 自由落体条件下 Fe - 10%Sb 合金液滴中枝晶凝固组织形态

实验过程中所得到的液滴最大直径为 2500μm，最小直径为 63μm，对应的过冷度分别是 27K 和 568K。图 4.41 是 $D > 400\mu$m 的较大液滴凝固组织形态随合金液滴直径的变化关系。可以清楚地看出，当液滴直径 $D = 2500\mu$m，过冷度 $\Delta T = 27$K，液滴冷却速率 $V_c = 4.5$K/s 时，αFe 枝晶全部是粗大的分枝组织形态。随着液滴直径的减小，过冷度和

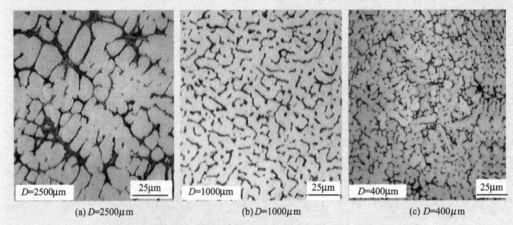

(a) $D = 2500\mu$m　　　　　(b) $D = 1000\mu$m　　　　　(c) $D = 400\mu$m

图 4.41　落管中 Fe - 10%Sb 合金不同直径液滴的凝固组织形态

冷却速率增大，组织结构发生了明显的变化。当 $D=1000\mu m$，$\Delta T=87K$，$V_c=42.7K/s$ 时，微观形态呈现出随机分布的蠕虫状组织。随着液滴直径继续减小，凝固组织进一步演化。当 $D=400\mu m$，$\Delta T=165K$，$V_c=4.9\times10^2K/s$ 时，凝固组织表现为均匀的等轴枝晶组织。显然，随着液滴直径的减小，枝晶组织发生"粗大枝晶→蠕虫状枝晶→等轴枝晶"组织形态转变。

自由落体条件下更小液滴的快速凝固组织形态如图 4.42 所示。当 $D=135\mu m$，$\Delta T=358K$，$V_c=8.9\times10^4K/s$ 时，合金液滴的快速凝固组织以等轴枝晶为特征，并且边缘晶粒比中心部位更加细小，内部晶粒的枝晶分枝生长清晰可辨。当 $D=63\mu m$，$\Delta T=568K$，$V_c=6.9\times10^5K/s$ 时，晶粒组织的分枝生长特征消失，整个液滴的凝固组织呈现出不规则的等轴晶组织，而且组织分布更加均匀。

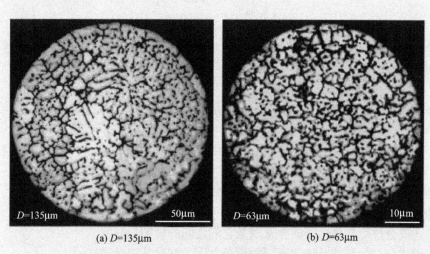

(a) $D=135\mu m$ (b) $D=63\mu m$

图 4.42　落管中 Fe-10%Sb 合金微小液滴的凝固组织

📷 摘自《中国科学 G 辑：物理学 力学 天文学》第 39 卷，第 3 期，2009 年：357～366。

思 考 题

1. 基本概念

一次结晶	成分过冷	内生生长
单相合金	平面生长	柱状晶
溶质再分配	胞状生长	等轴晶
平衡分配系数	胞状界面	枝晶间距
特征距离	胞状晶	一次枝晶间距
有效分配系数	外生生长	二次枝晶间距
热过冷		

2. 何谓结晶过程中的溶质再分配现象？它是否仅由平衡分配系数 k_0 所决定？当相图中的液相线和固相线皆为直线时，试证明 k_0 为一常数。

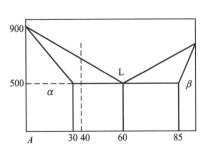

图 4.43

3. 简述界面平衡假设及其意义。

4. 某二元合金相图如图 4.43 所示。合金液成分为 $w_B = 40\%$，放置于长瓷舟中并从左端开始凝固。温度梯度大到足以使固-液界面保持平面生长。假设固相无扩散，液相均匀混合。试求：①α 相与液相之间的平衡分配系数 k_0；②凝固后共晶体的数量占试棒长度的百分之几？③画出凝固后试棒中溶质 B 的浓度沿试棒长度的分布曲线，并注明各特征成分及其位置。

5. 假设上题合金成分为 $w_B = 10\%$。

(1) 证明已经凝固部分 (f_s) 的平均成分 $\bar{c}_s$ 为

$$\bar{c}_s = \frac{c_0}{f_s}\left[1 - (1 - f_s)^{k_0}\right]$$

(2) 当试棒凝固时，液体成分增高，而这又会降低液相线温度。证明液相线温度 T_L 与 f_s 之间关系为

$$T_L = T_0 + mC_0(1 - f_s)^{k_0 - 1}$$

式中：T_0——A 的熔点；

$\quad\quad m$——液相斜率。

6. A-B 二元合金原始成分为 $C_0 = C_B = 2.5\%$，$K_0 = 0.2$，$m_L = 5$，自左向右单向凝固，固相无扩散而液相仅有扩散$(D_L = 3 \times 10^{-5}\,\text{cm}^2/\text{s})$，达到稳定凝固时，求

(1) 固-液界面处的固相浓度 C_s^* 和液相浓度 C_L^*。

(2) 固-液界面保持平整界面的条件。

7. 试述成分过冷与热过冷的含义以及它们之间的区别与联系。

8. 何谓成分过冷判据？试在不同假设条件下，推导其表达式。

9. 成分过冷大小受哪些因素影响？

10. 论述成分过冷对单相合金结晶的影响。

11. 阐述内生生长与外生生长的概念以及它们之间的联系。

12. 细化枝晶间距与提高铸件质量之间有何联系？

13. 简述二次枝晶臂的粗化机制。

第5章
多相合金的结晶

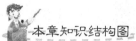 本章知识结构图

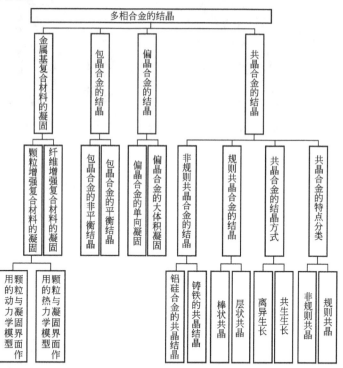

本章学习提示
(1) 了解多相合金的概念及多相合金的基本类型。
(2) 掌握共晶合金结晶的特点及分类，理解领先相的基本概念。
(3) 理解共生生长的特点及共生区的概念，理解离异生长的特点。
(4) 掌握规则共晶生长的种类及其各自特点。
(5) 了解非规则共晶的特点，掌握铸铁、铝硅合金共晶结晶的特点。
(6) 了解包晶合金结晶的特点及其应用。
(7) 了解偏晶合金的结晶特点。
(8) 了解金属基复合材料的基本含义、制备工艺；理解增强体与熔体润湿性的作用；理解增强颗粒与凝固界面作用的理论模型。

人们生活、生产中常见的铸造合金，如铸铁、铸钢、铝合金等，都属于多相合金，即在其凝固结晶过程中，析出相不止一个。图5.1所示的汽车发动机的示意图中，曲轴、连杆件多用球墨铸铁材质(如QT600-3)，活塞多采用过共晶铝硅合金(如ZL117)，排气/进气歧管则可采用亚共晶铝硅合金(如ZL101)。图5.2所示为其典型的微观组织。

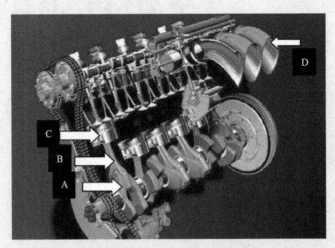

图5.1　汽车发动机局部示意图
A—曲轴　B—连杆　C—活塞　D—排气/进气歧管

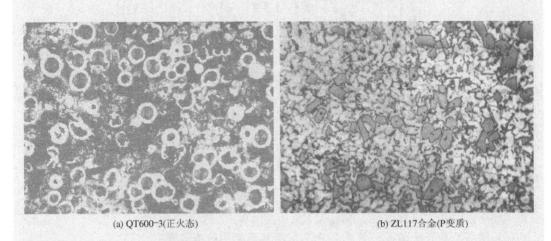

(a) QT600-3(正火态)　　　　　　　　　(b) ZL117合金(P变质)

图5.2　典型的微观组织(×100)

多相合金是指在结晶过程中析出两个或两个以上相的合金，包括共晶合金、偏晶合金、包晶合金等，在本章的讨论范围内，也包括金属基复合材料。

5.1 共晶合金的结晶

5.1.1 共晶合金结晶的特点及分类

绝大多数共晶组织是由两相组织所构成的混合物，并且共晶组织具有多种多样的组织形态。其宏观形态，由于共晶体的形状与分布的形成原因与单相合金晶体类似，并随着结晶条件的改变，同样也呈现出从平面生长、胞状生长到枝晶生长的转变，从柱状晶（共晶群体，Eutectic Colony）到等轴晶（共晶团，Eutectic Cell）的不同变化。其微观形态（即共晶体内两相析出物的形状与分布），则与组成相的结晶特性、它们在结晶过程中的相互作用以及具体的结晶条件有关。在众多的复杂因素中，共晶两相生长中的固液界面结构在很大程度上决定着共晶组织的微观形态的基本特征。图5.3为部分典型的共晶合金组织形态，可见在不同合金体系中，共晶组织形态存在很大差异。

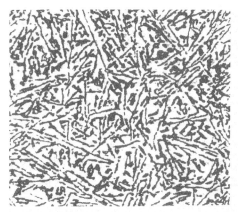

(a) Al–Si共晶合金(针状Si+α–Al)

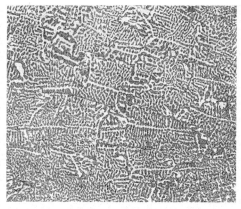

(b) Bi–Sn合金中的汉字状共晶组织

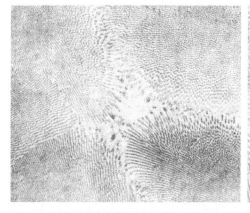

(c) Pb–Cd共晶合金(含0.1%Sn)中的层状和棒状混合组织

(d) Zn–Mg 共晶合金(螺旋状共晶)

图5.3 典型的共晶合金组织

根据其界面结构特征，可将共晶合金分为规则共晶合金和非规则共晶合金两大类。规则共晶，也称非小面-非小面共晶，多由金属-金属相或金属-金属间化合物相组成，如 Sn-Pb、Ag-Cu、Al-Al₃Cu 和 Al-Al₃Ni 等都属于此类。该类合金在结晶过程中，共晶两相均具有非小面生长的粗糙界面。非规则共晶，也称非小面-小面共晶，多由金属-非金属相组成，如 Fe-C、Al-Si、Pb-Sb、Sn-Bi、Al-Ge 等共晶合金。其中 Fe-C、Al-Si 是工业中应用最为广泛的两类铸造合金。此类合金在结晶过程中，一个相的固液界面为非小面界面生长的粗糙界面，另一个相则为小面生长的平整界面。

5.1.2 共晶合金的结晶方式

共晶合金液在平衡结晶温度以下过冷到两相液相线的延长线所包围的阴影线区域时（如图5.4），导致熔体内两相组元的过饱和，从而提供共晶结晶的驱动力，两相倾向于同时析出。但实际上两相的析出总是有先有后，通常是先析出领先相，然后再在其表面上析出另一个相，于是形成两相共同析出的共晶结晶过程。这里，领先相是指在熔体中率先析出、且能为第二相提供有效衬底，使第二相在其表面上析出，从而确保共晶反应得以进行的那个相。需要注意的是，领先相与初生相的区别，它可能是初生相，也可以不是初生相。以图5.4中亚共晶成分合金为例，其共晶反应之前，要先析出 α 相，即初生相为 α 相；而当熔体发生共晶反应时，析出（α+β）相，此时领先相可能为 α 相，也可能为 β 相。根据相关研究结果，表5-1列出了部分共晶合金的领先相。

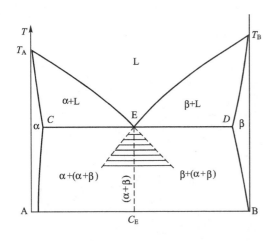

图5.4 合金的共晶结晶

表5-1 部分共晶合金的领先相

合金	领先相	合金	领先相	合金	领先相
Ag-Bi	Ag	Al-Al₉Co₂	Al₉Co₂	Bi-Cd	Bi
Ag-Cu	Cu	Al-CuAl₂	CuAl₂	Bi-Sn	Bi
Ag-Ge	Ge	Al-NiAl₃	NiAl₃	Cd-Pb	Cd
Ag₃Sb-Sb	Sb	Al-Si	Si	Cd-Sn	Cd
Ag₃Sn-Sn	Ag₃Sn	Al-Sn	Al	Cd-Zn	Zn
Al-Ge	Ge	Al-Zn	Al	Fe-C	C
Al-AlSb	AlSb	Bi-BiPb₂	Bi	Fe-Fe₃C	Fe₃C

研究表明，在不同的合金体系和结晶条件下，由于两相在共晶生长过程中的相互关系的差异，共晶合金可以采取共生生长（Coupled Growth）或离异生长（Divorced Growth）这

两种不同的方式结晶。而领先相的结晶特性、第二相在其表面上的生核能力以及两相的生长速度对共晶合金的结晶方式起着决定性的影响。

1. 共晶合金的共生生长

共晶合金的共生生长是指结晶时，后相依附于领先相表面析出，形成具有两相共同生长界面的双相核心，然后依靠溶质原子在界面前沿沿两相间的横向扩散，互相不断地为相邻的另一相提供生长所需的组元而使两相彼此合作地一起向前生长。两相共同生长的固液界面称为共生界面。形成具有共生界面的双相核心的过程是共生共晶的生核过程，两相彼此合作地一起向前生长称为共生生长，是共生共晶的生长过程。共生生长的结果，形成了两相交迭、紧密掺和的共晶体。

领先相独立生核、并在自由生长条件下长大的共晶体具有球团形辐射状结构，称为共晶团(图 5.5)；如果领先相属于初生相的一部分，则共晶团为近似于扇形的半辐射状结构；共晶体也可在约束条件下形成(如共晶合金的单向结晶等)，此时可得到柱状共晶体组织。

总之，对于共生生长也应满足形核、生长这两个结晶过程所需的条件。首先是保证双相核心的形成，即要求共晶两相具有相近的析出能力，并且后析出相应容易在领先相的表面形核，从而便于形成具有共生界面的双相核心。其次是界面前沿溶质原子的横向扩散应能保证共晶两相的生长速度一致，使共生生长得以继续进行。

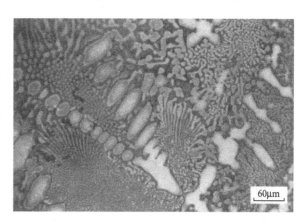

60μm

图 5.5　亚共晶高铬铸铁中的共晶团
(图中组织为初生奥氏体枝晶＋
球团形辐射状共晶(M_7C_3＋奥氏体))

2. 共晶合金的共生区

根据相图平衡条件，只有具有共晶成分的合金才能获得完全的共晶组织。但在实际凝固过程中(即非平衡结晶条件下)，非共晶成分(C_E)合金在一定的温度及冷却速度条件下也能获得完全的共晶组织；或者共晶成分(C_E)合金也不一定能获得完全的共晶组织。也就是说，共生生长只能发生在某一特定的温度和成分范围内，若将此范围标在相应的平衡相图上，即称之为共生区或伪共晶区，如图 5.4、图 5.6 所示的阴影区。

从热力学观点看，具有共晶型的合金，当快速冷却到两条液相线的延长线所包括的范围内(如图 5.4 所示的阴影区)，即使是非共晶成分(C_E)合金，也可以获得完全的共晶组织。但是，共生共晶过程不仅与热力学因素相关，在很大程度上还取决于两相析出过程的动力学条件。因此，实际共晶共生区取决于共晶生长的热力学及动力学两方面的因素，共生区的范围也与图 5.4 所示的有一定偏离。根据其偏离程度，共生区可分为对称型共生区、非对称型共生区两类，如图 5.6 所示。

当组成共晶的两个组元熔点相近、两条液相线形状彼此对称时，共晶两相性质相近，两相在共晶成分附近析出能力相当，因而易于形成彼此依附的双相核心；同时两相在共晶成分附近的扩散能力也接近，因而也易于保持等速的合作生长。由此形成以共晶成分(C_E)

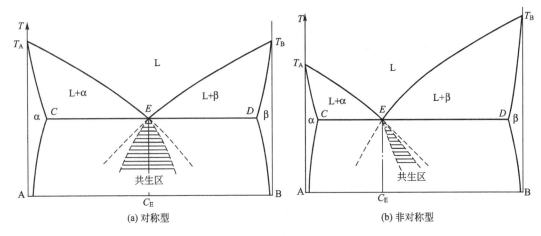

(a) 对称型　　　　　　　　　　　　　(b) 非对称型

图 5.6　共晶相图及共晶共生区示意图

为轴线呈左右对称的对称型共生区。此类共生区中，过冷度越大，则共生区越宽。大部分非小面-非小面(即金属-金属)共晶系合金的共生区都属于此类。

当组成共晶的两个组元熔点相差较大，两条液相线形状不对称，且共晶点往往偏向于低熔点组元一侧时，共晶两相的性质则相差较大。由于浓度起伏和扩散的原因，共晶成分附近的低熔点相在非平衡结晶条件下较高熔点相更易析出，其生长速度也更快。因此，结晶时往往易析出低熔点组元一侧的初生相。为了满足共生生长所需的基本条件，就需要合金熔体在含有更多的高熔点组元的条件下进行共晶转变。因而其共生区便失去对称性而偏向高熔点组元一侧，成为非对称型共生区。两相性质相差越大，则偏离程度越大，非对称性也越明显。大多数的非小面-小面(即金属-非金属)共晶系合金的共生区都属于此类，如Al-Si、Fe-(Fe₃C)系合金等。

共生区概念的提出，使得非平衡条件下的共晶结晶动力学过程与热力学基础上建立的平衡相图很好地联系起来，即可以利用平衡相图来阐述或了解非平衡条件下的共晶结晶。若在无限缓冷的条件下，即共生区退缩到共晶点 E，合金熔体则按平衡相图所示的规律进行结晶。

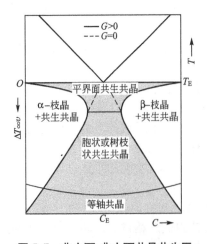

图 5.7　非小面-非小面共晶共生区

但是，实际中共晶共生区的形状也并非图 5.6 所示的对称型或非对称型那样简单，而是随着结晶过程中液相温度梯度、初生相及共晶相的生长速度和温度等因素变化而呈现多样的复杂变化的。如图 5.7 所示，阴影部分为液相温度梯度 $G_L>0$ 呈现的铁砧式对称型共生区。可以看到，当晶体生长速度较小时(阴影区上部)(即单向凝固条件)，可以获得平界面的共晶组织，且获得共晶组织的成分范围很宽，凡处于共晶相图上 $C_{\alpha m}\sim C_{\beta m}$ 之间的成分均获得共晶组织。随着生长速度的增加(即图中阴影区下部)，共晶组织将转变成胞状、树枝状，最后成粒状(等轴共晶)。图中虚线及其延长线所夹的范围为 $G_L=0$ 时的情况，与图 5.4 是一致的。

3. 共晶合金的离异生长

合金熔体可在一定的成分条件下通过直接过冷进入共生区，也可以在一定的过冷条件下通过初生相的生长速度使液相成分发生变化而进入共生区。熔体一旦进入共生区，两相就能借助于共生生长的方式进行共晶结晶，从而形成共生共晶组织。然而研究表明，在共晶转变中也存在着合金熔体不能进入共生区的情形。在此情形下，共晶两相没有共同的生长界面，它们以不同的速度而独立生长。也就是说，两相的析出在空间和时间上都是彼此分离的，因而形成的组织中没有共生共晶的组织特征。这种非共生生长的共晶结晶方式称为离异生长，所获得的组织称为离异共晶。图 5.8 所示为几种典型的离异共晶组织。

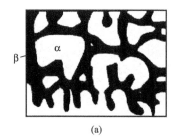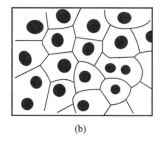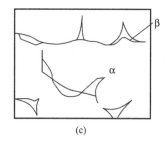

(a)　　　　　　　　　　　(b)　　　　　　　　　　　(c)

图 5.8　几种离异共晶组织

在下述的几种情况下，共晶合金将以离异共生长的方式进行结晶，并形成几种形态不同的离异共晶组织。

① 当一相大量析出，另一相尚未开始结晶时，将形成晶间偏析型离异共晶组织。其产生原因有以下两点：其一是由于合金系性质决定的，当合金成分偏离共晶点很远，初晶相生长充分，共晶成分的残留液体很少，且类似于薄膜状分布于枝晶间 [图 5.8(a)]；其二是由于共晶中的一相形核困难，合金偏离共晶成分，初生相生长得较大，另一相则不能以初生相为衬底进行形核或因液体过冷倾向大而使该相形核受阻时，初生相就继续长大而把另一相留在枝晶间 [图 5.8(c)]。合金成分偏离共晶成分越远，共晶反应所需的过冷度越大，则越容易形成此两类离异共晶。

② 当领先相为另一相的"晕圈"所封闭时，将形成领先相呈球团状结构的离异共晶组织。这里的"晕圈"是指在共晶结晶过程中，第二相环绕领先相生长而形成的外围层。一般认为，"晕圈"的形成是由于两相在形核能力和生长速度上的差异，因此在两相性质相差较大的非小面-小面共晶合金中更容易出现这种组织。此时，领先相往往是高熔点的非金属相，金属相则围绕领先相而形成"晕圈"。

如果领先相的固液界面是各向异性的，第二相只能将其慢生长面包围住，而其快生长面仍能突破"晕圈"包围并与液相接触，则"晕圈"是不完整的。这时两相仍能组成共同的生长界面而以共生生长方式进行结晶 [图 5.9(a)]。灰铸铁中的片状石墨与奥氏体的共生生长则属于此类。如果领先相的固液界面全部是慢生长面，从而能被快速生长的第二相"晕圈"所封闭时，则两相与熔体之间没有共同的生长界面，而只有形成"晕圈"的第二相与熔体相接触 [图 5.9(b)]，因此领先相的生长只能依靠原子通过"晕圈"的扩散进行，最后形成领先相呈球团状结构的离异共晶组织。球墨铸铁中的球状石墨相与奥氏体的共晶析出即属于此种生长方式。

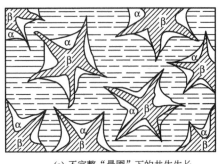 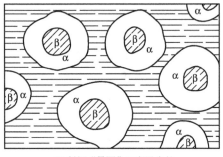

(a) 不完整"晕圈"下的共生生长　　　　　　(b) 封闭"晕圈"下离异生长

图 5.9　共晶结晶时的"晕圈"组织

在晶间偏析型离异共晶组织中，不存在共晶团或共晶群体结构；而在球团状离异共晶组织中，一个领先相的球体连同包围着的第二相"晕圈"可看作一个共晶团。当共晶合金采取离异生长方式进行结晶时，由于两相彼此分离，则很难明确区分共晶形核过程和共晶生长过程，一般分别考察其两相的形核和生长过程进行研究。

5.1.3　规则共晶合金的结晶

规则共晶合金（即非小面-非小面共晶合金）的两相性质相近，其共生区成对称型。两相生长中的固液界面都是各向同性、连续生长的非晶体学界面，因此决定界面生长的因素是传热过程和两组元在液相中的扩散，界面本身仍可认为处于局部平衡状态。所以，这类合金在一般情况下均按典型的共生生长方式进行结晶。生长中由于两相彼此合作的同时，每一相的生长又都受到另一相的制约，两相同时以垂直于固液界面的方向析出，形成了规则排列的层状（即层片状）、棒状（即纤维状）及介于两者之间的条带状（即碎片状）等形态的共晶组织（图 5.10）。

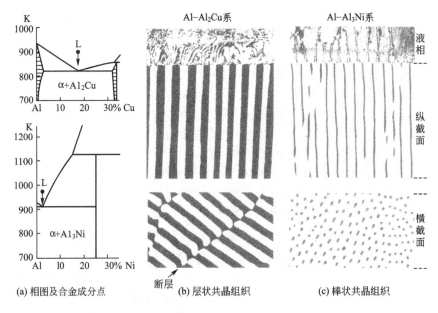

(a) 相图及合金成分点　　　(b) 层状共晶组织　　　(c) 棒状共晶组织

图 5.10　定向凝固共晶组织的纵截面和横截面的微观组织

1. 层状共晶

层状共晶是规则共晶合金中最为常见的一类共生共晶类型。由于是非小面-非小面共晶，其长大速度各向同性，因此具有球形长大的前沿；而在共晶组织内，两相之间呈层片状交迭。也就是说，在非定向凝固的情况下，共晶体以球体形式长大，而球状结构是由两相的层片状所组成，并向外呈散射状 [图 5.12(d)]。如 Al - Al$_2$Cu 共晶中的 Al 相就是它们的核心，而 Al$_2$Cu 相包围在 Al 相四周，形成层状结构(图 5.11)。

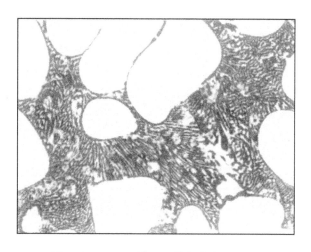

图 5.11　Al - 10%Cu 亚共晶合金(×400)
(白色为 α - Al 枝晶，深色区域为层状(α - Al＋Al$_2$Cu)共晶)

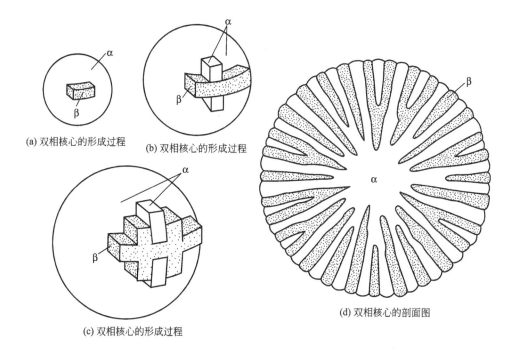

(a) 双相核心的形成过程

(b) 双相核心的形成过程

(c) 双相核心的形成过程

(d) 双相核心的剖面图

图 5.12　层状共晶结晶形核过程示意图

1) 形核

层状共晶的形核过程，首先是双相核心的形成。熔体内先通过独立形核而生成领先相——球状 α 相；随着 α 相的析出，其界面前端 B 组元溶质富集，以及 α 相本身所提供的有效衬底，从而导致 β 相在 α 相球面的析出［图 5.12(a)］。在随着 β 相的析出，不仅要向小球径向前方的熔体排出 A 组元溶质，而且也要向与小球相邻的侧面方向(球面方向)排出 A 组元溶质。由于两相性质相近，从而促使 α 球依附于 β 相的侧面长出分枝(图 5.12(b))。同时 α 相分枝生长又反过来促使 β 相沿 α 相的球面与分枝的侧面迅速铺展并进一步导致 α 相产生更多的分枝［图 5.12(c)］。如此交替进行，即形成了具有两相沿着径向并排生长的球形共生界面双相核心。

显然，领先相表面一旦出现第二相，则可通过这种彼此依附、交替生长的方式产生新的层片来构成所需的共生界面，而不需要每个层片重新形核，这种方式称之为"搭桥"。可见，层状共晶是通过"搭桥"方式完成其形核过程的，研究表明，"搭桥"也是一般非小面-非小面共生共晶所共有的形核和生长方式。

2) 生长

在层状共晶长大过程是双相核心通过"搭桥"方式完成的，这样就可以由一个晶核生长成一个共晶团(也称之为共晶晶粒)，图 5.3(c)、图 5.11 的共晶组织中就可明显看出几个不同的共晶晶粒。

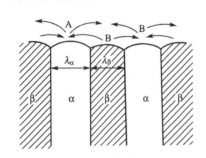

图 5.13　层状共晶长大时的原子扩散
（层状共晶的层片间距 $\lambda = \lambda_\alpha + \lambda_\beta$）

由于非小面-非小面共晶的固液界面为粗糙界面，所以其界面的生长取决于传热和传质作用，即热流的方向及溶质的扩散。Jackson 和 Hunt 提出的 J-H 模型中，认为层状共晶中 α 相和 β 相之间的层片间距 λ 很小，在长大过程中横向扩散是主要的。由图 5.13 可知，α 相前端是富 B 组元，β 相前端是富 A 组元，在长大的过程中，A 原子从 β 相前端沿横向扩散到 α 相前端；B 原子从 α 相前端沿横向扩散到 β 相前端，这就保证了同时结晶出两个不同的相，而液相仍维持原先的成分 C_E，结晶出的固相平均成分也为原来的共晶合金成分 C_E。

进一步讨论，在 J-H 模型中，α 相和 β 相前端 B 组元的元素分布如图 5.14(b)所示，α 相中央前端距 β 相较远，排出的溶质(即 B 组元原子)不能像两相交界处的前端那样迅速地扩散，因此 B 组元原子富集最多，溶度呈极大值；而越靠近 α 相边缘，B 组元原子富集越少，在两相交界处几乎没有富集，为共晶成分 C_E。同样的原理，对于 A 组元原子也有类似的规律，即 A 组元原子在 β 相中央前端的浓度处于极大值，越靠近 β 相边缘，A 组元原子富集越少，在两相交界处几乎没有富集。这样，α 相和 β 相边缘的生长速度大于中央的生长速度，形成如图 5.14(d)所示的界面，边缘的曲率半径小，而中央部位的曲率半径大。

以图 5.14(a)所示的相图为例，由于上述分析的固液界面前端溶质浓度不同，会导致其液相线温度的变化，从而造成过冷度的差异。固液界面前端的过冷度 ΔT_C 可表示为式(5-1)。

$$\Delta T_C = m(C_E - C_L^*) \tag{5-1}$$

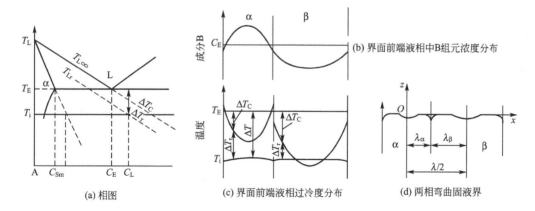

(a) 相图　　(c) 界面前端液相过冷度分布　　(d) 两相弯曲固液界

图 5.14　片状共晶生长的 J－H 模型

式中：　m——液相线 $T_{L\infty}$ 的斜率；

　　　　C_L^*——液相中溶质的浓度；

$(C_E-C_L^*)$——浓度差。

　　ΔT_C 呈抛物线分布，两相中央界面前端的液相过冷度最大，而两相的交界处几乎不产生过冷(如图 5.14(c))。由此，J－H 模型将凝固归结为对固液界面前端液相扩散场的求解和过冷度的分析。共晶结晶过程中固液界面的过冷度 ΔT 包含溶质再分配引起的成分过冷 ΔT_C 和界面曲率半径引起的过冷 ΔT_r，如式(5－2)所示。

$$\Delta T=\Delta T_C+\Delta T_r \tag{5-2}$$

又有，曲率半径所引起的液相过冷度改变量 ΔT_r 可由式(5－3)求得。

$$\Delta T_r=\frac{\sigma_{L-\alpha}T_E}{\Delta H_m r \rho_S} \tag{5-3}$$

式中：$\sigma_{L-\alpha}$——固液界面 α 相与液相间的单位面积的界面能；

　　　　T_E——平衡态共晶温度；

　　　ΔH_m——熔变；

　　　　r——曲率半径。

　　最终经过求解，固液界面前端过冷度如式(5－4)所示。

$$\Delta T=\frac{mR}{\pi^2 D_L}(C_{\alpha m}-C_{\beta m})\lambda+\frac{\sigma_{L-\alpha}}{\Delta S}\frac{1}{\lambda} \tag{5-4}$$

式中：$C_{\alpha m}$、$C_{\beta m}$——分别为共晶时 α 相、β 相平衡溶质成分；

　　　　ΔS——熔化熵；

　　　　λ——共晶相片间距；

　　　　R——固液界面生长速度；

　　　　D_L——溶质在液相中的扩散系数。

　　由(5－4)式可以得到过冷度 ΔT、生长速度 R 和层片间距 λ 三者间的关系。当共晶层片间距很小时，ΔT_r 则很大，因此曲率半径所引起的过冷的影响是主要的；反之，当层片间距较大时，ΔT_C 的影响大于 ΔT_r，即成分过冷是主要的。

另外，式(5-4)给出了共晶生长温度和共晶层片间距的关系，但过冷度是不确定的。为此，引入最小过冷度原理，即当生长速率给定后，共晶相生长的实际间距应使生长过冷度获得最小值。由此，可令 $\dfrac{\partial \Delta T}{\partial \lambda}=0$，即可求得共晶相层片间距为

$$\lambda^2 = \frac{\pi^2 D_{\mathrm{L}}\sigma_{\mathrm{L-\alpha}}}{mR\Delta S(C_{\alpha\mathrm{m}}-C_{\beta\mathrm{m}})} \tag{5-5}$$

若令

$$A = \sqrt{\frac{\pi^2 D_{\mathrm{L}}\sigma_{\mathrm{L-\alpha}}}{m\Delta S(C_{\alpha\mathrm{m}}-C_{\beta\mathrm{m}})}} \tag{5-6}$$

则式(5-5)可改写成

$$\lambda = AR^{-\frac{1}{2}} \tag{5-7}$$

即说明，层片间距与生长速度 $R^{-\frac{1}{2}}$ 成正比（如图 5.15 所示）。另外，过冷度 ΔT 与生长速度的关系可表示为式(5-8)，即表明最小过冷度与生长速度的平方根成正比（如图 5.16）。

$$\Delta T = KR^{\frac{1}{2}} \tag{5-8}$$

式中：K——系数。

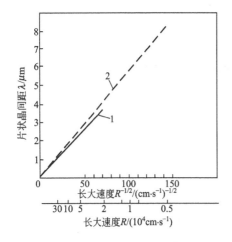

图 5.15　层状共晶长大速度与层片间距的关系
1—Chadwick 的结果　2—Davies 的结果

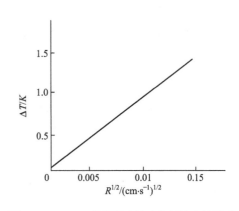

图 5.16　Sn-Pb 共晶长大速度与过冷度的关系

2. 棒状共晶

棒状共晶是规则共晶中的另一类型，其组织特征是一个相组成以棒状或纤维状形态沿着生长方向规则地分布在另一相的连续基体中。假设棒状相为 α 相，则 β 相的晶界为正六边形。棒状共晶与层状共晶的结晶过程相似，但共晶生长过程中究竟是以棒状还是层状形态生长则取决于两相的体积比以及第三组元的存在。

1) 共晶中两相体积分数的影响

共晶中两相体积分数实际上决定了共晶两相的相与相之间的界面能，在相同的条件

下，共晶合金总是倾向于总界面能最低的组织形态。

总界面能 E 应等于两相间各界面的面积 (S_i) 与其相应的单位界面能 $(\sigma_{\alpha-\beta})_i$ 的乘积，即

$$E=\sum S_i (\sigma_{\alpha-\beta})_i \tag{5-9}$$

当界面各向同性时，$\sigma_{\alpha-\beta}$ 为常数，则总界面能取决于两相间的界面总面积，即

$$E=\sigma_{\alpha-\beta}\sum S_i \tag{5-10}$$

而界面总面积的大小则由共晶两相的体积分数所决定，因此两相的体积分数决定了共晶组织的形态。研究指出，当某一相（α 相或 β 相）的体积分数满足式(5-11)所示的关系时，则该相呈棒状结构的界面总面积小于呈层片状结构的界面总面积，即呈棒状结构的相间总界面能小于呈层片状结构的相间总界面能，因此共晶结晶时倾向于形成棒状共晶组织。

$$\frac{f_\alpha}{f_\alpha+f_\beta}<\frac{1}{\pi} \tag{5-11}$$

式中：f_α、f_β——α 相、β 相的体积分数。

反之亦然，当满足式(5-12)时，则倾向于形成层片状共晶组织。但在临界点，即 $\frac{f_\alpha}{f_\alpha+f_\beta}\approx\frac{1}{\pi}$，则可能形成介于层片状和棒状形态之间的条带状组织［图 5.17(c)］或者两者同时存在的混合型组织。

$$\frac{1}{2}>\frac{f_\alpha}{f_\alpha+f_\beta}>\frac{1}{\pi} \tag{5-12}$$

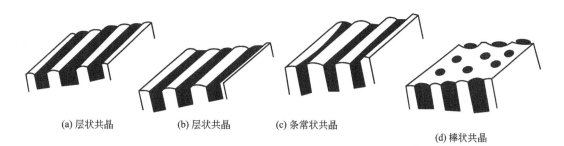

(a) 层状共晶　　(b) 层状共晶　　(c) 条常状共晶　　　　(d) 棒状共晶

图 5.17　层状共晶向棒状共晶转变示意图

需要指出的是，上述仅是简化的分析，实际上不同组织的不同相界面处，其两相间的晶体学位向关系并不完全相同，因而其 $\sigma_{\alpha-\beta}$ 并非完全为一常数。此时，共晶形态的影响则不仅取决于两相的体积分数，还与 $\sigma_{\alpha-\beta}$ 相关。

2) 第三组元对共晶结构的影响

当第三组元在共晶两相中的分配数相差较大时，其在某一相的固液界面前端的富集，将阻碍该相的继续长大。同时，另一相的固液前端由于第三组元的富集较少，其长大速度相对较快。于是，由于"搭桥"作用，落后的一相将被长大的一相分割成筛网状，继续发展则成为棒状共晶组织［图 5.17(d)］。

事实上，由于共晶生长时固液界面前端第三组元产生的溶质富集，如同单相合金结晶类似，在固液界面前端熔体内也会产生成分过冷，随着成分过冷的增加，也会导致共晶形态的变化。即由宏观平坦的共生界面向胞状共生界面，甚至是树枝状共晶组织转变。在胞状共晶生长中，共晶两相仍以垂直于固液界面的方式进行共生生长，因此，两相的层片状或棒状共晶结构（共晶群体，或称共晶集群）会发生弯曲而形成扇形结构（图5.18）。当第三组元浓度较大，或

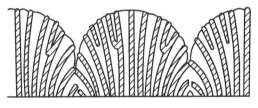

图 5.18　共晶合金的胞状生长

在更大的冷却速度下，成分过冷将进一步扩大，此时胞状生长共晶将发展为树枝状共晶组织（图5.19），甚至还会导致共晶合金由外生生长到内生生长的转变。

类似于层状共晶的特征尺寸——片间距 λ，棒状共晶可用与六边形等面积的半径 r 作为其共晶组织的特征尺寸（图5.20）。

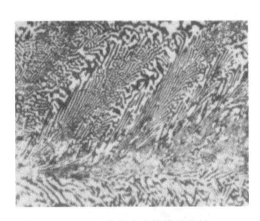

图 5.19　共晶合金的枝晶生长

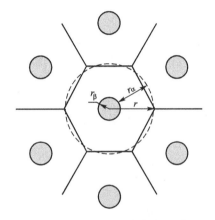

图 5.20　棒状共晶组织特征尺寸示意图

参照层状共晶组织中的 J-H 模型，棒状共晶固液界面的过冷度 ΔT、生长速度 R 和半径 r 三者关系满足式（5-13）~式（5-15）。

$$\Delta T = A_b R r + \frac{B_b}{r} \tag{5-13}$$

$$A_b = \frac{m}{\pi^2 D_L}(C_{\beta m} - C_{\alpha m}) \tag{5-14}$$

$$B_b = \frac{\sigma}{\Delta S} \tag{5-15}$$

对式（5-13）求极值，即 $\frac{\partial \Delta T}{\partial r} = 0$，得

$$r^2 = \frac{k}{R} \tag{5-16}$$

或

$$r=\sqrt{\frac{k}{R}} \tag{5-17}$$

式中：k——常数，$k=\dfrac{B_b}{A_b}$。

由式(5-16)或式(5-17)可知，半径 r 与生长速度的平方根成反比，即生长速度越快，共晶组织越细小，这与层状共晶的规律是一致的。

5.1.4 非规则共晶合金的结晶

非规则共晶(即非小面-小面共晶)中两相性质差异较大，共生区往往偏向于高熔点的非金属组元一侧。小面相在共晶生长中的各向异性的生长行为决定了共晶两相组织的基本特征。由于小面生长本身存在多种生长机制，因此此类共晶合金比非小面-非小面共晶合金具有更加复杂的组织形态变化。

非小面-小面共晶结晶时，其热力学和动力学原理与非小面-非小面共晶结晶一样，其差异在于小面相(即非金属相)的生长机制不同。但由于其复杂性，目前仍有许多问题并没有完全研究清楚。对常见的 Fe-C、Al-Si 合金由于其广泛的应用，其共晶结晶过程研究的相对深入，下面就以此两类合金为例进行阐述。

1. 铸铁的共晶结晶

铸铁(Fe-C-Si 系)在共晶结晶过程中，碳元素可以以碳化物形式共晶析出(即莱氏体组织)，也可以片状石墨共生共晶或球状石墨离异共晶等形式析出。

1) 共晶结晶过程中富碳相

在 Fe-C 合金中，碳可以渗碳体或石墨相的形式析出，其晶体结构有较大差异。

渗碳体相的晶体结构为复杂的正交晶格(图5.21)，三个轴间夹角 $\alpha=\beta=\gamma=90°$；晶格常数 $a\neq b\neq c$，且 $a=45.235$nm，$b=50.888$nm，$c=67.431$nm。各层内原子以共价键结合，层间原子则以金属键结合。在结晶过程中，沿 c 轴方向生长速度较 a、b 轴低，生长的优先方向为 [010]。

石墨相的晶体结构为六方晶格(图5.22)，$a=0.1421$nm，$c=0.3354$nm。其生长方向为 [10$\bar{1}$0] 和 [0001] 晶向。各层内原子以共价键结合，层间原子则以范德华力结合。

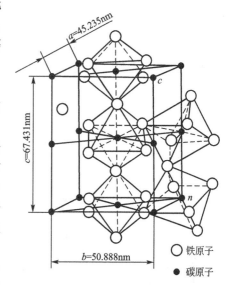

图 5.21 渗碳体(Fe_3C)的晶体结构

2) 渗碳体共晶

渗碳体共晶由共晶渗碳体和共晶奥氏体组成，也称莱氏体。这两个相结晶过程中固液界面都为粗糙界面，其共晶生长类似于 5.1.2 小节介绍的规则共晶。渗碳体作为共晶生长中的领先相，一方面以[010]晶向为择优方向与奥氏体共生生长，使渗碳体形成层片状；

179

另一方面，渗碳体也在横向(沿 c 轴方向)生长，形成包覆型(棒状)共晶(图 5.23)。在该共晶开始阶段，莱氏体中的奥氏体和渗碳体以层片状共生生长方式生长，但在形成渗碳体共晶温度下，渗碳体的生长速度远高于奥氏体，因而在共晶组织中占有较大体积分数，奥氏体在渗碳体基体上逐渐形成棒状共晶。

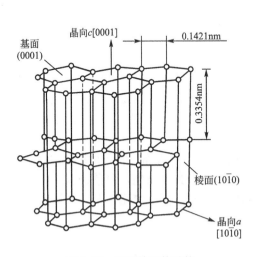

图 5.22　石墨的晶体结构

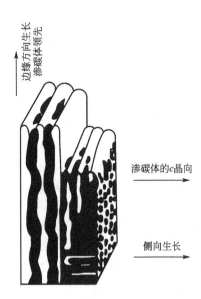

图 5.23　莱氏体组织的生长

但若加快冷却速度，获得更大过冷的条件下，则倾向于形成板条状渗碳体共晶组织(图 5.24)。这种共晶常出现在低碳当量的亚共晶白口铸铁中。共晶转变时，铁液中已存在较多的先析出奥氏体，共晶奥氏体必然优先依附于原有奥氏体枝晶上生长，导致层状共晶的形成。

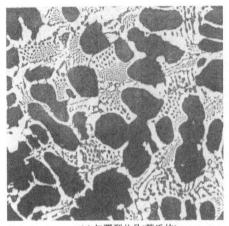

(a) 包覆型共晶(莱氏体)

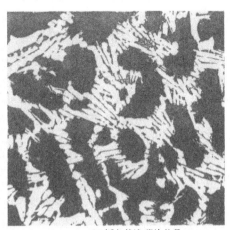

(b) 板条状渗碳体共晶

图 5.24　渗碳体共晶的典型形貌

(图中组织为奥氏体枝晶＋渗碳体共晶)

3）石墨共晶

实验研究证实，在铸铁石墨共晶结晶过程中，领先相为石墨相，奥氏体沿先析出石墨相的界面上形核。

如图 5.25 所示石墨结构中，由于其基面(0001)之间的距离远远大于基面内原子的距离，基面之间原子作用较弱，因此容易产生孪晶旋转台阶［图 5.25(b)］，碳原子源源不断向台阶处堆垛，石墨在[10$\bar{1}$0]方向上即实现以旋转台阶方式快速生长。而石墨(0001)面是密排面，生长过程固液界面为平整界面，碳原子仅能以二维形核［图 5.25(a)］或螺旋位错形式生长［图 5.25(c)］。

(a) 二维形核生长　　　(b) 旋转台阶生长　　　(c) 螺旋位错生长

图 5.25　石墨晶体生长的三种方式

奥氏体的面心立方晶格的密排面(111)上的点阵常数为 0.252nm，石墨基面(0001)上原子间距为0.246nm，两者晶体匹配(图 5.26)。当石墨相析出，固液界面排出富集 Fe 原子，当 Fe 原子浓度一定时，奥氏体则迅速在石墨(0001)面上形核，形成石墨外"晕圈"［图 5.27(a)］。石墨相在生长过程中随着过冷度、石墨晶体缺陷以及奥氏体相的影响，会产生分枝［图 5.27(b)］，最终通过共生生长形成片状石墨与奥氏体的共晶团［图 5.27(c)］。

在铸铁共晶中，第三组元对石墨相的生长机制的影响极大，当 S、O 等活性元素吸附在旋转孪晶台阶处，显著降低了石墨棱面与合金液的界面张力，使得[10$\bar{1}$0]方向的生长速度大于[0001]方向，石墨最终长成片状。当向铸铁熔体中加入 Mg、RE 等球化剂后，首先与 O、S 等元素反应，使熔体中 S、O 含量大大降低，抑制了石墨沿[10$\bar{1}$0]方向的生长，同时螺旋位错生长得以加强，使石墨最终长成球状(图 5.28)。

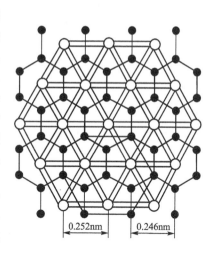

0.252nm　　0.246nm

图 5.26　石墨(0001)面与奥氏体(111)面的晶格对应关系

(●—石墨(0001)面上的碳原子；
○—奥氏体(111)面上的铁原子)

在球状石墨生长过程中，奥氏体在其球面上形核，生成"晕圈"，并完全将球状石墨包裹，即形成了离异共晶的生长方式(图 5.29)。石墨被"晕圈"包裹后，其长大是碳原子从熔体中通过奥氏体相扩散至"晕圈"内实现的。由于碳原子在奥氏体内的扩散速度远小于在熔体中的扩散速度，因此"晕圈"内球状石墨的生长速度慢、共晶时间长。在此同时，铁原子则从"晕圈"内向奥氏体-熔体界面扩散，在球状石墨长大的同时，奥氏体"晕圈"也随之长大。

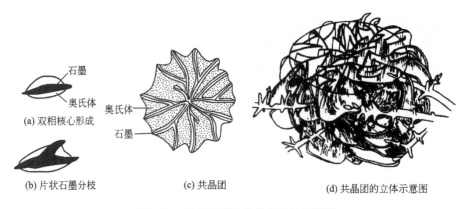

(a) 双相核心形成

(b) 片状石墨分枝

(c) 共晶团

(d) 共晶团的立体示意图

图 5.27　片状石墨铸铁共晶的生长模型

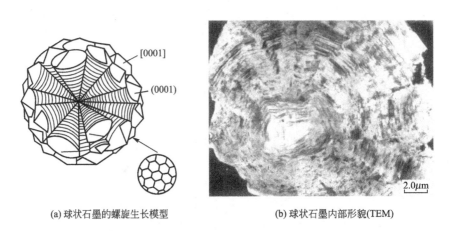

(a) 球状石墨的螺旋生长模型

(b) 球状石墨内部形貌(TEM)

图 5.28　球状石墨的生长

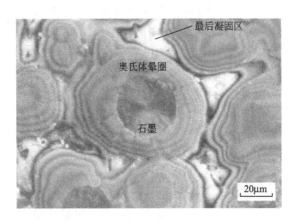

图 5.29　球状石墨的离异共晶组织("晕圈")

2. Al - Si 合金的共晶结晶

Al - Si 二元合金在室温下只有 α - Al 相和 β - Si 相两相，其中 α 相的性能与纯铝相似，β 相与纯硅相似。在 Al - Si 合金的共生生长中，当领先相 Si 以反射孪晶生长机理在界面前沿不断分枝生长时,形成的共生共晶组织是 α-Al 的连续基体中分布着紊乱排列的板片状 (针状)Si 的两相混合体,如图 5.30(a)所示。Al-Si 合金共晶生长中 Si 相呈板片状生长,具有{111}惯习面,生长速度缓慢时有⟨211⟩择优生长方向。但加入 Na、Sr、RE 等变质剂后,铝液中的变质元素因选择吸附而富集在台阶等处,阻滞了 Si 原子或 Si 原子四面体的生长速度,从而导致其晶体生长形态的变化(图 5.30(b))。

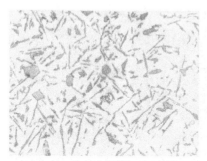 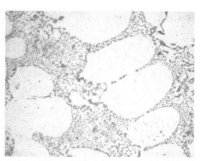

(a) ZL102合金(金属型×200),组织为 α-Al+共晶Si(片状) +少量初生 硅(块伏)

(b) A356合金(金属型×500),Sr+RE复合变质, 组织为初生-Al(枝晶)+共晶Si(粒状+短棒状) +少量杂质相(相)

图 5.30 Al-Si 合金中的共晶组织

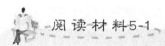

阅读材料5-1

Mg-Al 合金共晶凝固组织形貌及其影响因素

夏鹏举 蒋百灵 张菊梅 袁森

Mg-Al 合金性能优越,但有两点阻碍了其广泛应用:一是随着Al含量的提高,其塑性下降;二是较低的高温抗蠕变性能。这是由于 Mg-Al 合金在液/固转变过程中析出大量的硬而脆且呈网状分布的离异共晶 β-$Mg_{17}Al_{12}$ 相。如何减少、抑制离异共晶 β相的析出,改善其形态,尽量减少离异共晶 β 相对 Mg-Al 合金力学性能的有害影响,成为提升镁合金性能的主要方法之一。

1. 试验方法

配制 7 种成份 Mg-Al 合金,Al 含量(质量分数,下同)分别为 3%、6%、8%、15%、27%、32%、36%。试验所用炉料为工业纯镁锭(99.7%)、纯铝锭(99.7%)。合金在 5kW 的井式坩埚电阻炉内熔炼,采用 RJ22 熔剂覆盖保护合金熔体,试验时在坩埚底部和炉料表面撒熔剂,并在熔炼过程中不断添加熔剂以免熔体氧化燃烧。在出炉温度搅拌并静置 15min,待温度降到高于合金的液相线温度 100℃ 左右浇入尺寸为 φ20mm× 110mm 的砂型和金属型中制取试样。试样经预磨、粗抛、精抛等工序处理,最后采用柠檬酸水溶液进行腐蚀,用 Nikon-Epiphot 光学显微镜、JSM26700F 扫描电镜、XRD- 7000 型 X 射线衍射仪进行显微组织观察及相分析。

2. 试验结果及分析

1) 共晶组织形貌

在 Al 含量为 2%～10% 的 Mg-Al 合金中,共晶 β 相通常以离异形式出现在晶界处。

$Mg_{17}Al_{12}$ 的熔点为 460℃，当温度超过 120℃时，晶界上的 β-$Mg_{17}Al_{12}$ 相开始软化，不能起到钉扎晶界和抑制高温晶界转动的作用，导致合金的持久强度和蠕变性能急剧降低。此外，粗大、坚硬 β 相的存在易对基体组织产生切割作用，其界面易形成裂纹源，对镁合金的强度、塑性不利。因此有必要研究 Mg-Al 合金共晶凝固时析出的 β 相的形貌、分布和数量。图 5.31 为不同 Al 含量的 Mg-Al 合金在砂型铸造中的铸态显微组织。

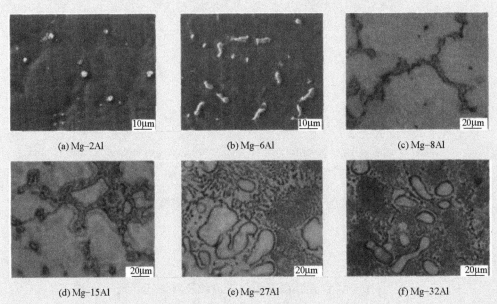

(a) Mg-2Al (b) Mg-6Al (c) Mg-8Al

(d) Mg-15Al (e) Mg-27Al (f) Mg-32Al

图 5.31　铸态 Mg-Al 合金的显微组织

（1）离异共晶。根据 Mg-Al 合金二元相图，固溶区的 Mg-Al 合金在平衡凝固条件下是不会有共晶组织形成的，但在非平衡凝固条件下，由于溶质再分配使凝固后期剩余的液相达到共晶成分，生成共晶组织。但因为剩余的共晶液相很少，所以共晶 α-Mg 相依附于初生 α-Mg 相生长，使共晶 β 相在晶界处独立长大，从而形成完全离异的共晶组织。由图 5.31(a) 和图 5.31(b) 可知，Mg-3Al 合金中初生 α-Mg 枝晶间生成了粒状的离异共晶 β 相，而 Mg-6Al 合金为粒状和蠕虫状的离异共晶 β 相。

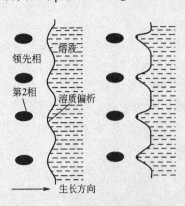

领先相

第2相

溶质偏析

熔液

生长方向

图 5.32　粒状共晶的形成过程

（2）粒状共晶。由图 5.31(c) 和图 5.31(d) 可见，在初生 α-Mg 相枝晶间呈网状分布的白色相为 α+β 的共晶组织，其内部弥散分布的黑色颗粒为共晶 α-Mg 相。粒状共晶的生长机理和单相合金的胞状组织生长机理基本相同。在领先相生长的前沿溶质偏析分布不均，当局部的溶质偏析抑制领先相均衡生长时(图 5.32)，微小的局部偏析将被包围在领先相之中，形成第二相。粒状共晶是在剩余的液相体积较大，由于溶质再分配，Al 含量达到一定程度的情况下凝固时发生的。粒状共晶为部分离异共晶组织。

（3）纤维状共晶与层片状共晶。由图 5.31(e) 和图 5.3(f) 可见，初生 α-Mg 相为大块的蔷薇状，α+β 共晶组织为纤维和层片状，共晶组织中的黑色为少数 α-Mg 相。当 Al 含量达到共晶成分时，α+β 共晶以共生形式生长。在共晶晶粒中部为纤维状共晶组织，共晶集群外围为层片状共晶组织，由于层片位相的改变，可以分辨出共晶团的晶界。

按照金属凝固原理，规则共晶的形态可分为层片状及棒状（纤维状）两种，层片状向纤维状转变通常发生在共晶两相中少数相的体积分数约为 $1/\pi$（约 32%）时。通过对 Mg-Al 合金平衡相图的计算可知，α+β 共晶组织中 β 相为多数相，少数相 α 相的体积分数约为 35%。由于 Mg-Al 合金中的 α+β 共晶两相的体积分数接近于层片状-纤维状转变的临界值，因此实验观察到了层片状和纤维状的共晶组织形貌。两种形貌的共晶组织出现在同一个试样中，且纤维状明显多于层片状。这是因为在相间距 λ 一定的条件下，棒状的相间界面积比层片状的小，因此其界面能低。

通过对 Mg-Al 合金共晶组织的观察可以发现，在不同的 Al 含量下，α+β 共晶组织是以离异状、粒状、纤维状、层片状形貌存在。当 Al 含量为 3% 和 6% 时，α+β 共晶主要以离异形式存在；当 Al 含量为 8% 和 15% 时，α+β 共晶主要以非规则共晶的形式生长（粒状）；当 Al 含量为 27% 和 32% 时，α+β 共晶为规则的共生生长（纤维状或层片状共晶）。粒状共晶是介于规则共晶与非规则共晶之间的过渡情况。

2）共晶领先相的析出特征

对 Mg-27Al 亚共晶合金的砂型铸造显微组织进行观察，可以看到在初生 α-Mg 相的周围包围着一层白色晕圈，周围的共晶组织以白色晕圈为衬底呈辐射状生长，形成共晶集群［见图 5.33(a)］。在 Mg-Al 系合金的共晶组织中，α 相的体积分数小，在金相视野中二维形貌为点状或棒状，呈灰黑色；白色基底为 β 相，共晶组织形貌主要为纤维状。从图 5.33(a) 还可以发现，共晶 α-Mg 相（灰黑色）与初生 α-Mg 相枝晶（灰黑色）并未相连，中间隔着白色晕圈。而共晶 β 相（白色基底相）却与白色晕圈相连。据此推断出白色晕圈为 β 相，即共晶转变前必须先在初生 α-Mg 相枝晶周围形成 β 相晕圈作为衬底，共晶转变时共晶 β 相依附于其上领先生长。

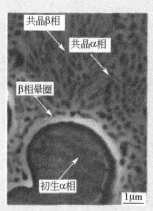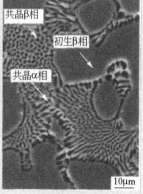

(a) Mg-27Al   (b) Mg-36Al

图 5.33 亚、过共晶 Mg-Al 合金的显微组织

在砂型中铸造的 Mg-36Al 过共晶合金的显微组织中分布着灰白色的初生 β 相树枝晶，其周围没有晕圈出现［图 5.33(b)］。初生 β 相枝晶间存在着纤维状和层片状共晶组织，从图中可以看到共晶 β 相（共晶组织中的白色基体）与初生 β 相枝晶直接连通，这也说明在共晶生长时领先相为 β-Mg₁₇Al₁₂ 相。

通过对 Mg-Al 合金的亚、过共晶组织的对比分析可以判断出，β 相为共晶结晶的领先相。共晶是竞争生长的产物，是由一相作为领先相突出到熔体中，在液相中随领先相的长大而形成第二相，使凝固过程不断进行。

3）影响 Mg-Al 合金共晶凝固组织的因素

（1）Al 含量的影响。图 5.34 为不同 Al 含量 Mg-Al 合金试样的 XRD 谱，各成分镁合金的组织主要由 α 和 β 两相组成。根据两相的最强衍射峰相对强度，采用 K 值法，对各成分 Mg-Al 合金中的 β 相含量的计算结果见表 5-2。固溶区的 Mg-Al 合金随着 Al 含量的增加，共晶组织增多，其形貌由完全离异状向粒状（部分离异）转变。亚共晶 Mg-Al 合金随着 Al 含量的增加，初生 α-Mg 相减少，共晶组织增多，共晶组织形貌从粒状向纤维状和层片状转变。共晶组 Al 含量直接影响到凝固后期剩余共晶成分的液相率，是影响 Mg-Al 合金共晶形貌的主要因素。

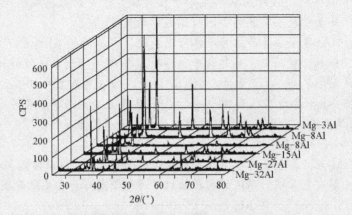

图 5.34　各 Mg-Al 合金铸态组织的 X 射线衍射

表 5-2　试验合金中 β 相的质量分数（%）

Mg-3Al	Mg-6Al	Mg-8Al	Mg-15Al	Mg-27Al	Mg-32Al
3.96	10.14	17.67	39.11	65.55	85.58

（2）冷却速度的影响。图 5.35 分别为 Mg-27Al 和 Mg-32Al 合金在砂型和金属型中铸造试样的显微组织，可以看出，随着冷却速度的加快，初生 α-Mg 相枝晶发达，共晶组织细化。冷却速度对共晶组织形貌的影响有以下几个方面：改变了初生树枝晶的形态；冷却速度影响凝固的枝晶前沿液相的溶质浓度分布梯度，进一步影响共晶组织的形核、长大；快速冷却将增加 β 相形核时的过冷度，影响共晶 β 相的形核。

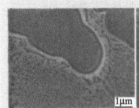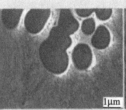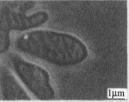

(a) Mg-27Al,砂型　　(b) Mg-27Al,金属型　　(c) Mg-32Al,砂型　　(d) Mg-32Al,金属型

图 5.35　Mg-27Al 和 Mg-32Al 合金的显微组织

（3）初生枝晶的影响。初生 α-Mg 相枝晶的形貌决定了共晶组织能够生长区域的大小，并且对共晶组织生长提供几何学的约束，它还影响着 β 晶核的数量。对于低 Al 含量的 Mg-Al 合金，在共晶转变时由于被分隔的每一液相区域很小，而偏析程度很高，为单独形成 β 相提供了成分条件，因此形成离异共晶组织。而对于 Al 含量较高的 Mg-Al 合金，当温度达到共晶温度时还存在着大量液相，α-Mg 相枝晶仍继续生长；液相中的浓度超过共晶成分，达到某一过冷度时，开始出现 β 相的形核质点，在 α-Mg 相枝晶上形成一层 β 相晕圈；这时液相中溶质的浓度降低到共晶成分，在 β 相晕圈上共生生长形成规则的共晶组织。

共晶形貌受初生枝晶的影响，尤其是固溶区的 Mg-Al 合金，发达的初生 α-Mg 相枝晶把最后进行共晶转变的液相区分隔成微小的孤立区域，阻止了网状、大块状的离异共晶 β 相的形成。因此对于商用 Mg-Al 合金来说，若加入适当的变质剂促使初生 α-Mg 相枝晶分枝细化，就可以改善 Mg-Al 合金的显微组织。此外，由于 Mg-Al 合金在共晶转变时 β 相为共生生长的领先相，如果能找到一种合适的变质剂使 β 相球化，则将大大提高 Mg-Al 合金的力学性能。

➡ 摘自《特种铸造及有色合金》第 29 卷，第 6 期，2009 年 6 月。

5.2　偏晶与包晶合金的结晶

5.2.1　包晶合金的结晶

两组元在液相相互无限溶解，在固态相互有限固溶，并发生包晶转变的合金称为包晶合金。Pt-Ag、Sn-Sb、Cu-Sn、Cu-Zn 等二元合金都具有包晶转变。

1. 平衡结晶

包晶的平衡相图如图 5.36 所示。在平衡结晶条件下，当成分为 C_0 的合金温度冷却到 T_1 时，先析出 α 相；继续冷却到包晶反应温度 T_p，发生包晶反应，其反应可用式（5-18）表示；当包晶反应结束，温度进一步下降时，剩余的液相再转变为 β 相。最终，一次结晶的组织为单一的 β 相。

$$L_p + \alpha_p \rightarrow \beta_p \qquad (5-18)$$

在此包晶反应过程中，α 相要不断分解，直至完全消失；与此同时，β 相要形核长大。β 相即可以以 α 相为衬底进行形核，也可直接从熔体中形核。此时，在平衡状态下，要求溶质组元在 α、β 两个固相及液相中进行充分的扩散。实际上，在一般凝固条件下，穿过固液两相区的冷却速度较快，溶

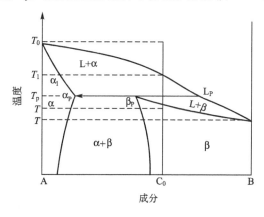

图 5.36　包晶平衡相图

质在固相中，甚至液相中的转移是不能实现充分扩散的，也就是非平衡结晶。

2. 非平衡结晶

在非平衡结晶时，由于溶质的扩散作用在固相中是不充分的。因此在包晶反应之前 α 相先析出［图 5.37(a)］；且先析出的 α 相内部成分就是不均匀的，即先析出树枝晶的根部浓度更低，边缘处溶质浓度较高。当温度达到包晶转变温度 T_p 时，在 α 相的表面发生包晶反应。从形核角度，β 相在 α 相表面进行非均质形核要比在熔体内进行均质形核要容易。因此，α 相很快就被 β 相所包围［图 5.37(b)］。此时，α 相与液相是相分离的，包晶反应只能靠溶质元素从液相一侧穿过 β 相向 α 相进行扩散才能进行，因此包晶反应受到一定抑制，在温度下降到 T_p 以下时，β 相内还有部分 α 相没有完全转变而残留下来 ［图 5.37(c)］。

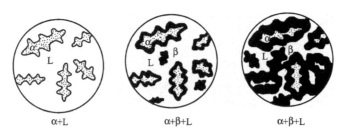

α+L   α+β+L   α+β+L

图 5.37　非平衡条件下包晶反应示意图

以 Sn-35%Cu 合金为例，若平衡结晶则一次结晶后应获得完全的 η 相组织。如图 5.38 所示，在非平衡结晶条件下，其组织特征为还残留初生的 ε 相，并被 η 相（白色）所包围，基底为共晶组织。

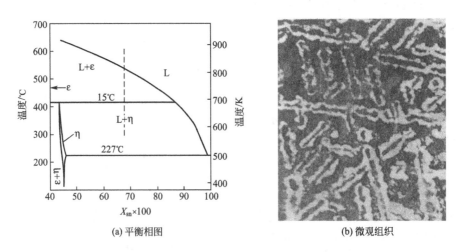

(a) 平衡相图   (b) 微观组织

图 5.38　Sn-35%Cu 包晶反应

多数具有包晶反应的合金，由于其溶质组元在固相中的扩散缓慢，包晶反应并不彻底，平衡态为单相组织的易导致实际多相组织的存在。如图 5.39 所示的 Pb-Bi 合金，在含 Bi20% 的成分 C_0 处，由于溶质元素（即 Bi 元素）在固相中扩散较困难，因此在固液界面处产生 Bi 元素的富集 [图 5.39(b)]，按平衡相图形成单一 α 相的成分 C_0 则可以通过 184℃包晶反应，甚至可以在富集严重的区域实现共晶反应，得到 ($\beta+\delta$) 的共晶组织 [图 5.39(c)]。当然，一些扩散系数大的溶质元素，如钢中的碳元素，包晶反应在高温下可充分地进行，具有包晶反应得碳钢，初生的 δ 相可以在冷却到奥氏体区后完全消失。

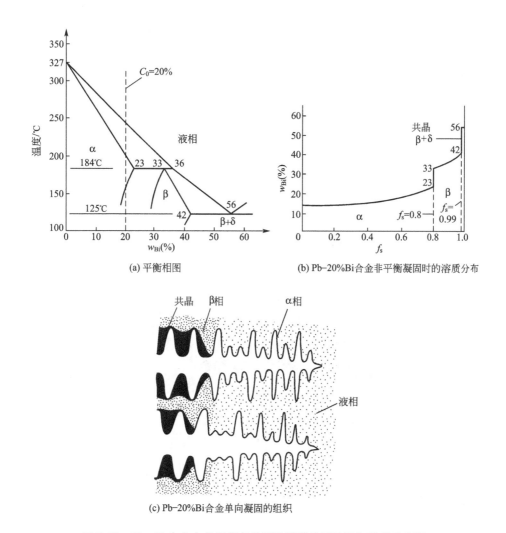

(a) 平衡相图

(b) Pb–20%Bi 合金非平衡凝固时的溶质分布

(c) Pb–20%Bi 合金单向凝固的组织

图 5.39 Pb–Bi 合金在非平衡条件下溶质再分配及组织形成示意图

3. 包晶合金的应用举例

1) Sn 基轴承合金

轴承合金由于服役条件的需要，要求其组织由具有足够塑性和韧性的基体及均匀分布的硬质点所组成。在 Sn–Sb 合金中，由图 5.40(a) Sn–Sb 二元平衡相图可知，当锑元素含量小于 10.2%，组织为单一 α 相（Sn 固溶体）；超过 10.2% 时，发生包晶反应，生成 β 相（SbSn 金属间化合物）。α 固溶体具有良好的塑性成为合金的软基体，β 相则是硬脆的质点分布于 α 相中，使得 Sn–Sb 合金成为理想的减磨材料用于轴承合金。但在实际铸造生产条件下，一般为非平衡结晶，一般锑元素含量超过 9% 时就具有包晶反应，形成 α＋β 相。实际应用中通常还加入 Cu 元素，组成多元合金，图 5.40(b) 为一典型的 Sn－Sb 轴承合金微观组织。

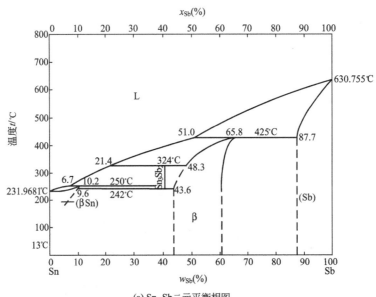

(a) Sn–Sb 二元平衡相图

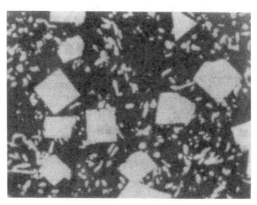

(b) ZSnSb11Cu6合金的微观组织 (×100)

图 5.40　Sn－Sb 轴承合金
（黑色为 α 相基体＋大块状白色相为 β 相＋星形 ε 相(Cu6Sn5)）

2) 包晶反应的细化晶粒作用

利用包晶反应可以细化晶粒，例如在铝及铝合金中，加入少量的 Ti，可以显著地细化晶粒。这是由于，当 Ti 含量 $w_{Ti} > 0.15\%$，合金首先会析出 Al_3Ti 相，然后在 665℃ 发生包晶反应：$L + Al_3Ti \rightarrow \alpha$。包晶反应产物为 α 相，作为一个包覆层将 Al_3Ti 相包围，由于在非平衡结晶中，包覆层对溶质扩散的限制，使得包晶反应不易进行，也意味着 α 相难以长大，因而获得细小的晶粒组织。

5.2.2 偏晶合金的凝固

1. 偏晶合金大体积的凝固

当合金冷却到某一温度时，由一定成分的液相 L_1 分解为一个特定成分的固相和另一定成分的液相 L_2，即 $L_1 \rightarrow L_2 + \alpha$，这种转变成为偏晶转变。图 5.41 为典型的具有偏晶反应的相图，具有偏晶成分的合金 m，冷却到偏晶反应温度 T_m 以下时，发生偏晶反应，即从液相 L_1 中析出固相 α 及另一成分液相 L_2。L_2 相在 α 相周围形成并将 α 相包围起来，如同包晶反应一样，但反应过程取决于 L_2 相与 α 相的润湿程度及其两个液相之间的密度差。如果 L_2 相是阻碍 α 相长大的，则 α 相要在液相 L_1 中重新形核，然后生成 L_2 相再将其包围。如此反复，直到反应终了。继续冷却时，在偏晶反应温度和图中所示共晶温度之间，L_2 相将在原有晶体上继续析出 α 相，直到剩余 L_2 液相以 $(\alpha + \beta)$ 共晶形式结晶。

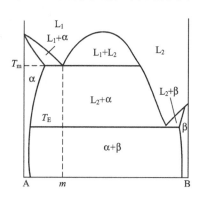

图 5.41 具有偏晶反应的平衡相图

在目前已知的偏晶相图中，反应产物的固相 α 相的量总是大于反应液相产物 L_2 相的量。即意味着偏晶反应形成的固相要连成一个整体，而 L_2 相则被 α 相所分割，不连续地分布于 α 相基体中。因此，实际结晶后组织形貌上，偏晶反应的最终组织和亚共晶组织是相近的。

例如 Cu-Pb 合金，当合金熔体 L_1 相温度降低到 954℃ 以下时，发生偏晶反应，L_1 相分解为 Cu 和 L_2 相。由杠杆定律，在此两相区内，Cu 的数量较多，冷却至 326℃ 共晶反应之前，组织为 Cu+少量的 L_2 相；在共晶反应时剩余 L_2 相以 (Cu+Pb) 共晶组织方式结晶。但在共晶结晶时，共晶组织中的富 Cu 相将直接依附于偏晶反应中先析出的富 Cu 相生长，而富 Pb 相则单独存在于 Cu 的晶界上，因此造成了离异共晶现象。在偏晶结晶过程中，产生的 L_2 中 Pb 含量较多，密度较大，易下沉而产生密度偏析(图 5.42、图 5.43)。

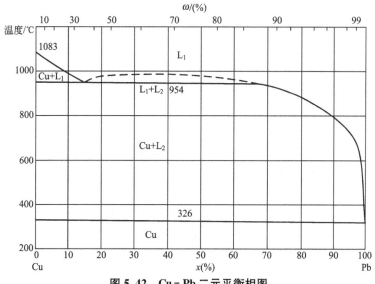

图 5.42 Cu-Pb 二元平衡相图

2. 偏晶合金的单向凝固

偏晶反应与共晶反应类似，在一定的条件下，当其以稳定定向凝固时，分解产物呈有

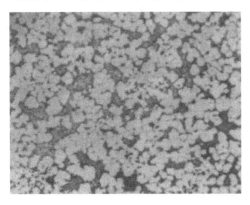

规则的几何分布。在偏晶反应过程中，当以一定速度自下而上定向生长时，底部由于温度低，最先发生偏晶反应，也即 α 相首先析出。而靠近固液界面处的液相析出溶质元素，使 B 组元富集，促使 L_2 相析出。对于 L_2 相是在固液界面处形核还是在原来的 L_1 相中形核，则要取决于 α、L_1、L_2 三相之间的界面能的关系（图 5.44）。而偏晶合金最终的显微形貌要取决于三相的界面能、两个液相间的密度差以及固液界面的生长速度等。

图 5.43　ZCuPb30 合金的微观组织(×100)

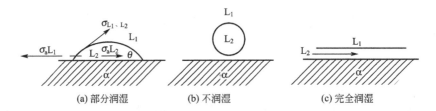

(a) 部分润湿　　　　　(b) 不润湿　　　　　(c) 完全润湿

图 5.44　L_2 相的形核与界面张力的关系

由前述 3.2.2 小节中讨论的，衬底上异质形核时，润湿角与各相间界面张力的关系满足如式（5-19）。

$$\cos\theta = \frac{\sigma_{\alpha-L_1} - \sigma_{\alpha-L_2}}{\sigma_{L_1-L_2}} \tag{5-19}$$

以下就三相间界面张力的呈不同关系时对偏晶结晶的影响进行讨论。

（1）当 $\sigma_{\alpha-L_1} = \sigma_{\alpha-L_2} + \sigma_{L_1-L_2}\cos\theta$ 时。

如图 5.44(a)，随着自下而上单向凝固进行时，α 相和 L_2 相并排长大，α 相生长时将 B 组元原子排出，L_2 相生长时将吸收 B 组元原子，这就如同共晶结晶情况。当达到共晶温度，L_2 相转变为共晶组织，但此时共晶组织中的 α 相将在偏晶反应析出的 α 相表面继续生长，而产生离异共晶。一次结晶结束，最终组织为 α 相基体上分布着棒状或纤维状 β 相。

（2）当 $\sigma_{\alpha-L_2} > \sigma_{\alpha-L_1} + \sigma_{L_1-L_2}$ 时。

此即呈完全不润湿状态，$\theta = 180°$。如图 5.44(b)，此时 L_2 相不能在 α 相基体上形核，只能孤立地在液相（L_1 相）中形核。因此，由于 L_1、L_2 两相的密度差，L_2 相则可能上浮或下沉，其运动规律可由第一章中所讨论的斯托克斯公式，即式（1-25）描述。

当 L_2 相液滴的上浮速度大于固液界面向上的生长速度 R 时，则将上浮至液相 L_1 的顶部。在这种情况下，α 相将依温度梯度的推移，沿铸型的垂直方向向上推进的同时，L_2 相将上浮全部聚集于试样的顶端。最终结果是试样下部全部为 α 相，上部全部为 β 相。利用该原理，可制取 α 相的单晶，其优点是不产生偏析和成分过冷。如半导体 HgTe 单晶就是利用这一原理由偏晶系 Hg-Te 合金制备的。

当固液界面向上的生长速度 R 大于 L_2 相液滴的上浮速度时，则 L_2 液滴将被 α 相包围，而排出的 B 原子继续供给 L_2，从而使 L_2 相在长大方向拉长，使生长进入稳定态，如图 5.45 所示。

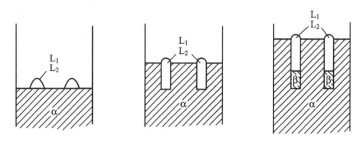

图 5.45　偏晶合金的定向凝固示意图

此情况下，在偏晶反应结束后继续冷却，L_2 相将析出部分 α 相，导致 L_2 相变细；温度继续下降时，L_2 相将按共晶或包晶反应进行一次结晶。最终的组织则为 α 相基体中分布着棒状或纤维状的 β 相。此时，纤维状 β 相之间的距离 λ 类似共晶组织中层片间距的规律，即界面的生长速度 R 决定 λ，且满足式(5-20)。

$$\lambda \infty R^{-\frac{1}{2}} \tag{5-20}$$

以 Cu-Pb 偏晶合金的单向凝固为例，在偏晶反应中析出的 L_2 相富 Pb，密度大，结晶过程是下沉的。由于 Cu(α 相)和 L_2 相之间完全不润湿，因此 L_2 相以液滴形式沉在 Cu 的表面。在随 Cu 相的长大过程中，L_2 相也随之长大，最终组织形态取决于 Cu 相界面的生长速度及 L_2 相液滴的长大速度。当界面生长速度较大时，L_2 相还没有聚集成大液滴就被 Cu 相包围，两者并排前进而获得细小的纤维状组织。若固液界面的推进速度较慢，则获得粗大的液滴，最终形成棒状组织，如图 5.46 所示。

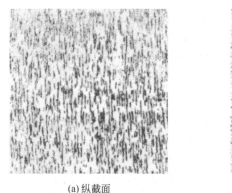

(a)纵截面　　　　　　　　　(b)横截面

图 5.46　Cu-Pb 合金单向凝固的显微组织

(3) 当 $\sigma_{\alpha-L_1} > \sigma_{\alpha-L_2} + \sigma_{L_1-L_2}$ 时。此即完全润湿状态，$\theta = 0°$。α 相与 L_2 相完全润湿 [图 5.44(c)]，此时当先析出 α 相，排出 B 组元原子造成 $\alpha - L_1$ 界面溶质富集后，L_2 相即可在 α 相表面直接生长；此时 α 相只能通过溶质在 L_1 和 L_2 相中扩散长大或者在 $L_1 - L_2$ 两个液界面处再次形核生长，而 L_2 相也随之在 α 相表面形成。以此类推，最终形成 α 相和 β 相交替的分层组织。

阅读材料5-2

偏晶合金凝固研究进展

郑红星　马伟增　郭学锋　李建国

1. 引言

偏晶合金在其平衡相图中存在一液相不混溶区，当合金熔体在平衡条件下进入该区时，两液相在重力作用下，由于密度差别较大而导致相分离，甚至形成分层组织，在地面条件下常规铸造技术根本无法制备出具有实用价值的偏晶合金。近年来，偏晶合金以其独特的组织和特殊的性能，被材料学界争相研究，如 Al-Pb，Al-Bi 等合金，利用第二相 Pb，Bi 粒子的柔顺性和减摩性，可作为优良的自润滑轴瓦材料；结构精细弥散的 Cu-Pb 合金具有超导性能，Bi-Ga 合金具有半导体性能等。但是，偏晶合金凝固过程包括溶质分配以及热力学和动力学过程尚不清楚、更无法通过控制凝固过程获得成分均匀、结构精细的偏晶合金。因此，深入研究其凝固行为具有重要的理论价值和工程实用价值。本文将着重介绍该类合金在微重力、定向凝固、急冷和深过冷快速凝固 4 个方面的最新研究进展。

2. 偏晶合金研究现状

1) 微重力环境下的研究现状

早期认为，消除重力场效应，就可以制备出均质偏晶合金。基于这一考虑，科学工作者早在 20 世纪 70 年代早期即在 Apollo-14 和 Apollo-16 及 Skylab 上开展了微重力环境下偏晶合金凝固行为的研究工作。欧洲也利用 TEXUS 火箭升空时研究了 Zn-Bi，Zn-Pb 等偏晶合金微重力环境下的相分离规律。但这些早期的实验并没有显示出微重力环境的任何优点。由此可以推断，偏晶合金相分离并非单纯重力场作用的结果，凝固过程中其它场效应改变第二相生长动力学，有可能在扮演着更为重要的角色。

Lancy 在微重力条件下对 Zn-Pb 合金的研究发现，试样中 Zn 和 Pb 两相分层。Lohberg 对 Al-In 合金的实验同样是分层组织，认为是 In 对所用的 Al_2O_3 材质坩埚的润湿性较好所致。Potard 的研究也得出了同样的结论。Gells 等排除了组元对坩埚材料的润湿性影响后，得到的仍是分层组织。Fredriksson 等对 Zn-Bi 合金研究后，认为粒子的粗化是由残余重力及 Marangoni 对流导致的液滴迁移的结果。目前的实验结果已足以说明第二相液滴的 Marangoni 对流是微重力环境下导致相分离的重要因素。

为揭示空间微重力条件下偏晶合金的凝固特性，中国也曾分别于 1990 年及 1996 年两次利用返回式科学试验卫星，研究了 Al-Bi 偏晶合金的空间凝固行为。张修睦等结合流体物理理论和两次卫星搭载的实验结果，分析认为在空间微重力环境下，偏晶合金中第二相粒子的 Marangoni 迁移速率小于固液界面移动速率时，第二相液滴将被凝固界面捕获，可以得到均匀的偏晶合金；反之，则第二相液滴将在界面张力梯度驱动对流环境中作 Marangoni 迁移并聚积粗化。此外还提出了一个新的偏晶合金制备思路：引入与重力方向相反的液滴 Marangoni 迁移运动，用以克服重力效应，即可获得均质偏晶合金。目前该思路已成功运用于正在研究的偏晶合金"控制铸造"技术中。

此外还有许多利用正交电磁场模拟微重力环境的研究。其基本原理是：在电磁场作用下，两组元电导率不同，不同组元内形成的电磁力密度不同，根据这一特性，寻找一合适电磁场参数，使得熔体中两相的自身重力密度与其所受的电磁力密度矢量和相等，此时电磁力完全可以抵消两相密度差，使得熔体处于与空间微重力相似的状态。陈焕铭利用电磁模拟装置制备 Al-Bi 偏晶合金的试验结果表明：利用电磁模拟装置确实能够有效地消除由于重力影响而产生的分层现象，但是第二相颗粒仍然比较粗大，整体弥散效果很差。另外，在微重力环境下起主要作用的第二相液滴的 Marangoni 运动、残余重力引起的 Stokes 运动等因素在电磁场条件下仍然存在。

人们还通过落管或落塔利用自由落体形成的短时失重来模拟空间的微重力环境研究偏晶合金的凝固行为。赵九洲借助 50m 高的落塔得到了均匀弥散分布的 Zn-5%Pb 和 Al-4%Pb 合金。曹崇德等利用 3m 落管获得了 Cu-40%Pb 均匀弥散组织；而 Cu-64%Pb 却宏观偏析很严重，而且颗粒越小，两相越易于分离，他们认为与此时富 Pb 相的表面张力较低有关。

2) 定向凝固的研究现状

定向凝固技术一直以来作为研究凝固理论的重要手段。杨森等对 Al-3.4%Bi 合金进行定向凝固的研究结果表明：一定条件下偏晶合金可以生成两相有序排列的共生组织；在一定的温度梯度下，随着凝固速度的提高，组织由规则形态的纤维或串状组织向弥散分布的不规则组织转变。Stocker 等发现定向凝固过程中偏晶合金的凝固速度与片层间距乘积为常数，与共晶类似。Majumdar 对定向凝固 Zn-Bi 合金的研究表明，两相共生生长与固液界面的晶体学取向密切相关，仅当 Zn 生长方向为 [0001] 面时，可以观察到 Zn-Bi 合金两相共生生长。Andrews 等在微重力条件下的 Al-In 定向凝固研究发现，存在一稳态共生区，在此区域内合金呈现两相共生生长，成分均匀，无宏观偏析；另外他还研究了对流不稳定性对共生生长的影响。Mori 等在定向凝固 Al-In 过偏晶合金研究中也曾考虑了重力因素对第二相沉积集聚的影响。此外，Aoi 等还认为定向凝固过程中提拉方向对 Cu-Pb 偏晶合金凝固组织同样会产生影响。结果发现：提拉方向垂直向上时，得到的是条带状组织，富 Cu 相和富 Pb 相间隔出现；而提拉方向垂直向下时，宏观偏析非常严重，此时富 Pb 相沉积在试样底部。

赵九洲在考虑凝固界面前沿第二相液滴形核、长大以及迁移综合作用的基础上，提出了描述偏晶合金在快速定向凝固条件下微观组织形成过程的数学模型。计算结果表明：在大的凝固速度条件下，凝固界面前沿存在成分过冷区，液-液相分离在此区域内进行；温度梯度恒定时，凝固速度越快，第二相液滴的形核速率越大，液滴的数量密度越高，平均半径越小而且凝固界面前沿液滴的平均半径与凝固速度之间存在着指数关系。

3) 急冷快速凝固的研究现状

第二相偏析程度取决于其长大、碰撞、粗化、沉降或上浮等动力学过程。因此如果冷却速度快至合金通过不混溶区时第二相没有足够的时间进行最终分层的动力学过程，就可获得第二相弥散分布结构精细弥散的均质偏晶合金。国内哈尔滨工业大学在这方面开展了大量富有成效的工作。

刘源等采用单辊快速凝固工艺制备了均质 Al-In 偏晶合金，细小的 In 颗粒均匀分布在 Al 基体中甩带厚度方向上，随着与激冷面距离的增大，In 颗粒尺寸逐渐增大；在同一辊速条件下，随着 In 含量的增加，In 颗粒的平均尺寸也不断增大；在同一成分条件下，随着辊速的提高，In 颗粒的平均尺寸不断减小 Al-Pb 合金的急冷试验结果与之类似。蔡英文等在 Cu-Pb 亚偏晶合金单辊急冷的凝固研究中，首次观察到了急冷条件下高度规则的放射状共生现象，还发现急冷不仅可以细化共生相间距，而且还拓宽了偏晶共生的成分范围，并对共生形态具有规整化作用，作者从传质控制角度推导出一偏晶共生模型。郭景杰等在考虑了第二相液滴的形核、扩散长大以及 Brownian 碰撞三者的共同作用后建立了一个描述快速冷却条件下偏晶合金在液-液相变区内的第二相液滴粗化的数学模型。模拟结果表明，第二相液滴间的 Brownian 碰撞是影响液滴粗化的 1 个重要的因素；快的冷却速率导致基体液相中溶质过饱和度和第二相形核速率都明显升高，同时得到较小的液滴平均半径和较高的液滴数目密度，这一点与赵九洲建立的模型分析结果类似。该模型对 Al-30％In 合金的预测结果与实验结果吻合较好。

4）深过冷快速凝固的研究现状

深过冷通常是指通过消除或减弱合金熔体中的异质形核作用使液态金属获得在常规凝固条件下难以达到的过冷度。其突出优点是，合金熔体深过冷快速凝固同急冷快速凝固具有相同的凝固机制，但又不同于急冷快速凝固的瞬态过程，可以在外界缓慢冷却的条件下清楚地观察到大体积液态金属的快速凝固过程。研究液态金属深过冷，不仅可以揭示凝固过程中的形核，推算热物性参数，而且是研究相形成和演化的重要方法。但是，截至目前，合金熔体深过冷凝固行为的研究主要集中在共晶合金、包晶合金及固溶体合金方面，而对偏晶合金的深过冷凝固行为鲜有报道。

Rathz 等利用无容器法对 Ti-Ce 过偏晶合金的过冷凝固行为研究发现：提高过冷度大大扩展了 Ce 在 Ti 中的固溶度。郑红星等在研究 Ni-Pb 偏晶合金系过冷凝固组织后发现，大过冷度合金凝固组织均发生显著的枝晶粒化，Pb 粒子均匀弥散分布；通过对枝晶生长过程中热力学和动力学的理论计算，分析认为上述粒化机制属于枝晶碎断—再结晶机制。利用经典形核理论和瞬态形核理论对高温相竞争行为计算分析后提出：Ni-31.44％Pb（质量分数）偏晶合金在快速凝固阶段本质上以枝晶方式生长，首先形成 α 枝晶骨架，再辉重熔后分布于枝晶间的残余液相按照正常凝固模式进行分相/偏晶等后续反应；并首次利用深过冷技术成功制备出了大体积均质超细 Ni-40％Pb 过偏晶合金。孙占波等对 Cu-Co 合金深过冷条件下的液相分解行为研究也表明：在深过冷条件下 Cu-Co 合金同样首先形成富 Co 的 α 枝晶；由于 α 枝晶的分数小于平衡凝固态，剩余液相是过饱和的；当液态合金过冷到液相分解区后，将分解成富 Cu 和富 Co 的两个液相。Cu-Co 合金液相分解过程包括富 Co 液滴的形成、长大、积聚及富 Co 液滴的二次相分解，并首次观察到在过饱和的富 Cu 液相发生液相分解后，原始枝晶重熔并参与液相分解的反常现象。

3. 结束语

从以上的评述可以看出，偏晶合金尽管是一类重要的工程实用合金，但是其凝固行为的研究并不像单相合金、共晶合金和包晶合金那样成熟。对于不同条件下偏晶合金在难混溶区内的相形成、相分离行为仍不是很明晰，目前所建立的几个数学描述模型也很粗糙，适用范围有限，而且大多局限于定性的描述，并存在着相当多的争议。有关热力学和动力学方面的认识显得更是肤浅，因此有必要进行深入的理论分析，建立更为精确定量的数学模型。只有在充分认识其凝固行为机制的基础上，才能够真正实现为地面均质制备工程化提供正确可靠的理论指导。今后对于该类合金的研究，主要应集中于以下几个方面。

（1）偏晶合金亚稳状态下的相图研究很少，甚至对许多偏晶类合金的平衡相图研究也还很不充分，建立更为精确定量的数学模型，采用计算机模拟计算预测更多的亚稳相图及 T_0 线走向；通过实验手段对亚稳合金熔体中的热物性参数及它们与温度之间关系的测定工作显得尤为重要。

（2）研究偏晶类合金在不同凝固条件下凝固过程中的热力学和动力学，尤其是第二相的相形成、相分离行为，分析解释偏晶类合金组织的形成机制。

（3）偏晶合金的均质化制备方法仍将是今后研究工作的重点。偏晶类合金的传统制备方法是 RS/PM 技术，在将深过冷技术及传统的型冷技术用于偏晶类合金制备研究的基础上，如何破除传统观念，提出新构思、新工艺制备此类合金，必将具有重要的理论价值和工程实用价值。

▶ 摘自《稀有金属材料与工程》第 33 卷，第 8 期，2004 年 8 月。

5.3　金属基复合材料的凝固

复合材料是由两种或两种以上物理和化学性质不同的物质组合而成的一种多相固体材料。这些具有不同物理和化学性质的物质，以微观、细观或宏观等不同的结构尺度与层次，经过复杂的空间组合而形成的一个材料系统。复合材料一般由基体组元与增强体或功能组元所构成。

金属基复合材料（Metal Matrix Composites，MMCs）是以陶瓷相（包括连续长纤维、短纤维、晶须及颗粒）为增强体，金属（如铝、镁、钛、镍、铁、铜等）为基体材料而制备成的，具有高的比强度、比刚度、优良的耐磨性及热稳定性等特点。目前，金属基复合材料已在航空航天、军事领域及汽车、电子仪表等行业中显示了巨大的应用潜力。

金属基复合材料的制备方法主要分为固态法、液态法及表面复合法等。固态法是基体在金属处于固态条件下与增强体混合形成复合材料的制备工艺，如粉末冶金法、热压法、热等静压法、轧制法、爆炸焊接法等。表面复合法是利用气相沉积、热喷涂、化学镀、电镀等表面成形技术，制备复合材料膜的工艺。液态法是基体金属处于熔融状态时与增强体混合的制备工艺，如真空压力浸渗法、挤压铸造法、搅拌铸造法、共喷沉积法、原位反应法等。而其中液态制备方法，涉及熔体的凝固以及金属熔体与增强体在凝固过程中与金属基体的相互作用，这也是本节所讨论的主要范畴。

5.3.1　纤维增强复合材料的凝固

纤维增强基复合材料的增强相主要有长纤维（如硼纤维、碳化硅纤维、氧化铝纤维、碳纤维等）及短纤维（如氧化铝纤维），并具有高的弹性模量和强度，是复合材料中的主要受力单元。采用液态成型工艺进行纤维增强金属基复合材料时，将金属液体在常压或一定的压力条件下浸入一定形状的预制纤维体中，凝固后即得相应产品。因此制备过程中，纤维与金属熔体的润湿性是决定该复合材料制备的关键因素。

金属熔体在预制纤维间的凝固，仍遵循前述合金结晶的一般规律，其特点是预存在的纤维相对其结晶过程的影响。将纤维相当作熔体内存在的外来界面，当纤维表面与熔体完全不润湿时，即 $\theta=180°$，此时合金结晶形核长大是独立进行的，不可能与纤维表面形成紧密接触，也就无法获得合格的复合材料组织；当纤维表面与熔体完全润湿时，即 $\theta=0°$，此时纤维即可作为合金液结晶的核心，晶体不需形核即可直接在纤维表面生长。在纤维相与熔体润湿的前提下，如果合金过热度不大，浸入纤维中已经达到过冷状态，将以体积凝固方式进行；如合金液没有达到过冷度，凝固过程则受传热过程控制。

实际上，增强相纤维与一般金属熔体的润湿性较差，因此，通常要通过调整合金的成分及对纤维表面改性处理等途径来提高两者之间的润湿性。

5.3.2　颗粒增强复合材料的凝固

颗粒增强的金属基复合材料，作为增强相多为陶瓷颗粒(如 Al_2O_3、ZrO_2、TiB_2 等)，可通过外加方式或熔体内反应生成获得。增强颗粒对复合材料凝固的影响体现在形核及生长两个方面。

当颗粒表面与合金液润湿时，其本身即可作为形核剂，按异质形核规律进行形核，促进组织的细化。凝固界面前沿颗粒的行为-被推斥于晶界或被吞没于晶内，对复合材料的最终性能将产生巨大影响。下面着重讨论在凝固过程中，增强颗粒与凝固界面的相互作用。

众多研究者建立了许多模型用来预测颗粒的俘获行为，这些模型或通过考虑在液-固界面上力的平衡，或通过假设界面能驱动扩散和流体流动，或通过分析扩散障和热区域，或考虑影响凝固界面弯曲的因素等。这对凝固过程中准确控制固液界面前沿颗粒的行为具有主要意义。但迄今为止，仍未对导致颗粒与凝固界面作用的主导因素取得一致，现有的理论大致分为动力学、热力学为基础的两类模型。

1. 热力学模型

该模型与经典的非均质形核理论关系密切，Neumann 等分析在颗粒周围的液相向固相转变时自由能的变化，提出了固液界面前端固相颗粒是否被界面捕获的判据，当 $\Delta G_f < 0$，颗粒被固相所捕获；反之，则颗粒被固相排斥于晶界。

$$\Delta G_f = \sigma_{p-s} - \sigma_{p-l} \qquad (5-21)$$

式中：σ_{p-s}、σ_{p-l}——表示颗粒-固相、颗粒-液相的界面能。

D. R. Uhlmann 等人则认为，在固液界面吞没颗粒过程中，若体系的界面自由能差为 ΔG_f 如式(5-22)所示。当 $\Delta G_f < 0$，颗粒被固液界面所吞没，即颗粒在凝固过程中能被生长的晶粒所俘获，最终存在于晶内；当 $\Delta G_f > 0$，颗粒被固液界面所排斥，随着凝固界面一起向前推进，最终存在于最后凝固区域。

$$\Delta G_f = \sigma_{p-s} - (\sigma_{p-l} + \sigma_{s-l}) \qquad (5-22)$$

式中：σ_{p-s}、σ_{p-l}、σ_{s-l}——分别表示颗粒-固相、颗粒-液相、固-液相的界面能。

吴树森等则从润湿的角度，提出了润湿角判据，如式(5-23)或式(5-24)所示。该判据认为，当 $\theta<90°$ 时，颗粒与固相结合更稳定，则颗粒被固相捕获；反之，当 $\theta>90°$ 时，颗粒被凝固界面所推斥（图5.47）。

$$\sigma_{p-1}=\sigma_{p-s}+\sigma_{s-1}\cos\theta \qquad (5-23)$$

$$\cos\theta=\frac{(\sigma_{p-1}-\sigma_{p-s})}{\sigma_{s-1}} \qquad (5-24)$$

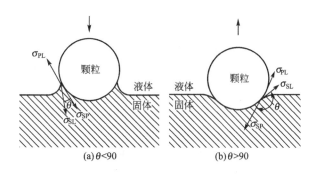

图5.47 球状颗粒与凝固界面的相互作用模型

利用定向凝固的方法可以观察合金凝固界面与增强颗粒的相互作用。例如 Al_2O_3 颗粒增强共晶 Al-Si 合金，当仅用 Sr 变质时，Al_2O_3 增强颗粒被凝固界面所排斥（图5.48(a)）；当采用 Sr、Ca 复合变质时，Al_2O_3 增强颗粒被凝固界面所捕获而进入固相，在界面前沿的液相中没有颗粒聚集（图5.48(b)）。研究表明，$Al_2O_{3(p)}/Al-12.6\%Si$ 复合材料中，采用 Sr 变质时润湿角仍大于 $90°$，所以 Al_2O_3 颗粒被排斥；采用 Sr、Ca 复合变质时，润湿角小于 $90°$，所以 Al_2O_3 颗粒被捕获，并在固相中均匀分布。

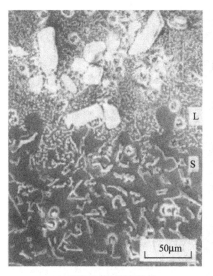
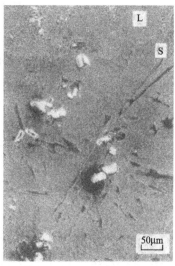

(a) 颗粒被凝固界面排斥　　　　　　　　　(b) 颗粒被凝固界面捕获

图5.48 Al_2O_3 颗粒增强 Al-Si 共晶合金中颗粒与凝固界面的作用关系（凝固速度 8mm/h）

2. 动力学模型

动力学模型的建立是以颗粒受力分析为基础，假设存在一个临界凝固速度（即界面推进速度），当实际凝固速度大于该临界值时，颗粒被凝固界面所捕获；反之亦然。目前基于动力学理论模型的研究较多，并且可采用数值模拟等手段建立较复杂的模型，以实现计算和预测颗粒是否捕获的临界速度等问题。

当颗粒被凝固界面排斥时，颗粒必然受到两种类型的作用力，即固液界面对颗粒的排斥力和液体对颗粒的黏度拉力。排斥力来自于范德华力，是由于界面自由能差所导致的；拉力来自于熔体的黏滞力，是由颗粒周围熔体流动引起的。稳态情况下，作用于颗粒的外力之和为零。当颗粒被排斥时，凝固界面与颗粒之间存在足够厚的液体层，随着凝固速度的增加，颗粒与固液界面之间的液相层逐渐减小，作用于颗粒的外力也随之增大。当凝固速度达到某一临界值时，颗粒的受力平衡不能再维持，而液体间隙层也不再足以维持晶体界面的稳定生长，这将导致颗粒被凝固界面所捕获。

Uhlmann 等运用质量守恒定律，推导出晶体的临界生长速度 V_C 与颗粒半径 R 的平方成反比，即式（5-25）。研究表明，此规律与实验结果定性吻合。

$$V_C = CR^{-2} \tag{5-25}$$

式中：C——常数。

Potschke 等考虑温度场和浓度场对固液界面曲率的影响，提出温度梯度 G 对临界速度 V_C 的影响占主导地位，即

$$V_C \propto G^{\frac{1}{2}} R^{-1} \tag{5-26}$$

Shangguan 等则考虑颗粒和凝固相间热传导差异作用，通过计算在固液界面前端颗粒受力平衡，获得的临界速度如式（5-27）所示。

$$V_C = \frac{a_0 \Delta \sigma_0}{3 \eta \alpha (n-1) R} \left(\frac{n-1}{n} \right)^n \tag{5-27}$$

式中：$\alpha = \dfrac{K_P}{K_L}$，$K_P$、$K_L$——分别为颗粒和熔体的热导率；

   a_0——液体原子和颗粒原子半径之和；

   η——熔体黏度；

   n——系数，$n = 2 \sim 7$；

   R——颗粒半径；

   $\Delta \sigma_0$——复合材料凝固时颗粒和金属界面自由能的变化。

Chernove 等考虑颗粒-熔体薄膜-结晶相间的交互作用，建立了如式（5-28）所示的化学势模型。该模型考虑了颗粒与熔体薄膜之间的分子作用力，颗粒与凝固相之间的间隙小于 $100 \sim 10$nm。

$$V_C = \frac{0.14B}{\eta R} \left(\frac{a}{BR} \right)^{\frac{1}{3}} \tag{5-28}$$

式中：B——常数，约为 10^{-21}J；

   a——常数，为 0.1。

以上仅列举了部分动力学判据，较之热力学判据，动力学判据为颗粒行为的可控提供了可调节的参数，因此得到了广泛的研究。各种研究也从不同侧面，探讨了各参数对颗粒

行为的影响，这些参数包括颗粒与基体合金的热导率、颗粒形状、颗粒尺寸、温度梯度、熔体流动、黏度、外力场、界面形状等。当然，目前存在的各种模型在特定的条件下都能得到一定的实验验证，但由于影响颗粒行为的因素复杂，各模型也都存在一定的偏差或局限性。

如图 5.49 定性分析凝固界面形状对颗粒行为的影响。当固液界面为平整界面时，若颗粒被持续推移，界面前沿将聚集很多颗粒，颗粒运动受到阻碍，其结果是颗粒被固相机械地嵌入，形成带状组织 [图 5.49(a)]；若颗粒能被固液界面捕获，则能够获得颗粒均匀分布的凝固组织 [图 5.49(b)]。当凝固界面为胞状界面时，假定胞晶间距大于颗粒直径，粒子与界面的作用结果如图 5.49(c)、图 5.49(d) 所示。此时，若颗粒被固液界面排斥，颗粒将偏聚在胞晶晶界的沟槽中，从而被机械地嵌入晶粒边界 [图 5.49(c)]；若颗粒能被固液界面捕获，则颗粒能进入晶内形成均匀的分布 [图 5.49(d)]。当固相以树枝晶生长时，颗粒被固液界面所排斥时，则存在于枝晶间隙 [图 5.49(e)]；颗粒能被固液界面捕获时，能均匀分布于枝晶内 [图 5.49(f)]。

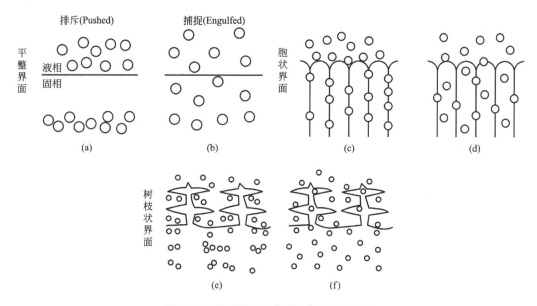

图 5.49　凝固界面形状对颗粒行为的影响

1. 基本概念

规则共晶	离异生长	偏晶反应
非规则共晶	共生区	金属基复合材料
领先相	"搭桥"作用	
共生生长	包晶反应	

2. 说明在过共晶合金结晶时，先析出相与领先相的异同。

3. 在共晶结晶中，阐述决定共生生长或离异生长的影响因素。

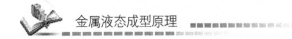
4．如何理解共生区，共生区受哪些因素影响？

5．在共晶结晶中，"晕圈"组织如何形成？对实际合金组织的控制有何影响？

6．在规则共晶中，决定其形态的主要因素是什么？

7．在铸铁材料中，碳元素可以哪些形态存在？其结晶生长的主要机制是什么？

8．在包晶反应过程中，非平衡结晶与平衡结晶最主要的差异在哪里？为什么？

9．举出工业上应用的包晶合金实例，并分析如何利用包晶反应的特点。

10．为什么说通常条件下偏晶成分合金的组织形貌与亚共晶合金类似？

第6章

宏观凝固组织的形成与控制

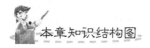

本章知识结构图

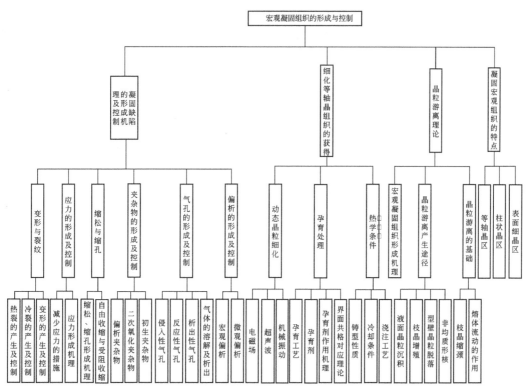

宏观凝固组织的形成与控制

- 凝固缺陷的形成机理及控制
  - 变形与裂纹
    - 热裂的产生及控制
    - 冷裂的产生及控制
    - 变形的产生及控制
    - 减少应力的措施
  - 应力的形成及控制
    - 应力形成机理
  - 缩松与缩孔
    - 缩松、缩孔形成机理
  - 夹杂物的形成及控制
    - 自由收缩与受阻收缩
    - 偏析夹杂物
    - 二次氧化夹杂物
    - 初生夹杂物
    - 侵入性气孔
  - 气孔的形成及控制
    - 反应性气孔
    - 析出性气孔
    - 气体的溶解及析出
  - 偏析的形成及控制
    - 宏观偏析
    - 微观偏析

- 细化等轴晶组织的获得
  - 动态晶粒细化
    - 电磁场
    - 超声波
    - 机械振动
  - 孕育处理
    - 孕育工艺
    - 孕育剂
    - 孕育剂作用机理
    - 界面共格对应理论
  - 热学条件
    - 铸型性质
    - 冷却条件
    - 浇注工艺

- 晶粒游离理论
  - 宏观凝固组织形成机理
  - 晶粒游离产生途径
    - 液面晶粒沉积
    - 型壁晶粒脱落
    - 非均质形核
  - 晶粒游离的基础
    - 枝晶缩颈
    - 熔体流动的作用

- 凝固宏观组织的特点
  - 等轴晶区
  - 柱状晶区
  - 表面细晶区

本章学习提示

（1）了解金属凝固宏观组织的类型及特点。

（2）了解晶粒游离理论的发展背景；掌握晶粒游离形成途径以及游离晶粒对宏观晶区形成的影响。

（3）理解获得完全细化等轴晶组织的工艺途径。

（4）理解孕育剂作用的机理以及孕育处理工艺，了解典型的孕育剂。

（5）了解动态晶粒细化的主要途径，掌握典型动态晶粒细化手段的作用机理。

（6）理解凝固缺陷的主要类型及对铸件性能的影响。

（7）了解偏析的类型；掌握微观偏析的形成机理和控制方法；理解正常偏析、逆偏析、密度偏析等宏观偏析的形成机理及控制方法。

（8）了解金属中气体的存在形态、来源；理解气体在金属中溶解、析出的基本规律；掌握析出性气孔、反应性气孔及侵入性气孔缺陷的形成机制和防止途径。

（9）了解金属凝固组织中夹杂物的来源、分类；掌握初生夹杂物、二次氧化夹杂物、偏析夹杂物等缺陷形成规律及控制措施。

（10）了解体收缩、线收缩、收缩率、收缩系数等基本概念；掌握自由收缩和受阻收缩及在冷却过程中的形成过程。

（11）掌握缩松、缩孔形成的机理以及控制措施；理解灰铸铁、球墨铸铁件缩孔或缩松产生的特性。

（12）了解瞬时应力、残余应力、临时应力、热应力、相变应力、机械阻碍应力等基本概念；掌握热应力的形成机理；理解机械阻碍应力、相变应力的形成机制；掌握减少应力产生的主要途径。

（13）理解铸件变形产生的主要阶段和原因；掌握减少或消除变形的工艺途径。

（14）了解冷裂的主要特征；掌握冷裂形成机制及其控制方法。

（15）了解热裂缺陷的特征及分类；理解热裂形成的机理；掌握控制热裂缺陷的途径。

导入案例1

单晶铜(OCC)可用于音响线材的制作，是近年音响线材制造业的一项重大突破。单晶铜是一种高纯度无氧铜，其整根铜杆或铜线仅由一个晶粒组成。而被广泛用于音响线材制作的普通无氧铜(OFC)，其内部为多晶组织，"晶界"造成信号失真和衰减，以至信号传输性能比单晶铜逊色。

单晶铜因消除了作为电阻产生源和信号衰减源的晶界而具有优异的综合性能：卓越的电学和信号传输性能，良好的塑性加工性能；优良的抗腐蚀性能；显著的抗疲劳性能；减少了偏析、气孔、缩孔等铸造缺陷；光亮的表面质量。因而主要用于国防高技术、民用电子、通讯以及网络等领域，可作为集成电路封装材料、高标准音频视频传输材料、高标准通信网络线缆传输材料等。图6.1所示为单晶铜材质视频插件。

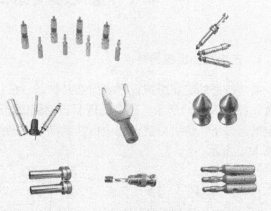

图6.1 单晶铜材质视频插件

导入案例2

2010年3月，中国二重生产的最大铸件——大型模锻压机活动横梁中梁合浇成功(图6.2)。该铸件所需钢水总量达758t，仅第一次合浇就达到609t，需多炉次冶炼、5包钢水合浇，而且需80t电炉和60t电炉连续冶炼提供钢水，由钢包精炼炉同时精炼。此件属厚壁铸件，工艺设计的冒口使浇注总高达到4.1m，加上3m的铸件高度，钢水总压力头超过7m。

图6.2 大型模锻压机活动横梁中梁5包钢水合浇现场

铸件微观结构的概念包括晶粒内部的结构形态,如树枝晶、胞状晶等亚结构形态,共晶团内部的两相结构形态,以及这些结构形态的细化程度等;其宏观凝固组织,指的是铸态下晶粒的形态、大小、取向和分布等情况。两者表现形式不同,但其形成过程却密切相关,并决定着铸件或凝固试样的性能。

6.1 宏观凝固组织的形成理论

6.1.1 宏观凝固组织的特点

典型铸件的宏观组织包含表面细晶粒区、柱状晶区、内部等轴晶区等三个不同形态的晶区,如图 6.3(a)所示。三个晶区所占比例根据凝固条件的不同,会发生较大地变化。在一定的条件下,也可以获得完全由柱状晶或等轴晶所组成的宏观结晶组织,如图 6.3(b)、图 6.3(c)所示。

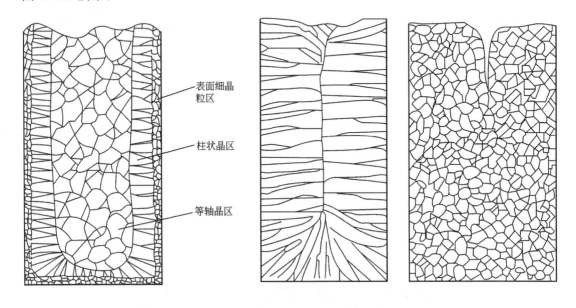

表面细晶
粒区

柱状晶区

等轴晶区

(a) 包含三个晶区的铸件宏观结晶组织   (b) 由柱状晶构成的铸件组织   (c) 全部由等轴晶构成的组织

图 6.3 几种铸件截面宏观组织示意图

通常表面细晶区较薄,对铸件或试样的力学性能影响不大。铸件的质量和性能主要取决于柱状晶区和等轴晶区的比例。柱状晶在生长过程中凝固区域较窄,其横向生长受到相邻晶体的阻碍,树枝晶得不到充分的发展,分枝较少。因此结晶后显微缩松等晶间杂质少,组织比较致密。但柱状晶比较粗大,晶界面积小,并且位向一致,因而其性能具有明显的方向性。此外,其凝固界面前方(特别是当不同取向的柱状晶区相遇而构成晶界时),夹杂、气体等富集严重容易导致铸件热裂,或者使铸锭在以后的塑性加工中产生裂纹。等轴晶区的晶界面积大,杂质和缺陷分布比较分散,呈各向同性特征,因此性能均匀而稳定。其缺点是枝晶比较发达,显微缩松较多,凝固后组织不够致密。

一般工业生产中，希望铸件获得均匀的等轴晶组织，应尽量抑制柱状晶生长，细化等轴晶组织。在某些特殊的应用领域，如航空发动机叶片等，则需要通过定向凝固技术来获得完全柱状晶构成的组织，甚至是单晶，以提高抗蠕变性能及延长使用寿命(图 6.4)。这是因为，在高温下工作的叶片，微观组织中的晶界降低其蠕变抗力，特别是垂直于拉应力方向的横向晶界。

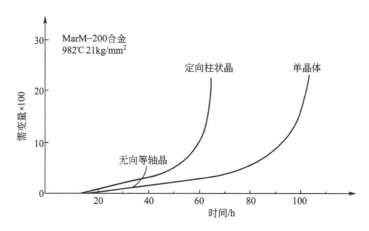

图 6.4　三种不同晶粒组织材料的蠕变曲线

6.1.2　晶粒游离理论

对于 3 个晶区形成机理的认识，也经历了一个不断深入的发展过程。在过去相当长的一段时间内，人们曾认为，铸件中的每一个晶粒都代表着一个独立的形核过程，而铸件结晶组织的形成则是这些晶核就地生长的结果。但是，这种静止的观点并没有完全反映出铸件宏观组织形成的真实过程。在 20 世纪六七十年代以来，研究中发现在金属结晶过程中，由于各种因素的影响，除直接借助于独立形核以外，还会通过其它方式在熔体内部形成大量处于游离状态的自由小晶体，即游离晶粒。游离晶粒的形成过程及其在液流中的漂移和堆积(即称之为晶粒游离)，影响着等轴晶的数量、大小和分布状态，从而决定着铸件宏观结晶组织的特征。

1. 液态金属流动的作用

在第 2 章中讨论了液态金属流动，自然对流及强迫对流对铸件结晶中晶粒游离过程的作用主要是通过影响其传热、传质过程及对凝固层的机械冲刷来实现的。

在传热方面，液态金属流动的宏观作用在于加速其过热热量的散失，从而使全部液态金属几乎在浇注后的瞬间(小于 30s)很快地从浇注温度下降到凝固温度。这样就使得游离晶在液态金属内部漂移过程中得以残存而不致被熔化。在微观作用方面，由于液态金属的流动基本上是以紊流的形式出现的，因此伴随着流动的进行，在液态金属内部还会引起一定强度的温度波动。此温度波动对已凝固层晶体的脱落、分枝的熔断以及晶体的增殖等晶粒游离现象具有很大的影响。

研究发现液态金属中的温度波动现象受到对流强度、温度梯度等因素的影响。如图 6.5(a)所示 Cole 等人的实验结果，在单向散热条件下，热端在凝固试样的最上部时，其对流作用最弱，因此固液界面处的温度波动最小；反之，当热端在凝固试样的最下部时，其对流作用最强，因此温度波动最大。图 6.5(b) 为 Flemings 等人的实验结果，即表示在单向结晶的水平试样中，熔体内温度波动与温度梯度的关系。可见温度梯度越大，温度波动现象越显著。

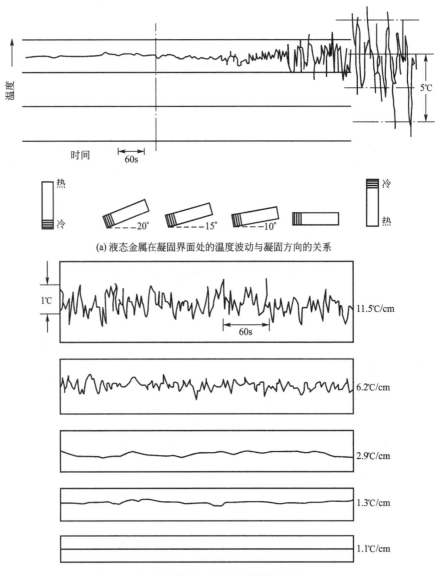

(a) 液态金属在凝固界面处的温度波动与凝固方向的关系

(b) 液态金属的温度波动与温度梯度的关系

图 6.5　液态金属中温度的波动

在传质方面，液态金属流动的最大作用就在于导致游离晶粒的漂移和堆积，并使各种晶粒游离现象得以不断进行。同时，流动也能改变界面前沿的溶质分布状态，加速流体宏观成分的均匀化(如前述有关溶质在分配现象时的讨论)，但却导致流体内部微观成分的波动。

2. 枝晶缩颈

初生枝晶在其生长过程中必然要引起固液界面前沿溶质富集，造成熔体液相线温度降低,从而使其实际过冷度减小。并且溶质偏析程度越大,实际过冷度就越小,其生长速度就越缓慢。另外,又由于晶体根部紧靠型壁,富集的溶质最不易排出($k_0 < 1$),使该部位偏析程度最为严重,生长受到强烈抑制;同时,远离根部的其他部位则由于界面前方的溶质易于通过扩散和对流而均匀化,因此面临较大的过冷,其生长速度要快得多。故在晶体生长过程中将产生根部"缩颈"现象,生成头大根小的晶粒。该凝固过程特征是由大野笃美和茂木等人通过实验发现的,图 6.6 为观察到的枝晶缩颈现象照片(箭头所指处)。在流体的机械冲刷和温度波动的作用下,熔点最低而又最脆弱的缩颈极易断开,晶粒自型壁脱落而导致晶粒游离(图 6.6)。

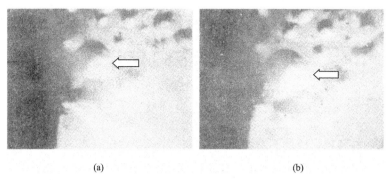

(a)   (b)

图 6.6   型壁枝晶缩颈现象

上述枝晶的"缩颈"现象不仅仅存在于型壁晶粒的根部,而且也存在于树枝晶各次分枝的根部。这是因为图 6.7 所示的型壁枝晶缩颈现象就是一次枝晶的根部缩颈,在自由生长的枝晶还会形成二次及高次枝干,其根部的溶质扩散条件都是与图 6.6 所示的型壁一次枝晶生长条件类似的,也容易形成根部缩颈(图 6.7)。

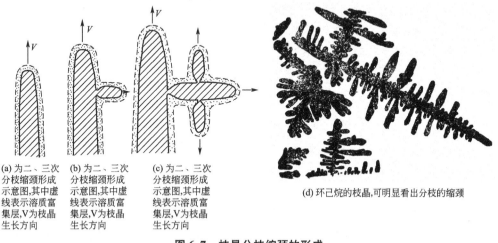

(a) 为二、三次分枝缩颈形成示意图,其中虚线表示溶质富集层,V为枝晶生长方向　(b) 为二、三次分枝缩颈形成示意图,其中虚线表示溶质富集层,V为枝晶生长方向　(c) 为二、三次分枝缩颈形成示意图,其中虚线表示溶质富集层,V为枝晶生长方向

(d) 环己烷的枝晶,可明显看出分枝的缩颈

图 6.7   枝晶分枝缩颈的形成

3. 晶粒游离产生途径

1) 过冷熔体中的非均质形核所引起晶粒游离

在铸件浇注和凝固过程中,由于浇道、型壁及液面等处的激冷作用而使其附近的熔体过冷,并通过非均质形核作用在其内部形成大量处于游离状态的小晶体,并且这些自由小

晶体在液态金属中上浮或下沉或随液态金属的流动而到熔体的其他区域，产生游离现象（图6.8）。特别是当液态金属内部存在有大量有效形核质点的情况下（比如孕育处理加入的形核剂），成分过冷导致非均质形核是内部游离晶的有效来源之一。

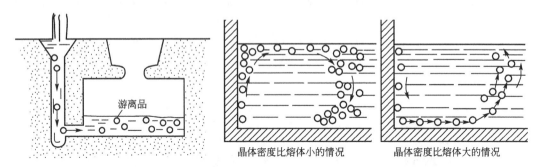

(a) 由于浇注温度低,在浇注期间形成的激冷晶游离   (b) 凝固初期形成的激冷晶游离

图6.8　浇注过程及凝固初期的晶粒游离

2）型壁晶粒的脱落形成的晶粒游离

在浇注过程及凝固初期由于浇注系统和铸型型壁处的激冷作用，形成了大量细小的等轴晶。一方面，初生枝晶直接依靠金属液流的机械冲刷作用，并随对流作用游离到熔体内部，在区域温度较低时能保留于熔体内起到晶核的作用；另一方面，初生枝晶通过"缩颈"现象导致脱落，产生游离（图6.9）。

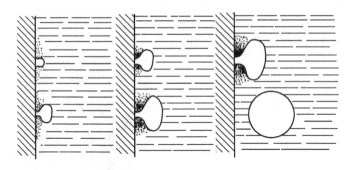

图6.9　型壁晶粒脱落示意图

3）枝晶增殖所引起的晶粒游离

在熔体内部，即固液界面前端，自由生长的枝晶还会形成二次及高次枝干，其根部形成缩颈后熔断，并被液流卷入液体内部而产生游离。游离晶粒在液流中漂移时，要不断通过不同的温度区域和浓度区域，不断受到温度波动和浓度波动的冲击，从而使其表面处于反复局部熔化和反复生长的状态之中。从而分枝根部缩颈就可能断开而使一个晶粒破碎成几部分，然后在低温下各自生长为新的游离晶（图6.10）。在适宜的条件下，这就可以造成游离晶粒数量的大量增加。这个过程称为晶粒增殖，也是一种非常重要的晶粒游离现象。

4）液面晶粒沉积所引起的晶粒游离

凝固初期在液面处形成的晶粒或顶部凝固层脱落的分枝由于密度比液体大而下沉，并

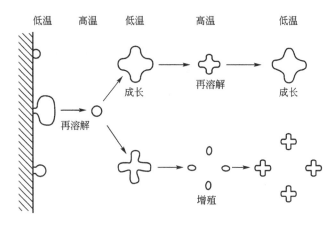

图6.10 游离晶粒的增殖作用

且下沉过程中也可能发生枝晶的熔断和增殖,这种现象称为"结晶雨",这也是产生晶粒游离的来源。如图6.11所示为在Al中加入0.4%Ti,在液面上施加少量振动条件下得到的铸锭宏观组织。可见,由于液面晶粒的沉降,使得铸锭下部游离晶粒聚集,形成细等轴晶组织,而上部则生长成柱状晶组织,如图6.11(a)所示;当在铸型中间部位水平设置了一个隔网,则液面下层游离晶粒只能沉积于隔网上,因此在隔网上部的铸锭中间部位形成细等轴晶组织,而下部的晶粒游离作用大大减弱,使其等轴晶组织粗大,等轴晶区范围也缩小,如图6.11(b)所示。

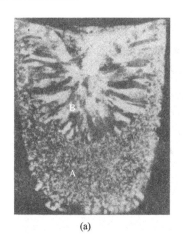

(a)   (b)

图6.11 Al锭的宏观组织
(A—等轴晶区、B—柱状晶区)

通常认为,由于"结晶雨"产生的晶粒游离现象多发生在大型铸锭的凝固过程中,而在一般铸件结晶过程中由于直接与空气接触的浇冒口的面积较小,并很快形成凝固壳层,此机制对晶粒游离强度的影响较弱。

4. 宏观凝固组织形成机理

1)表面细晶粒区的形成

根据传统理论,当液态金属浇入温度较低的铸型中时,型壁附近熔体由于受到强烈的激冷作用而大量形核。这些晶核在过冷熔体中迅速生长并互相抑制，从而形成了无方向性的表面细等轴晶组织。因此，在较早时期，常把表面细等轴晶称为"激冷晶"。现代研究表明，除了非均质形核过程以外，各种形式的晶粒游离也是形成表面细晶粒区的"晶核"来源。型壁附近熔体内部的大量形核只是表面细晶粒区形成的必要条件，而抑制铸件形成稳定的凝固壳层则为其充分条件。因为稳定的凝固壳层造成了界面处晶粒单向散热的条件，从而促使晶粒逆着热流方向择优生长而形成柱状晶。

而表面稳定的凝固壳层是随着型壁处晶粒游离作用的停止而形成的，换而言之，即只要晶粒游离能持续进行，则可抑制凝固壳层的形成。

2）柱状晶区的形成

柱状晶区开始于稳定凝固壳层的产生，而结束于内部等轴晶区的形成。因此柱状晶区的宽窄程度及存在与否取决于上述两个因素综合作用的结果。在一般情况下柱状晶区是由表面细晶粒区发展而成的，稳定的凝固壳层一旦形成，处在凝固界面前沿的晶粒在垂直于型壁的单向热流的作用下，便转而以枝晶状单向延伸生长。由于各枝晶主干方向互不相同，那些主干与热流方向相平行的枝晶，其固液界面前端过冷度最大，较之其他取向的相邻枝晶生长得更为迅速。它们优先向内伸展并抑制相邻枝晶的生长。在逐渐淘汰掉取向不利的晶体过程中发展成柱状晶组织(图6.12)。这个互相竞争淘汰的晶体生长过程称为晶体的择优生长。由于择优生长，在柱状晶向前发展的过程中，离开型壁的距离越远，取向不利的晶体被淘汰得就越多，柱状晶的方向就越集中，同时晶粒的平均尺寸也就越大。

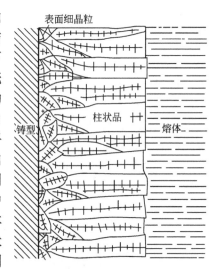

图6.12 柱状晶择优生长示意图

3）内部等轴晶区的形成

从本质上说，内部等轴晶区的形成是由于熔体内部晶核自由生长的结果。熔体中游离的晶粒在过冷度合适的情况下自由生长，同时不断地沉积，形成等轴晶(图6.13)。等轴晶晶核来源于游离晶粒，前面已经讨论了几种可能的途径。对于具体凝固条件，可能是某一种机理或几种机理起主导作用的。

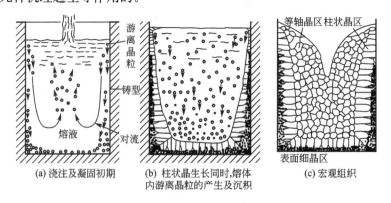

(a) 浇注及凝固初期　(b) 柱状晶生长同时,熔体内游离晶粒的产生及沉积　(c) 宏观组织

图6.13 宏观组织的形成过程示意图

内部等轴晶区的出现是控制柱状晶区继续发展的关键因素。如果固-液界面前方始终不利于等轴晶的形成与生长，则柱状晶区可以一直延伸到铸件中心，直到与对面型壁长出的柱状晶相遇为止，从而形成所谓的穿晶组织。若界面前方的等轴晶生长条件充分的话，则会内部形成发达的等轴晶组织，从而也抑制柱状晶的生长。若在生长的柱状晶前端不存在足够数量的游离晶粒，则此少量的游离晶粒则也可被柱状晶所捕获，夹在柱状晶中间生长，形就成了分枝状柱状晶(图6.14)。

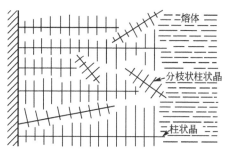

图6.14　分枝状柱状晶形成示意图

综上所述，稳定凝固壳层的产生决定着表面细晶粒区向柱状晶区的过渡，而阻止柱状晶区进一步发展的关键则是中心等轴晶区的形成，即取决于熔体内部晶粒游离作用的强弱。因此，从本质上说，晶区的形成和转变是过冷熔体独立形核的能力和各种形式晶粒游离、漂移与沉积的程度这两个基本条件综合作用的结果，各种晶粒游离的产生就要受到金属性质、铸型特点、浇注工艺及铸件结构等方面的影响。

6.2　等轴晶组织的获得及细化

通过强化非均质形核和促进晶粒游离以抑制凝固过程中柱状晶区的形成和发展，就能获得等轴晶组织。非均质晶核数量越多，晶粒游离的作用越强，熔体内部越有利于游离晶的残存，则形成的等轴晶粒就越细。凡能强化熔体独立形核，促进晶粒游离及有助于游离晶的残存与堆积的各种因素都将抑制柱状晶区的形成和发展，从而扩大等轴晶区的范围，并细化等轴晶组织。概括起来，这些因素包括以下几个方面：①金属性质方面，强形核剂在过冷熔体中的存在，宽结晶温度范围的合金和小的温度梯度 G_L；合金中溶质元素含量较高、平衡分配系数 k_0 值偏离1较远。②熔体处理方面，熔体在凝固过程中存在着长时间的、激烈的对流等因素都能促进晶粒游离，获得等轴晶组织；合适的熔体处理工艺(如孕育处理)，强化形核。③浇注条件方面，低的浇注温度及合适的浇注工艺。④铸型性质和铸件结构方面，铸型的激冷能力。下面就对获得和细化等轴晶组织的措施进行具体的讨论。

6.2.1　合理控制热学条件

1. 低温浇注和采用合理的浇注工艺

实践证实，降低浇注温度是减少柱状晶获得细等轴晶的有效措施之一(图6.15)，甚至在减少液体流动的情况下也能得到细等轴晶组织。这时熔体的过热度较小，当它与浇道内壁接触时就能产生大量的游离晶粒。此外，低过热度的熔体也有助于已形成的游离晶粒的残存，这对等轴晶的形成和细化有利。

此外，采用合理的浇注工艺，特别是强化金属液流对铸型型壁冲刷作用的浇注工艺，也能强化晶粒游离，有效地促进细等轴晶的形成，甚至是获得完全的细化等轴晶组织。

图 6.16 所示的游离籽晶铸造（Seed Pouring）工艺示意图，熔体通过一个冷却着的导向槽（冷却器）流入铸型。当熔体在冷却器中流下时，其温度下降到所需的程度。如果在冷却器的表面采取一定工艺措施，使其较易产生晶粒游离，则就可使含有大量游离小晶粒的低温熔体进入铸型，从而获得细小等轴晶组织。当然降低浇注温度往往也降低了熔体的流动性，同时也使熔体内的夹杂物、气体等上浮排出困难，因此实际应用中应当根据情况，综合确定铸件的浇注温度。

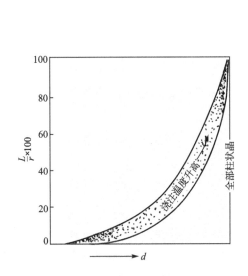

图 6.15 等轴晶大小 d 与柱状晶长度 L 的关系（r 为试样半径）

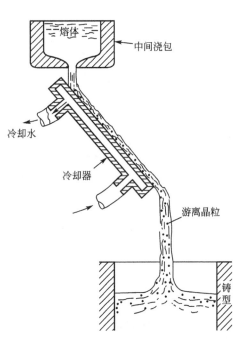

图 6.16 游离籽晶铸造法

又例如从图 6.17 示意的几种浇注工艺，浇注孔位置、个数有差异，但是浇注孔面积基本一致的，在其它工艺条件（铸型、浇注温度等）相同情况下，得到的组织差异很大。单孔中心上注法工艺获得的是主要以粗大柱状晶为主的组织，六孔靠近型壁上注法工艺基本上得到完全细化的等轴晶组织。六孔法工艺的特点是浇注过程中金属液流对型壁的冲刷作用最充分，从而强化游离晶粒的产生；而每个浇注位置流经的液态金属最少，也避免局部铸型的快速升温，使得晶粒游离作用能持续发展，抑制了表面凝固壳层的生成。

2. 合理控制冷却条件

控制冷却条件的目的是形成宽的凝固区域和获得大的过冷从而促进熔体形核和晶粒游离。由第 4 章成份过冷的形成条件的讨论可知，小的温度梯度 G_L 和高的冷却速度 v 可以满足上述要求。但就铸型的冷却能力而言，除薄壁铸件外，这二者不可兼得。对于薄壁铸件而言，激冷可以使整个断面同时产生较大的过冷。铸型蓄热系数越大，整个熔体的形核能力越强，因此这时采用金属型铸造比采用砂型铸造更易获得细等轴晶的断面组织。对于型壁较厚或导热性较差的铸件而言，铸型的激冷作用只产生

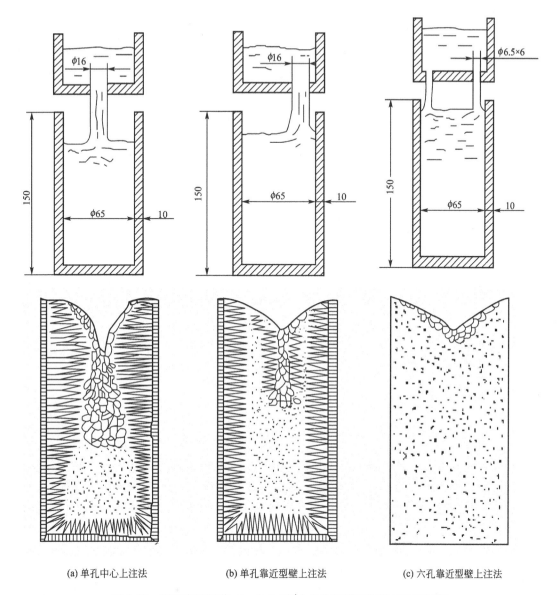

(a) 单孔中心上注法   (b) 单孔靠近型壁上注法   (c) 六孔靠近型壁上注法

图 6.17　不同浇注工艺 Al‑Cu0.2%合金的宏观结构组织(石墨型)

于铸件的表面层，在这种情况下，等轴晶区的形成主要依靠各种形式的晶粒游离，这时铸型冷却能力的影响有两个方面。一方面，低蓄热系数的铸型能延缓稳定凝固壳层的形成，有助于凝固初期激冷晶的游离，同时也使内部温度梯度 G_L 变小，凝固区域加宽，从而对增加等轴晶有利；另一方面，它减慢了熔体过热热量的散失，不利于游离晶粒的残存，从而减少了等轴晶的数量。通常，前者是矛盾的主导因素。因而在一般生产中，除薄壁铸件外，采用金属型铸造比砂型铸造更易获得柱状晶，特别是高温下浇注更是如此。由于高的散热速度不仅使凝固过程中 G_L 变大，而且在凝固开始时还促使稳定凝固壳层的过早形成。因此对厚壁铸件，一般总是采用冷却能力小的铸型以确保等轴晶的形成，再辅以其他晶粒细化措施以得到满意的效果。如果是采用冷却能力大的金属型则需配合以更强有力的晶粒游离措施才能得到预期效果，因此比前者要困难得多。

图 6.18 所示为大野笃美对于 99.8%Al 合金的实验。采用中间拔塞浇包的方法浇注，在其他工艺条件保持一致的前提下，铸型分别采用树脂砂、石墨、铸铁、碳素钢、不锈钢、黄铜、铅和纯铜。可见铸型冷却能力对等轴晶区形成的影响，当铸型冷却能力增大时（按冷却能力依次为树脂砂、不锈钢、石墨、铅、铸铁、碳素钢铸型），等轴晶区面积逐渐增大；但当采用黄铜、纯铜等激冷能力很强的铸型时，等轴晶区面积大大减小，并趋于零。

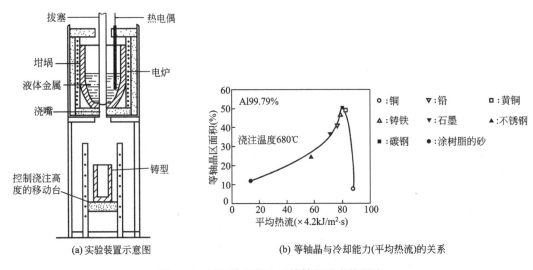

(a) 实验装置示意图   (b) 等轴晶与冷却能力(平均热流)的关系

图 6.18　铸型冷却能力对等轴晶形成的影响

在合理控制冷却条件方面的一个比较理想的方案是采用悬浮铸造工艺，既不使铸型有较大的冷却作用以便降低 G_L 的数值，又要使熔体能够快速冷却。所谓悬浮铸造法就是在浇注过程中向液态金属中加入一定数量的金属粉末，这些金属粉末如同许许多多的小冷铁均匀地分布于液态金属中，起着显微激冷作用，加速液态金属的冷却，促进等轴晶的形成和细化。它与通常的孕育处理的最大区别就在于金属粉末的加入量较大，一般为 2%～4%，约相当于通常孕育剂用量的 10 倍，因此其主要作用是显微激冷。但由于金属粉末的选择也需要遵循界面共格对应原则，而在液态金属凝固过程中，即将熔化掉的粉末微粒也起着非均质核心的作用，所以也可以把悬浮铸造法看成是一种特殊的孕育处理方法。

另外，金属在铸型中凝固，其宏观组织不仅与铸型的冷却能力有关，也与铸型的其他性质(如铸型的表面粗糙度等)有密切关系。若铸型材质是均质的、光滑的［图 6.19(a)］，在型壁上形核的晶粒随着液面的上升而沿型壁长大，因此形成了稳定的凝固壳层。若型壁面为凹凸状［图 6.19(b)］，则溶体由于表面张力作用不能进入内凹处，则晶粒的生长会受到抑制，在下一个凸起的边缘就会重新形核。

将钢制铸型的一面用衍磨抛光制成镜面，另一个面用粗砂纸打磨制成粗糙面［图 6.20(a)］。随后浇入 99.8%Al 熔体，其宏观组织如图 6.20(b)所示。可见，粗糙面的柱状晶明显较左边细化，意味着粗糙面上形核数量较多。

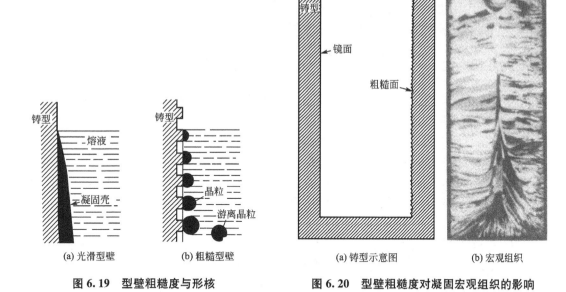

| (a) 光滑型壁 | (b) 粗糙型壁 | (a) 铸型示意图 | (b) 宏观组织 |

图6.19 型壁粗糙度与形核   **图6.20 型壁粗糙度对凝固宏观组织的影响**

6.2.2 孕育处理

孕育处理是向液态金属中添加少量物质以实现细化晶粒、改善组织的一种工艺方法。目前这种方法的技术术语很不统一，如在铸铁中一律称孕育，在有色合金中常称变质，在钢中则两种混用。从本质上说，孕育(Inoculation)主要是影响形核过程和促进晶粒游离以细化晶粒；而变质(Modification)则是改变晶体的生长机理，从而影响晶体形貌。变质在改变共晶合金的非金属相的结晶形貌上有着重要的应用，而在等轴晶组织的获得和细化中采用的则是孕育方法。但需要指出的是，虽然孕育和变质的主要目的各不相同，但两者之间存在密切的联系。比如，良好的孕育处理可促进球墨铸铁中石墨以球状方式生长，提高球化率；细化白口抗磨铸铁凝固组织可在一定程度上改善碳化物的形态和分布；Al-Si合金中利用Na或Sr变质处理，使Si相形态改变的同时，也使共晶Si得到明显的细化。

要实现良好的孕育处理效果，获得细化等轴晶组织，关键是选择合适的孕育剂和合理的孕育工艺。

1. 界面共格对应理论

由非均质形核理论可知，作为良好的形核剂首先应能保证结晶相能在衬底物质上形成尽可能小的润湿角 θ，其次形核剂在液态金属中尽可能保持稳定，并且具有最大的表面积和最佳的表面特性(如表面粗糙度或凹坑等)。

实际上，由于测试上的困难，对于高温熔体内固相间的润湿角 θ 的定量了解还很缺乏。更多的是间接地了解和研究固相间的界面润湿性问题。其中应用最广的是界面共格对应理论。

该理论认为，在非均质形核过程中，衬底晶面总是力图与结晶相的某一最合适的晶面相结合，以便组成一个衬底与结晶相间界面能 σ_{CS} 最低的界面。因此，界面两侧原子之间必然要呈现某种规律性的联系，这种规律性的联系称之为界面共格对应。研究指出，只有

当衬底物质在某一个晶面与结晶相的某一个晶面的原子排列方式相似，而其原子间距相近或在一定范围内成比例时，才可能实现界面共格对应。这时界面能主要来源于界面两侧点阵失配所引起的点阵畸变，并可用点阵失配度 δ 来衡量。

$$\delta = \frac{|a_S - a_C|}{a_C} \times 100\% \qquad (6-1)$$

式中：a_S、a_C——分别表示相应的衬底晶面、结晶相晶面在无畸变下的原子间距。

当 $\delta \leqslant 5\%$ 时，通过点阵畸变过渡，可以实现界面两侧原子之间的一一对应。这种界面称为完全共格界面 [图 6.21(a)]，其界面能 σ_{CS} 较低，衬底促进非均质形核的能力很强。

当 $5\% < \delta < 25\%$ 时，通过点阵畸变过渡和位错网络调节，可以实现界面两侧原子之间的部分共格对应。这种界面称为部分共格界面 [图 6.21(b)]，其界面能稍高，衬底具有一定的促进非均质形核的能力。但随着 δ 的增大，其促进形核作用逐渐减弱直至完全消失。

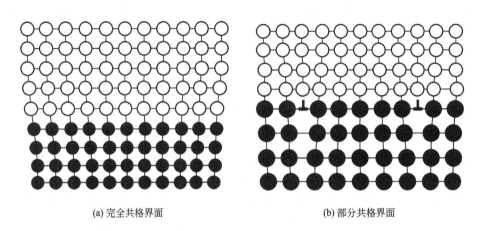

(a) 完全共格界面   (b) 部分共格界面

图 6.21　界面共格对应理论模型

研究表明，在 δ 值较小的情况下，非均质形核临界过冷度 $\Delta T_{非}^*$ 与 δ 之间存在式(6-2)所示的关系。

$$\Delta T_{非}^* \infty \delta^2 \qquad (6-2)$$

界面共格对应理论已经被许多事实所证实，例如镁和 α-锆同为密排六方晶格，镁的晶格常数 $a = 0.3209$nm、$c = 0.5210$nm，α-锆的晶格常数 $a = 0.3210$nm、$c = 0.5133$nm，且锆的熔点(1852℃)远高于镁的熔点(650℃)，因此锆是镁的非常有效的形核剂。含有微量锆($w_{Zr} = 0.03\%$)的镁合金在冷却过程中通过包晶反应而析出高度弥散的 α-Zr 几乎可以直接作为镁相的晶核，从而显著地细化镁合金晶粒。又比如 Ti 和 Cu，虽然晶格结构不同，但 Ti 的密排六方晶格($a = 0.29506$nm、$c = 0.4678$nm)的 {0001} 面和面心立方结构 Cu ($a = 0.3615$nm)的 {111} 面具有相似的原子排列方式，其原子间距也相近，因此 Ti 也是 Cu 合金的有效形核剂。

但是界面共格对应理论并不能解释所有的非均质形核中有效形核剂作用机理问题。如 Tiller 等人还提出了界面的静电作用理论，从一定程度上弥补了界面共格对应理论的不足。

2. 孕育剂的作用机理

对于孕育剂作用机理，可归纳为为两类：一是强化非均质形核；二是通过在结晶生长界面前沿形成成分富集而使枝晶产生缩颈，促进晶粒游离。

1）形核剂

形核剂，顾名思义，是一种起到强化非均质形核作用的孕育剂。由界面共格对应理论可知，只要具有共格界面的衬底都能有效促进非均质形核。此时有效衬底可以是外加形核剂颗粒本身，也可是外加形核剂与熔体反应产物。因此形核剂可以通过这两种途径来实现非均质形核，提高形核数量。

（1）直接作为外加晶核的形核剂，这是一些与欲细化相具有界面共格对应的高熔点物质或同类金属碎粒。它们在液态金属中可直接作为欲细化相的有效衬底而促进非均质形核。前述的悬浮铸造也可归入此类。已经证明，在高锰钢中加入锰铁，在高铬钢中加入铬铁都可以直接作为欲细化相的非均质晶核而细化晶粒并消除柱状晶组织。铝合金中加入铝钛中间合金，中间合金中的铝钛相（$TiAl_3$）与 $\alpha\text{-}Al$ 之间也有良好的共格对应关系，也可直接作为形核剂。

（2）通过与熔体的相互作用而产生非均质晶核的形核剂。

① 孕育剂能与液相中某些元素（最好是欲细化相的原子）组成较稳定的化合物。此化合物与欲细化相具有界面共格对应关系而能促进非均质形核。如钢中的 V、Ti 就是通过形成能促进非均质形核的碳化物和氮化物而达到细化等轴晶的目的的。在这种情况下，构成包晶反应的形核剂具有特别大的优越性。它先析出化合物 $B_n Me_m$，弥散分布在液相中，当 α 相结晶时则可作为 α 相的晶核，因此有很好的孕育效果。锆在镁中的作用就是一个显著的例子，溶有微量 Zr 的镁合金在冷却过程中通过包晶反应析出的高度弥散 $\alpha\text{-}Zr$ 可以直接作为镁的晶核，从而显著地细化晶粒。此外 Al 合金中加入 Ti、Zr、V 等元素也有类似作用，见表 6-1。

表 6-1 细化 $\alpha\text{-}Al$ 的常用形核剂

相图	形核剂	相图特征				$B_n Al_m$			工业用量
		特征点成分（%）			名称	点阵			
		P	F	$T_p/\text{℃}$		类型	点阵常数		
	Ti	0.19	0.28	668	$TiAl_3$	正方	$a=5.44\text{Å}$		＞0.05% 最好 0.2%～0.3%
							$c=8.59\text{Å}$		
	Zr	0.11	0.28	660.5	$ZrAl_3$	正方	$a=4.01\text{Å}$		0.1%～0.2%
							$c=17.32\text{Å}$		
	V	0.10	0.37	661	VAl_{10}	面心立方	$a=3.0\text{Å}$		0.03%～0.05%

注：Al 合金中 Ti-B 复合孕育（0.05%Ti＋0.03%～0.05%B）时，细化效果更好。

为说明表 6-1 中 Ti、B 对 α-Al 的细化作用，如图 6.22 所示的纯金属铝以及分别单独加入 Ti、B 元素后的宏观组织。可见，加入 Al 中的 Ti 由于存在包晶反应，促进了形核以及型壁上等轴晶的游离现象，获得完全等轴晶组织；而单独加入 B 获得的宏观组织是细化柱状晶，说明 B 元素仅是促进了型壁上的形核，并没有使在型壁上形成的初生晶根部生长受到抑制（即形成晶粒游离）。因此，将这两个元素复合加入，实现既增加形核、又促进晶粒游离的目的，则易于获得完全细化的等轴晶组织。

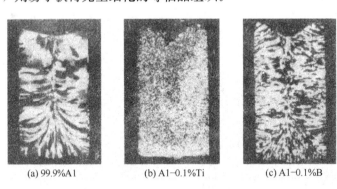

(a) 99.9%Al　　　　(b) Al-0.1%Ti　　　　(c) Al-0.1%B

图 6.22　Ti、B 对 Al 凝固组织的影响

② 通过在液相中造成很大的微区富集而迫使结晶相提前弥散析出。如硅铁加入铁水中瞬时间形成了很多富硅区，造成局部过共晶成分迫使石墨提前析出，而硅的脱氧产物 SiO_2 及硅中的某些微量元素形成的化合物可作为石墨析出的有效衬底而促进非均质形核。

2）强成分过冷元素孕育剂

其主要作用是通过在生长界面前沿的富集而使晶粒根部和树枝晶分枝根部产生细弱缩颈，从而促进晶粒的游离。此外，强成分过冷也能强化熔体内部的非均质形核，而孕育剂富集抑制了晶体生长也能促使组织细化，从而最终有利于等轴晶的获得和细化过程。由前述讨论可知，溶质元素的成分过冷作用是随结晶温度范围$\left(即\dfrac{-mC_0(1-k_0)}{k_0}或(T_1-T_2)\right)$的增大而增大的，因此其孕育效果也随上述参量的增大而加强。图 6.23 为 Tashis 的试验结果，即为很好的例证，图中相对晶粒度为合金晶粒度与纯金属晶粒度的比值。

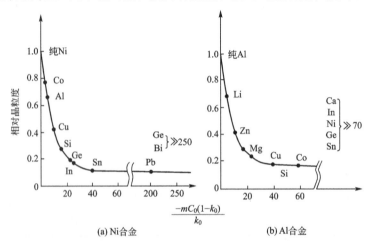

(a) Ni合金　　　　(b) Al合金

图 6.23　合金相对晶粒度与结晶温度范围的关系

强成分过冷元素形核剂的联合使用，可以获得更加细化的组织，因此可以采用复合孕育剂以提高细化效果。

3. 常用孕育剂

必须强调指出，孕育作用是一个极其复杂的物理化学过程，孕育机理也还没有统一的认识。可以认为，上述孕育机理的阐述各自从不同的侧面揭示了孕育作用的本质。实践表明，多元复合孕育剂往往比单一组元的孕育剂有更好的效果，反复进行试验仍然是寻找有效孕育剂的一个非常重要的手段。表6-2中列举了一些常用合金的孕育剂及其可能产生的作用原理。

表6-2 常用合金的孕育剂

合金类型	孕育剂	一般用量	备注
碳钢及低合金钢	V	0.06%～0.3%	形成 TiN, TiC、VN, VC 直接作为晶核
	Ti	0.1%～0.2%	
	B	0.005%～0.01%	可能是成分过冷作用
高锰钢	$CaCN_2$	0.45%	消除穿晶，细化晶粒
高铬钢	Ti	0.8%～1%	细化晶粒，减小脆性
硅钢(Si3%)	TiB_2 粉粒		溶解并析出 TiN、TiC
铸铁	石墨粉		增加石墨晶核，细化共晶团
	Ca、Sr、Ba	与 FeSi 配成复合形核剂	CaC_2、SrC_2、BaC_2 的(111)面与石墨的(0001)面对应，且能除 S、O 并增强 Si 的形核作用
	Ca-Si	12%～16%Ca+50%～60%Si+0.8～1.2%Al+Fe	强孕育剂，比普通硅钙(32%Ca)含钙少，密度大，易进入铁水，烟尘少、渣少
	Ca-Si-Ba	14%～17%Ca+57%～62%Si+14%～18%Ba+7%Fe	孕育作用强、孕育衰退慢
	FeSi	0.1%～1.5%	Si 局部浓度起伏区提前析出石墨质点，宜采用瞬时加入的工艺
过共晶 Al-Si	P	>0.02%	以 Cu-P、Fe-P 或 Al-P 合金加入，形成 AlP 细化初生硅，但不细化共晶硅
铝、Al-Cu、Al-Mg、Al-Mn、Al-Si	Ti、Zr、V、Ti+B、Ti+C	0.15%Ti, 0.20%Zr, 0.01%Ti+0.005%B, 0.01%Ti+0.005%C	以中间合金(Al-Ti、Al-Ti-B、Al-Ti-C 等)或盐类(K_2TiF_4、KBF_4 等)加入，明显细化 α 晶粒
Mg、Mg-Zn	Zr	0.3%～0.7%	800～850℃以 K_2ZrF_6 加入，Mg-Zr 的包晶开始成分约 Zr0.58%。α-Zr 晶格与 Mg 一致，但 Al 起干扰作用

(续)

合金类型	孕育剂	一般用量	备注
Mg-Al Mg-Al-Zn	C		坩埚中过热增碳,或加入六氯乙烷,形成 Al_4C_3 作为晶核,Zr 起干扰作用
	V	0.1%	以 Al-V、Al-Ti、Al-B 中间合金加入
	Ti+B	Ti0.05%+B0.01%	
Mg-Mn	Ti 或 V	0.03%~0.1%	
	B 或 Zr	0.03%~0.05%	
铜	Li	0.005%~0.02%	成分过冷作用
	Bi	0.5%	
	Li+Bi	Li0.05%+Bi0.05%	
一般铜合金	Fe	>1%	包晶开始于 Fe2.8%,γ-Fe 晶格与 Cu 一致,用于含 Fe 的铜合金
铜合金	Zr、Zr+B、Zr+Mg、Zr+Mg+Fe+P	0.02~0.04	以纯金属或中间合金方式加入,Zr、ZrB、ZrFe 为非均质结晶核心,同时加入微量 P,细化效果加强
铝青铜 (Cu-Al-Fe)	V、B、W、Zr、Ti	0.05%~0.1%	当存在碳时,碳化物质点起晶核作用,B 仅细化 β 相
	V+B	V0.05%+B0.02%	
Cu-Sn、Cu-Zn	Ti+B	Ti0.05%+B0.02%	
	V+B	V0.05%+B0.02%	
Cu-Zn-Pb	混合稀土	0.05%	消除柱状晶、细化晶粒
钛合金	B	0.05%~0.1%	硼化物和碳化物起晶核作用
	B+Zr	$w_{B+Zr}=0.1\%\sim0.15\%$	
镍基高温合金	碳化物(WC、NbC 等)		碳化物以粉末形式加入

4. 孕育工艺

孕育剂加入合金液后要经历一个孕育期和衰退期。在孕育期内,孕育剂的组元熔化于合金液中或与合金液发生反应生成化合物,起细化作用的异质固相颗粒均匀分布并与合金液充分润湿,逐渐达到最佳的细化效果。当细化效果达到最佳值时进行浇注是最理想的,通常就存在一个可接受的保温时间范围。随合金种类及孕育剂的不同,达到最佳孕育效果所需要的时间也不同。

另一方面,实践中还发现,几乎所有的孕育剂在处理后存在孕育衰退的现象。因此孕育效果不仅取决于孕育剂的本身，而且也与孕育处理工艺密切相关。一般说来，处理温度越高，孕育衰退越快。因此在保证孕育剂均匀溶解的前提下，应尽量降低处理温度。孕育剂的粒度也要根据处理温度和具体的处理方法来选择。为了使孕育衰退的副作用降低到最小限度，近年来生产实际中也普遍采用了一系列后期（瞬时）孕育方法。其中包括各种形式的随流孕育法和型内孕育法。前者是借助于一定的方法使孕育剂在浇注期间随着金属液流一起均匀地进入铸型的方法；后者则可通过在浇注系统内撒上孕育剂粉末或安放上孕育块来实现。同时，也在不断探索开发各种长效孕育剂。

6.2.3 动态晶粒细化

动态晶粒细化方法主要是采用机械力或电磁力引起固相发生相对运动，导致枝晶破碎或与从型壁脱落，在液相中形成大量的晶核，达到细化晶粒的目的。下面介绍几种常用的动态晶粒细化方法。

1. 机械振动

机械振动可以直接振动铸型，也可以在浇注过程中振动浇注槽或浇口杯或者将振动器直接插入液态金属中进行振动。通过机械振动作用使凝固过程中液相与固相发生相对运动，导致枝晶破碎强化游离晶核的形成，从而促进细化等轴晶组织的获得。

研究发现，通过控制振动的方向及频率可对宏观组织进行控制。樊自田等人在 ZL101 合金消失模铸造中，在试样凝固过程中通过三维振动装置，施加不同的振动方向及振动频率，获得的金相组织及力学性能，如图 6.24～图 6.27 所示，在一定范围内通过施加机械振动可以细化晶粒，提高合金的力学性能。

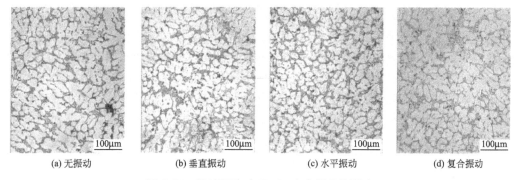

(a) 无振动　　　　　(b) 垂直振动　　　　　(c) 水平振动　　　　　(d) 复合振动

图 6.24　机械振动对 ZL101 合金组织的影响

（振动频率 50Hz，激振力 2kN）

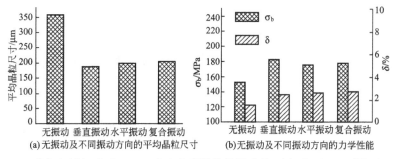

(a) 无振动及不同振动方向的平均晶粒尺寸　　　(b) 无振动及不同振动方向的力学性能

图 6.25　施加机械振动对 ZL101 合金力学性能的影响（振动频率 50Hz，激振力 2kN）

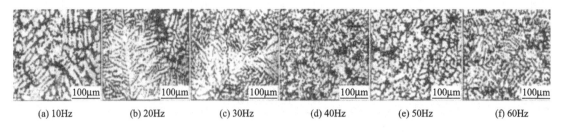

(a) 10Hz   (b) 20Hz   (c) 30Hz   (d) 40Hz   (e) 50Hz   (f) 60Hz

图 6.26 振动频率对 ZL101 合金组织的影响(垂直振动)

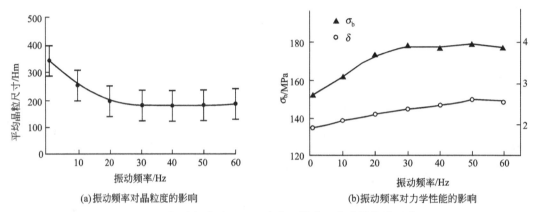

(a)振动频率对晶粒度的影响   (b)振动频率对力学性能的影响

图 6.27 振动频率对 ZL101 合金晶粒度及力学性能的影响

2. 超声波

凝固过程中采用外加超声波激励时,可产生空化、声流等作用,促进形核、晶粒游离,从而实现晶粒的细化。

超声波空化作用是指存在于液体中的微气核(空化泡)在声波的作用下振动,当声压达到一定值时发生的生长和崩溃的动力学过程。空化作用一般包括 3 个阶段:空化泡的形成、长大和剧烈的崩溃。当盛满液体的容器中通入超声波后,由于液体振动而产生数以万计的微小气泡,即空化泡。这些气泡在超声波纵向传播形成的负压区生长,而在正压区迅速闭合,从而在交替正负压强下受到压缩和拉伸。在气泡被压缩直至崩溃的一瞬间,会产生巨大的瞬时压力,一般可高达几十兆帕至上百兆帕。由 3.2.2 节中介绍的克拉布龙公式(3-27)可知压力升高,液相熔点随之上升,从而提高了合金液的过冷度,导致形核数大增,达到晶粒细化的目的。

当超声波探头与金属熔体作用时,由于声波和熔体之间黏性力的相互作用,会形成声压梯度,从而形成由环流和漩涡流所组成的声流。该声流作用能对金属熔体产生搅拌作用,并可破碎先析出相,进而实现晶粒细化。

图 6.28 为李军文等人得到的共晶灰铸铁组织,通过施加不同时间的超声波(功率为2kW、频率 20kHz)发现,试样的石墨形态由大量块状 C 型石墨和片状 A 型石墨 [图 6.28(a)],逐渐变为 C 型石墨减少、A 型石墨变短变粗 [图 6.28(b)],C 型石墨消失 [图 6.28(c)]。同时在一定范围内,其力学性能也由于超声波处理而有所提高,冲击韧性由未施加超声时的 4.0J·cm^{-2} 提高为 5.5J·cm^{-2}(处理时间 10s)。

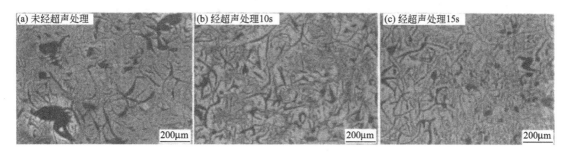

图 6.28   超声波对灰铸铁组织的影响

3. 电磁场

在凝固过程中，对熔体施加电磁场，通过电磁场与熔体作用产生的电磁力、热效应以及影响传质作用等途径，对凝固组织形态及合金的力学性能都会有较大的影响。目前研究中采用的电磁场的类型较多，如电场有直流电场、交流电场及脉冲电场；磁场有直流磁场、交流磁场、稳恒磁场、旋转磁场、移动磁场、脉冲磁场及耦合磁场等。目前该领域中主要利用电磁场对液态金属的熔体驱动、电磁成型、电磁制动、电磁悬浮及电磁雾化等作用来实现金属的凝固及成型。

电磁成型即电磁铸造(Electromagnetic Casting，EMC)技术，是利用电磁力实现液态金属的约束成型，在无铸型的条件下完成金属的熔炼及成型的技术。电磁制动是指直流磁场与运动金属液流之间的相互作用具有"电磁制动(Electromagnetic Braking)"的功能，当液流在直流磁场中运动时，将在内部产生感应电流，从而产生与流动方向相反的洛仑兹力抑制其流动，消除紊流和流动的不稳定性。电磁制动技术首先应用于连铸结晶器内金属熔体注流流速的控制，以改善铸坯的质量。电磁悬浮技术中一类是静电悬浮，即利用静电场对充电样品产生库仑力而使之产生悬浮；另一类是利用电磁场对导电材料产生的悬浮作用力来实现材料的浮区熔炼、悬浮凝固和去除杂质等作用。电磁雾化是在细小喷嘴射出的液态金属和喷嘴对面安装的电极间施加电压，在与喷嘴-电极间的电流方向成正交的方向上施加直流磁场，在通电的同时，喷嘴-电极间的液态金属内则会产生体积力，使液态金属飞散雾化，然后电流被切断，但在后续流出的金属作用下，又重新通电，并再次使金属飞散雾化，如此反复。此工艺可以很好地控制雾化金属的粒度及分布。

而对于凝固组织控制应用最多的是利用电磁力对熔体流动的控制技术，通常包括电磁搅拌凝固技术、电磁振荡凝固技术、电磁离心铸造等。

1) 电磁搅拌

电磁搅拌是利用电磁场使固液界面前端熔体内部产生对流，一般实际应用的电磁搅拌器可分为线性搅拌器和旋转搅拌器。后者又包括两种：一种是在感应线圈内通过交变电流产生交变电磁场；另一种是旋转永磁体法，该方法采用由高性能永磁材料组成的感应器，可以在内部产生很高的磁场强度，通过改变永磁体排列方式，可以使金属液内部产生明显的三维流动，提高搅拌效果。图 6.29 为线性和旋转电磁搅拌系统示意图。

研究表明，电磁搅拌产生的金属液流动使树枝晶前端断裂或产生熔断，造成大量破碎枝晶促进晶粒游离；同时，剧烈流动可大大加速熔体内部的传热，扩大凝固区域范围；流动还可加速传质作用，使凝固界面前沿扩散边界层减薄而浓度梯度增大，促进两相区成分

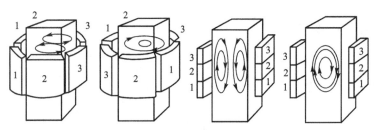

图 6.29 铸造过程中使用的直线型和旋转型电磁搅拌系统

过冷度的增加。这些都有助于获得细化的等轴晶组织。图 6.30 所示为电磁搅拌作用对合金组织晶粒度的影响，其磁场强度是通过调节励磁电压来控制的，励磁电压越高，则电磁搅拌作用越强。结果表明，在一定范围内电磁搅拌作用愈强，则晶粒细化效果愈显著；但励磁电压超过某一临界值后，增加励磁电压，晶粒进一步细化的效果就不明显了。

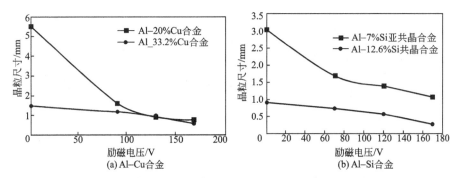

图 6.30 电磁搅拌条件下宏观晶粒尺寸与励磁电压的关系

图 6.31 所示为电磁搅拌条件下半固态 A356 合金的微观组织，可见在没有电磁搅拌的条件下(图 6.31(a))组织为粗大的树枝晶；随着电流强度的最大，即电磁搅拌作用的加强，等轴晶逐渐细化成粒状或花瓣状。

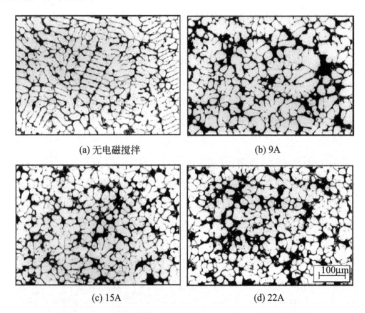

图 6.31 电磁搅拌对半固态 A356 合金组织的影响

2）电磁振荡

金属熔体内通入一定频率的交变电流，与外加的直流磁场交互作用，在熔体中产生交变的电磁力，其频率与电流的频率是一致的，这个交变电磁力使得金属熔体发生振荡，即电磁振荡（图 6.32）。

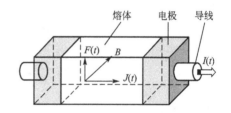

图 6.32　电磁振荡凝固示意图
$F(t)$——电磁振荡力
B——稳恒磁场强度
$J(t)$——交变电流强度

凝固过程中施加的电磁振荡，其振荡力可类似于机械振动作用，直接将先析出枝晶破碎或加速熔断，从而促进晶粒游离获得细化的等轴晶组织；也可产生类似于超声波激励下的空化作用，促进形核从而细化晶粒。图 6.33 为 Al-4%Cu 合金在常规凝固和电磁振荡凝固条件下获得的宏观组织形貌，可见电磁振荡对晶粒细化效果的显著。

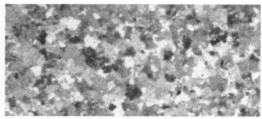

(a) 常规凝固　　　　　　　　　　　　　　(b) 电磁振荡凝固

图 6.33　Al-4%Cu 合金的宏观凝固组织

3）电磁离心铸造

电磁离心铸造是将离心铸造和电磁搅拌技术结合起来的一项新兴的铸造工艺。电磁离心铸造利用金属熔体随铸型的转动与外加直流磁场的交互作用而产生电磁力，在电磁力的

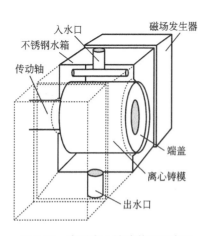

图 6.34　电磁离心铸造装置示意图

作用下，金属熔体产生与转动方向相反的相对运动，从而产生了电磁搅拌（图 6.34）。由于在电磁离心铸造中，熔体不仅受到电磁力的作用，还承受离心力的作用，因此对凝固组织的细化以及促进柱状晶向等轴晶的转变具有显著的影响。图 6.35 为将 Al-13%Si 共晶合金在 730℃ 下浇注，在施加不同的外加磁场下的宏观组织。可见，在无外加磁场，即常规离心铸造的条件下，其凝固组织为表面细晶区和粗大的等轴晶区；而施加一定的磁场强度后，表层形成柱状晶区，同时内部的等轴晶显著细化。

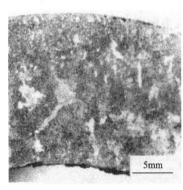
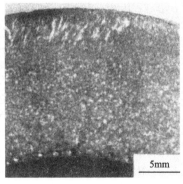
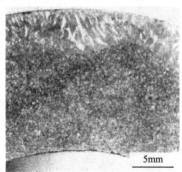

(a) 0T   (b) 0.10T   (c) 0.17T

图 6.35   Al‐Si 共晶合金电磁离心铸造组织(空冷)

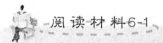
阅读材料6-1

电脉冲作用下 Al‐22%Si 合金的价电子理论研究

王建中   何力佳   林成   苍大强

由于具有良好的力学性能及膨胀系数小等优点,高硅铝合金是活塞生产的理想材料。围绕硅相的变质、结构遗传等问题许多学者做了大量的研究,认为变质元素引起的合金熔体结构的改变是结构遗传的根本原因。最近的研究表明,电脉冲孕育处理(EPM)铝合金也存在类似的变质效果,但电脉冲作用的微观机理尚不清楚。本文基于余瑞璜先生提出的"固体与分子经验电子理论"(EET)及液态金属团簇理论研究了电脉冲作用下Al‐22%Si 合金熔体价电子结构变化对核心键络的稳定性及其对组织形态的影响,从而在电子结构层次上揭示了脉冲电场作用于熔体的微观机理。

1. Si‐Si 团簇的价电子结构对组织形态的影响

根据 П. C. Попель 等人的研究,有铝硅合金熔体在熔点附近时,硅最大的原子集团半径约为 17.4nm。同时,熔体 X 射线衍射的结果表明,最紧邻配位数为 4 的原子间距约为 0.246nm。经过估算,熔体中偏聚状态的硅原子团簇大约由 200~300 个硅晶胞所组成。本文从 Si 团簇结构中任意抽出两个紧邻晶胞来讨论内部键络在电脉冲作用下的变化,如图 6.36 所示。

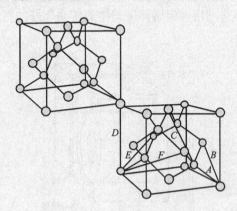

图 6.36   Si 原子团簇结构单元

各种结构单元的价电子结构及键能见表 6‐3~表 6‐8。

表 6-3 Si-Si 结构单元的价电子结构

a_0/nm	σ	n_c	n_1	$R(1)$/nm	β/nm
0.5431	5	3.904	0.096	0.117	0.0710
键名	I_a	D_{n_a}/nm	$\overline{D_{n_a}}$/nm	n_a	ΔD_{n_a}/nm
$D_{n_A}^{\text{Si-Si}}$	4	0.23517	0.23557	0.95040	0.0004
$D_{n_B}^{\text{Si-Si}}$	12	0.38403	0.38446	0.00760	0.0004
$D_{n_C}^{\text{Si-Si}}$	12	0.45032	0.45059	0.00089	0.0003
$D_{n_D}^{\text{Si-Si}}$	6	0.54310	0.54625	0.00004	0.0032

表 6-4 Al-Al 结构单元的价电子结构

a_0/nm	σ	n_c	n_1	$R(1)$/nm	β/nm
0.4049	4	2.5296	0.4704	0.1190	0.0710
键名	I_a	D_{n_a}/nm	$\overline{D_{n_a}}$/nm	n_a	ΔD_{n_a}/nm
$D_{n_A}^{\text{Al-Al}}$	12	0.28631	0.28640	0.20810	0.00009
$D_{n_B}^{\text{Al-Al}}$	6	0.40490	0.40497	0.00450	0.00007
$D_{n_C}^{\text{Al-Al}}$	24	0.49572	0.49576	0.00020	0.00006
$D_{n_D}^{\text{Al-Al}}$	24	0.64020	0.64040	0.000016	0.00006

表 6-5 Al-Si 结构单元的价电子结构

a_0/nm	σ	n_c	n_1	$R(1)$/nm	β/nm
0.40365	$\sigma_{\text{Al}}=4$	2.6498	0.4319	0.11883	0.0710
	$\sigma_{\text{Si}}=6$	4.0000	0.0000	0.11700	
键名	I_a	D_{n_a}/nm	$\overline{D_{n_a}}$/nm	n_a	ΔD_{n_a}/nm
$D_{n_A}^{\text{S-S}}$	12	0.285420	0.286360	0.2083	0.0009
$D_{n_B}^{\text{S-S}}$	6	0.403650	0.404590	0.0045	0.0009
$D_{n_C}^{\text{S-S}}$	24	0.494400	0.495340	0.0002	0.0009
$D_{n_D}^{\text{S-S}}$	24	0.638230	0.639170	0.00002	0.0009

表 6-6 Si-Si 结构单元各条键的键能及其计算参数

键名	n_a	D_{n_a}/nm	$\overline{B}_a$	$\overline{F}_a$	E_a/kJ·mol^{-1}
$D_{n_A}^{\text{Si-Si}}$	0.9504	0.23517	32.8947	1.9760	262.6863
$D_{n_B}^{\text{Si-Si}}$	0.0076	0.38403	32.8947	1.9760	1.2864
$D_{n_C}^{\text{Si-Si}}$	0.00086	0.45032	32.8947	1.9760	0.1285
$D_{n_D}^{\text{Si-Si}}$	0.00004	0.54310	32.8947	1.9760	0.0048

表 6-7　Al-Al 结构单元各条键的键能及其计算参数

键名	n_a	D_{n_a}/nm	$\bar{B}_a$	$\bar{F}_a$	E_a/kJ·mol^{-1}
$D_{n_A}^{Al-Al}$	0.2081	0.28631	45.7317	1.8334	60.9411
$D_{n_B}^{Al-Al}$	0.0045	0.40490	45.7317	1.8334	0.9318
$D_{n_C}^{Al-Al}$	0.0002	0.49572	45.7317	1.8334	0.0338
$D_{n_D}^{Al-Al}$	0.000016	0.64020	45.7317	1.8334	0.0021

表 6-8　Al-Si 结构单元各条键的键能及其计算参数

键名	n_a	D_{n_a}/nm	$\bar{B}_a$	$\bar{F}_a$	E_a/kJ·mol^{-1}
$D_{n_A}^{S-S}$	0.2083	0.285420	38.7857	1.9034	53.8774
$D_{n_B}^{S-S}$	0.0045	0.403650	38.7857	1.9034	0.8230
$D_{n_C}^{S-S}$	0.0002	0.494400	38.7857	1.9034	0.0299
$D_{n_D}^{S-S}$	0.00002	0.638230	38.7857	1.9034	0.0024

　　Si-Si 结构单元中不可忽视的键络如图 6.36 所示，结构单元中 4 条不可忽略共价键上的共用电子对数 n_A、键能 E_A 值已列于表 6-3 和表 6-6，并根据键能由强到弱的顺序将结构单元中 4 条共价键的键名记为 A，B，C，D。由表 6-6～表 6-8 可知，Si-Si 结构单元最强键的键能 $E_A = 262.6863$ kJ·mol^{-1}，Al-Si 结构单元最强键的键能 $E_A = 53.8451$ kJ·mol^{-1}，Al-Al 结构单元的最强键的键能 $E_A = 60.9411$ kJ·mol^{-1}。如果认为某相处于稳定状态时最强共价键上的键能 E_A 代表熔体中结构单元的聚集与分解的难易程度，即 E_A 值越大，键的结合越强，结构单元越容易聚集，那么 E_A 较大的 Si-Si 结构单元在 Al-Si 熔体中就最容易聚集，形成 Si-Si 团簇。这种分析正和文献中的铝硅熔体中存在着结构微观不均匀性(即存在着硅原子集团)的观点相一致。且桂满昌等人对凝固组织中五花瓣状初生硅的形核核心的研究证实了这一点。由于熔体中的原子时刻处于剧烈的热运动状态，熔体中 Si-Si 团簇稳定性对熔体的温度(能量)变化很敏感，从而使初生硅的形核核心的形态产生很大的差异。Si-Si 结构单元各共价键上的共用电子对数 n_a 愈弱，该共价键络愈容易遭到破坏，因此 Si-Si 熔体中共用电子对数较少的 D 键最容易遭破坏(图 6.36)，而共用电子对数较多的 A，B，C 键将较难被破坏，从而使该结构单元趋于稳定。当熔体温度升高时，原子振动增强，共用电子对数略有增多的 C 键将可能破坏，Si-Si 结构单元变成为四面体网络；当熔体温度继续升高时，共用电子对数较多的 B 键也可能破坏，以致于过热熔体中原 Si-Si 四面体网络消失，Si-Si 结构单元以独立正四面体或八面体的形式存在，成为高温熔体中的偏聚基元，如图 6.37。当铝硅合金熔体的温度在 700～800℃，这与硅的熔点 1414℃ 相差很远，Si-Si 结构单元不可能被完全破坏，即 Si-Si 原子团簇不能解离为单个原子，因此在 Si-Si 结构单元中 A 键破坏的几率较小。相反，当熔体温度降低时，Si-Si 结构单元 A，B，C，D 要恢复以降低系统能量。可见，温度(能量)的变化极大地影响了 Si-Si 结构单元(团簇)的键络分布，改变了铝硅合金的初生硅的形核核心，如果将这种结构改变遗传到固态就影响了铝

硅合金的组织形态。这就是过共晶铝硅合金中出现五花瓣、板条状初生硅形态差异的内在原因。

2. 电脉冲对 Si-Si 团簇键络的影响

试验合金为 $78\%Al-22\%Si$，在 3kW 电阻炉中进行熔炼，试验坩埚为高纯石墨制成。试验时，先升温到 850℃并保温 10 min，利用 C_2Cl_6 除气精炼，然后降低熔体温度到 750℃，此时将脉冲发生器的电

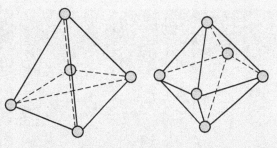

图 6.37　Si 原子四面体、八面体结构

极插入到熔体液面下约 3cm 左右(图 6.38)对熔体进行处理，最后将处理的熔体浇注到铸铁型模中(预热温度为 250℃)。在本次试验中采用四组不同的脉冲频率 5，10，15，20Hz，分别对熔体进行处理。金相试样取自台阶状试样的中部，观察金相组织的显微镜为 Axiovert 200MAT 金相显微镜，测量试样基体的显微硬度的仪器为 HV1000 型显微硬度仪。通过未经脉冲处理的试样 [图 6.39(a)] 与经电脉冲处理的试样 [图 6.39(b)] 对比可发现，经过电脉冲处理后，初生硅相由粗大的板条状、花瓣状变化为块状且比较细小，分布也变得相对均匀。

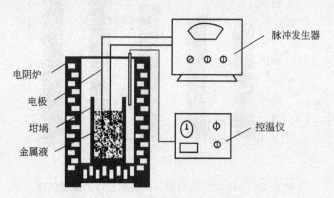

图 6.38　脉冲电场处理合金熔体示意图

电脉冲作用于过共晶铝硅合金后，改变了合金熔体的能量，能量的变化必然影响硅原子团簇键络的稳定性。与连续变化的温度场相比，电脉冲的特异性在于，当一个脉冲作用于 Si-Si 团簇导致其键络破坏后，熔体中遭破坏键络的原子因热运动本能容易恢复成键，但随后又有下一个(或多个)脉冲作用，这就使破坏的键络难于恢复成键，因此电脉冲作用下 Si-Si 团簇键络的破坏具有不可恢复性。当脉冲电场的能量足够改变 Si-Si 团簇中的 D，C，B 键络且不可恢复时，过共晶铝硅合金中自发形成的五花瓣状硅相核心 [图 6.39(a)] 就会被改变、生长受到抑制，故宏观上初生硅相组织以长杆状居多，如图 6.39(b)所示。随着脉冲能量的增加，Si-Si 团簇破坏的程度增强，破坏的 Si-Si 团簇原子一部分形成板条状初生硅，一部分进入铝基体，形成含硅较多的共晶组织，起到了明显的变质作用。进入基体铝中 Si 将显著提高了基体的显微硬度，这与图 6.40 的 $Al-22\%Si$ 合金凝固组织基体的显微硬度试验结果相符合。

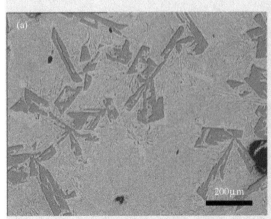

(a) 未经电脉冲处理　　　　　　　　　　　(b) 经电脉冲处理

图 6.39　Al－22%Si 合金凝固组织

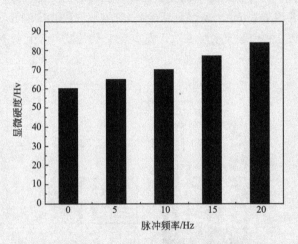

图 6.40　Al－22%Si 合金凝固组织基体的显微硬度

摘自《中国科学 E 辑：技术科学》第 38 卷，第 11 期，2008 年：1936～1943。

6.3　凝固缺陷的形成机理及控制

　　铸件缺陷按照国际铸造技术协会(ICFTA，International Committee of Foundry Technical Association)的分类体系可分为 A-多肉类缺陷、B-孔洞类、C-裂纹类、D-表面缺陷、E-铸件残缺、F-尺寸或形状差错、G-夹杂物和金相组织不合格等 7 大类，每大类下面还分为 3 级，如 G100 表示夹杂物缺陷、G120 表示熔渣类非金属夹杂物、G122 表示含气渣孔。其缺陷形成原因囊括了成型过程的各个方面，如铸型材料、合金熔炼、造型制芯、浇注落砂等。本节要讨论的仅是其中部分与凝固过程相关的具有共性的缺陷形成机理、影响因素及控制措施，包括偏析类、气孔类、夹杂类、收缩类以及裂纹等凝固缺陷。

6.3.1 偏析的形成及控制

合金在凝固过程中发生的化学成分不均匀的现象称为偏析(Segregation)。偏析按其范围的大小分为两大类：微观偏折和宏观偏析。微观偏析，又称短程偏析，是指微小范围(约一个晶粒范围)内的化学成分不均匀现象。宏观偏析，又称长程偏析或区域偏析，是指凝固断面上各部位的化学成分不均匀现象。按实际合金各部分溶质浓度 C_S 与合金原始浓度 C_0 的偏离情况可分为正偏析($C_S>C_0$)、负偏析($C_S<C_0$)。按其表现形式还可分为正常偏析、逆偏析、密度偏析、带状偏析等。

不论是微观偏析，还是宏观偏析，主要是由于合金在凝固过程中溶质再分配或扩散、流动等传质作用引起的。偏析会对铸件的力学性能、切削性能、耐腐蚀性能等产生不同程度的不利影响。偏析也有有利的一面，比如可利用它来净化和提纯金属。

1. 微观偏析

微观偏析按其形式分为胞状偏析、枝晶偏析(晶内偏析)和晶界偏析，都是合金在结晶过程中溶质再分配的必然结果。

1) 枝晶偏析

枝晶偏析通常产生于具有结晶温度范围，能够形成固溶体的合金中。在一般的凝固条件下，因冷却速度较快，扩散过程难以充分进行，使凝固过程偏离平衡条件，形成不平衡结晶。

如第四章中讨论溶质再分配规律时的，对于溶质分配系数 $k_0<1$ 情况下，晶粒内先结晶区域溶质含量低，后结晶区域溶质含量高，这种成分的不均匀性就称为晶内偏析。若合金以枝晶形式生长，先结晶的枝干与后续生长的分枝也同样存在着成分差异，称其为枝晶偏析。对于枝晶偏析中，各组元在枝干中心与边缘之间的成份分布则可用前述的 Scheil 公式进行近似描述。

枝晶偏析是由合金的不平衡凝固造成的，其偏析程度主要取决于溶质分配系数、偏析元素的扩散能力及冷却条件。分配系数 k_0 越小($k_0<1$ 时)，扩散系数 D_S 越小则枝晶的偏析越严重。因此可以用偏析系数，即 $|1-k_0|$，定性地衡量枝晶偏析的程度。另外在研究中，还可以用偏析度 S_e 和偏析比 S_R 对枝晶偏析大小进行衡量，其定义分别如式(6-3)、式(6-4)所示。

$$S_e = \frac{C_{max} - C_{min}}{C_0} \tag{6-3}$$

$$S_R = \frac{C_{max}}{C_{min}} \tag{6-4}$$

式中：C_{max}、C_{min}——某组元在枝晶内的最高、最低浓度；

　　　　C_0——某组元原始平均浓度。

在非平衡结晶过程中，冷却速度对晶内偏析也有重要的影响。当其他条件相同时，在常规冷却条件下，冷却速度越大，溶质扩散越不充分，使晶内偏析越严重；当冷却速度超过某一临界值时，随着冷却速度提高，形核率急剧上升，晶核数量大大增加，使得晶粒细化，同时枝晶从开始形核到结晶停止的时间大大缩短，造成晶内偏析反而减弱，甚至趋于消除(图 6.41)。

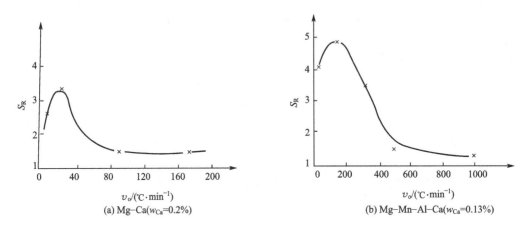

(a) Mg–Ca($w_{Ca}=0.2\%$)   (b) Mg–Mn–Al–Ca($w_{Ca}=0.13\%$)

图 6.41　冷却速度对合金中 Ca 偏析的影响

晶内偏析通常是有害的，严重的晶内偏析造成晶粒内部合金成份不均匀，使其物理和化学性能不均匀，导致铸件的机械性能，特别是韧性、塑性下降。晶内偏析是不平衡结晶的结果，在热力学上是不稳定的。如果采取一定的工艺措施，使溶质进行充分扩散，就能够消除晶内偏析。生产上常采用扩散退火或均匀化退火来消除晶内偏析，即将铸件加热到低于固相线 $100\sim200℃$ 的温度，进行长时间保温，可达到均匀化的目的。

2) 胞状偏析

前面讨论过成分过冷问题，当成分过冷较小时，晶体可呈胞状方式生长。胞状结构由一系列平行的棒状晶体所组成，沿凝固方向长大，断面形态呈六方结构，由于凝固过程中溶质再分配，当合金的平衡分配系数 $k_0<1$ 时，则在胞壁处将富集溶质，如图 6.42 所示，如果 $k_0>1$，则胞壁处的溶质会贫化。这种化学成分不均匀性称为胞状偏析。

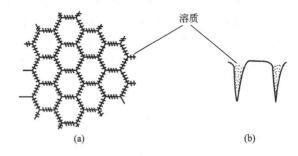

溶质

(a)   (b)

图 6.42　胞状生长时溶质分布示意图

3) 晶界偏析

合金在凝固过程中形成的晶界偏析有两种情况。第一种情况如图 6.43(a)中所示，两个晶粒并排生长，晶界平行于生长方向，由于表面张力平衡条件的要求，在晶界与液相交界的地方，会出现一个凹槽，深度可达 $10^{-8}cm$，此处有利于溶质原子的富集，凝固后就形成了晶界偏析。

第二种情况如图 6.43(b)所示，两个晶粒彼此面对面生长，在固-液界面，溶质被排出（$k_0<1$），此外，其他低熔点的物质也会被排出在固-液界面，当晶界彼此相遇时，在它们之间富集大量溶质，从而造成晶界偏析。

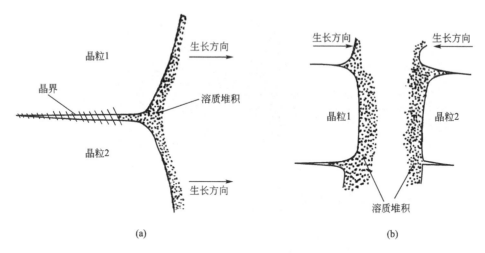

图 6.43　晶界偏析形成示意图

晶界偏析的危害要高于晶内偏析，容易引起热裂的产生，降低合金塑性，必须予以防止。生产中消除晶界偏析的方法同晶内偏析所采用的措施相同，即均匀化退火方法。但对于氧化物和硫化物引起的晶界偏析，即使采用均匀化退火的工艺也无法消除，必须从减少合金中氧、硫元素的含量，防止其偏析的产生。

2. 宏观偏析

1）正常偏析

铸件的凝固往往从与铸型壁接触的表面层开始，由于溶质再分配，当合金的溶质分配系数 $k_0<1$ 时，凝固界面的液相中将有一部分溶质被排出，随温度的降低，溶质的浓度将逐渐增加，这样一来，后结晶的固相，溶质浓度高于先结晶部分。当 $k_0>1$ 时，则与此相反，后结晶的固相，溶质浓度降低，把这种符合前述溶质再分配规律而形成的偏析称为正常偏析。

如第 4 章中对溶质再分配现象的讨论，对于水平单向生长的棒状试样，假设固相无扩散，液相充分混合、只有扩散而无对流及部分混合三种条件下凝固完成后固相溶质浓度如图 6.44 所示。在平衡凝固条件下，固相和液相中的溶质都可以得到充分扩散，这时从水平试棒的开始凝固端到终了端，溶质的分布是均匀的，无偏析现象发生，如图 6.44 中的 a 线所示。在非平衡凝固过程中，如果假设固体内溶质无扩散或扩散不完全，液体内有溶质扩散，这时将会产生偏析，如图 6.44 中 $b\sim d$ 曲线。凝固开始时在冷却端结晶的固体溶质为 k_0C_0，随后结晶出的固相中的溶质浓度将逐渐增加，最后凝固端的凝固界面附近固相的溶质浓度急剧上升。

2）逆偏析

铸件凝固后，常常出现和正常偏析相反的溶质分布情况，当 $k_0<1$ 时，表面或底部含溶质元素多，而中心部分或上部含溶质较少，这种现象称为逆偏折。如含 10%（质量分数）

Sn 的 Cu-Sn 合金，其表面有时会出现含 Sn20％～25％（质量分数）的锡汗。又如在灰铸铁件表面有时会出现磷共晶汗点。图 6.45 表示含 4.7％Cu（质量分数）的铝合金铸件断面上产生逆偏析的情况。铸件的逆偏析会降低力学性能、气密性和切削加工性。

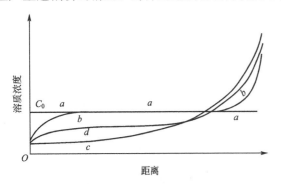

图 6.44　棒状试样单向凝固时的溶质分布

a—平衡凝固　*b*—固相无扩散而液相中只有溶质扩散

c—固相无扩散而液相完全混合

d—固相无扩散而液相部分混合

图 6.45　Al-4.7％Cu 合金铸件的逆偏析

逆偏析的形成与结晶温度范围、冷却速度、树枝晶的尺寸及液体金属所受的压力有关。形成原因是具有一定结晶温度范围的固溶体型合金（初生相）在缓慢凝固时易形成粗大树枝晶，枝晶相互交错，枝晶间富集着低熔点溶质相，当铸件产生体收缩或析出气体时，低熔点溶质将沿着树枝状晶流动。因此具有一定结晶温度范围是合金产生宏观逆偏析的基本条件，当结晶温度范围较小时，合金产生逆偏析的倾向也随之减小；合金结晶温度范围越大，树枝状晶越发达，当其他条件相同时，则越易产生逆偏析。铸件冷却缓慢，宽结晶温度范围的合金易形成发达的树枝状晶，有利于产生逆偏析。由于枝晶偏析，枝晶间含低熔点溶质元素较多，低熔点溶液在液体金属静压力或大气压力作用下，通过枝晶间的通道向外补缩，有利于形成逆偏析；合金中溶解的气体元素越多，形成的压力越有利于产生逆偏析。

因此，逆偏析的防止可从细化晶粒以及降低低熔点相流动两个方面着手。如采取细化晶粒的措施，控制凝固速度、减小合金液的含气量等工艺措施，有助于防止或减少逆偏析的产生。

3）V 形偏析和逆 V 形偏析

V 形偏析和逆 V 形偏析常出现在大型铸锭中，一般为锥形，偏析带中含有较高的碳以及硫和磷杂质。图 6.46 表示铸锭中 V 形和逆 V 形偏析产生部位的示意图。有关 V 形和逆 V 形偏析的形成机理到目前为止说法仍不统一。概括起来有以下几点。

Нехендзи Ю. А. 认为，由于固液界面偏析元素的富集，将阻碍结晶的生长，出现周期性结晶。并且认为金属在液态时，存在密度的差异，已开始产生偏析。由于结晶沉淀，在铸锭的下半部形成低于平均成分的负偏析区，上半部则形成高于平均成分的正偏析区。

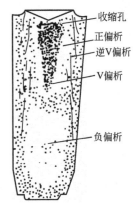

图 6.46　铸锭产生 V 形和逆 V 形偏析部位示意图

大野认为，铸锭凝固初期，结晶粒从型壁或固液界面脱落沉淀，堆积在下部，凝固后期堆积层收缩下沉对 V 形偏析起着重要的作用。铸锭在凝固过程中，由于结晶堆积层的中央下部收缩下沉，上部不能同时下沉，就会在堆积层上方产生 V 形裂缝，V 形裂缝被低熔点的溶质充填，便形成 V 形偏析。

铃木等认为逆 V 形偏析的形成是由于密度小的溶质富集金属液沿固液界面上升所引起的。另一看法则是，当铸锭中央部分在凝固过程中下沉时。侧面向斜下方产生拉力，在其上部形成逆 V 形裂缝，且被低熔点溶液所充填，形成逆 V 形偏析。

降低铸锭的冷却速度，枝晶粗大，液体沿枝晶间的流动阻力减小，促进溶质富集液相的流动，均会增大形成 V 形偏析和逆 V 形偏析的倾向。

4）带状偏析

带状偏析常出现在铸锭或厚壁铸件中，其特点是，带状偏析总是和凝固的液固界面相平行，有时是连续出现，有时则是间断的。

为了说明带状偏析的形成机理，取一单元液柱，使液体金属从左端向右端进行单向凝固，凝固过程不受外界因素的影响，如图 6.47 所示。

图 6.47（a）中的固液界面在液体金属中的溶质的扩散速度低于固体的生长速度时，产生溶质偏析，固液界面的过冷度将下降，如图 6.47（b）所示。由于液固界面的过冷降低，固体生长受到限制，晶体在固液界面前方过冷度较大的部位优先生长，并且长出分枝，成为树枝状 . 如图 6.47（c）所示，溶质富集的金属液将被树枝晶捕捉。此时，枝晶的成长将与邻近的枝晶连接在一起，形成平滑界面，又会引起固液面的过冷度下降，如图 6.47（e）和 6.47（f）所示，结晶前沿的成长又会出现新的停滞，如此重复，在铸件断面可能会出现数条带状偏析。此外，如图 6.47（g）所示，当固界面过冷度降低，固液界面推进受到溶质偏析的阻碍时，由于界面前方的冷却，从侧壁上可能产生新的晶粒并越过横截面方向溶质富集带继续长大，从而形成带状偏析。

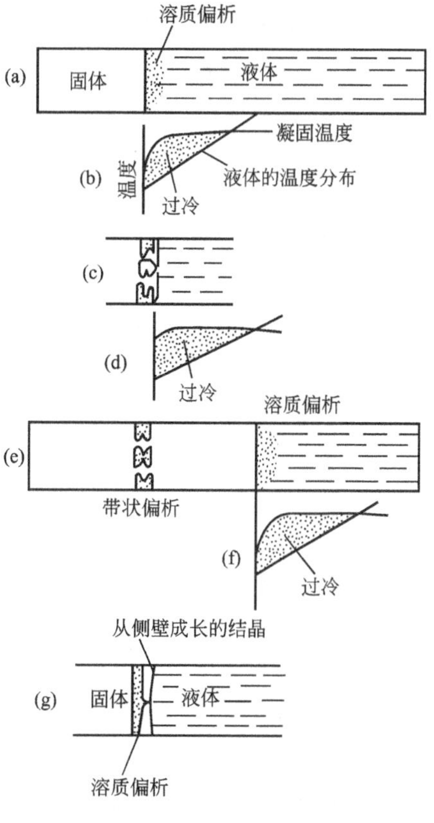

带状偏析的形成不仅与固液界面溶质富集而引起的过冷程度有关，而且受晶体成长速度变化的影响，当固液界面前方有对流或搅拌时，由于溶质的均匀化，可阻止带状偏析形成。

根据上述分析不难看出，如果减少溶质的含量，采取孕育措施细化晶粒，加强固液界面前的对流和搅拌，能够防止或减少带状偏析的形成。

图 6.47 带状偏折生成机理示意图

5）密度偏析

密度偏析也称重力偏析，是液体和固体共存或者是相互不混合的液相之间存在着密度差时产生的化学成分不均匀现象，一般形成于金属凝固前或刚刚开始凝固时。如亚共晶或过共晶合金，如果初生相与液相之间密度相差较大，当其在缓慢冷却条件下凝固时，初生相又能上浮或下沉，从而导致铸件中组成相上下分布及成分不均匀，产生密度偏析。例如，Pb15%Sb 合金在凝固过程中，初生相 Sb 的密度小于液相，因此 Sb 晶体上浮，形成密度偏析。铸铁中产生的石墨漂浮也属于密度偏析，如图 6.48 所示为利用消失模铸造工业生产的滑块球墨铸铁件中产生的石墨漂浮缺陷。

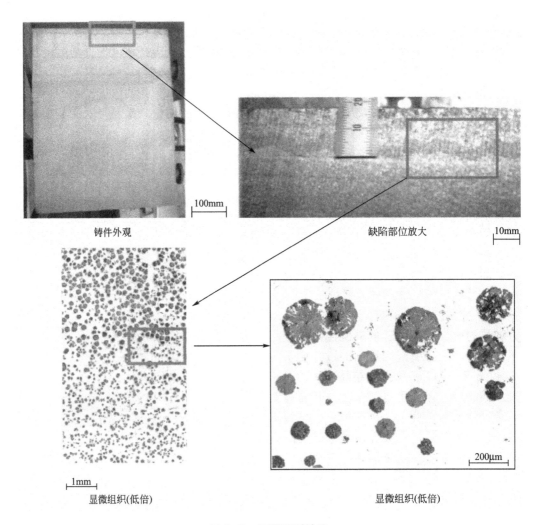

铸件外观　　　　　　　　　　　　　　　　缺陷部位放大

显微组织(低倍)　　　　　　　　　　　　　显微组织(低倍)

图 6.48　石墨漂浮缺陷

从上述分析可见，密度偏析的产生原因有二：一是液相之间或液相与初生相间的密度差异大；二是密度大的相有足够的空间和时间下沉到熔体下部，反之亦然。因此，防止或减轻密度偏析的方法可采取相应的工艺措施，如以下几点。

（1）减少密度差异较大的初生相含量。如减少石墨漂浮可降低碳当量，使其接近共晶值，以减少初生石墨相的数量。

（2）增加铸件的冷却速度，使初生相来不及上浮或下沉。

（3）加入第三种合金元素，形成熔点较高的、密度与液相接近的树枝状化合物，使其首先结晶并形成树枝状骨架，阻止偏析相的沉浮。如 Pb - Sn - Sb 轴承合金中加入少量 Cu

后，先形成 Cu_3Sn 化合物骨架，可减轻或消除密度偏析。

（4）尽量降低合金的浇注温度和浇注速度。

6.3.2 气孔的形成及控制

气孔是由于气体以气泡的形式残留于凝固组织中形成的宏观缺陷。气孔缺陷的存在不仅减少铸件的有效承载面积，而且能使局部造成应力集中成为零件断裂的裂纹源。一些不规则的气孔，增加缺口敏感性，使金属强度下降，零件的抗疲劳能力降低。弥散性气孔还造成铸件组织疏松，降低气密性。

1．概述

气孔是熔体中的气体在凝固过程中没有完全排出而残留于固态组织中形成的，因此要研究气孔的形成及其控制，必须对形成气孔的气体的来源、溶解、析出等过程要有基本的了解。

1）气体在金属中的存在形态

气体元素在金属中可以以固溶体、化合物及气态等三种形态存在。

如果气体以原子状态溶解于金属中，则以固溶体形态存在。典型的如氢元素，其原子半径小，仅为 0.37×10^{-10} nm，几乎能溶于各类铸造合金中，对诸如铝合金等铸件气孔缺陷的产生具有重要影响。再如氮元素，在铸钢、铸铁等合金中具有一定的溶解度，但在 Al 合金中几乎不能溶解。

若气体元素的化学性质活泼，极易与合金中某些元素反应，则该类气体主要以化合物的形态存在于金属熔体中。如氧元素，在高温下与绝大多数元素都能发生反应，多以化合态即氧化物的形式存在于金属中。

当气体元素即不与金属发生化学反应，其含量又超过在金属中的饱和溶解度时，该气体则以气态形式存在，如 CO、CO_2、N_2 等。

2）气体来源

一般情况下，在熔炼过程中，合金液直接与炉气接触，是金属吸气的主要途径。此外，炉料的锈蚀、油污、水分，液态金属与铸型的相互作用以及浇注系统结构设计不当等方面都会造成液态金属含气量的上升。

炉气的吸气作用，取决于气体元素在液态金属中的溶解规律。浇注系统结构设计不合理，则会在浇注及充型过程中金属液流紊流程度加剧，甚至造成喷射、飞溅及涡流等现象，大大增加熔体中气体的含量。而高温液态金属与铸型及型芯之间会发生复杂的物理、化学反应，也会产生大量气体，在排气不畅的情况下，会进入熔体，产生气孔缺陷。

3）气孔的种类

金属中的气孔可以分为析出性气孔、反应性气孔及侵入性气孔 3 类。前两类气孔是由于熔体内部的气体元素析出而在熔体内或凝固界面上产生气泡而形成的，属于"内源性"气孔；而侵入性气孔则是铸型中产生的气体后，由于压力差，侵入熔体内并残留于凝固组织中而形成的，属于"外源性"气孔。图 6.49 所示为 AC8A 铝合金(T6)活塞上的针孔。

金属液在冷却及凝固过程中，因气体溶解度下降，析出的气体来不及从液面排除而产生的气孔称为析出性气孔。这类气孔在铸件断面上大面积分布，靠近冒口、热节等温度较高的区域，其分布较密集，形状呈团球形，裂纹多角形，断续裂纹状或混合型。图 6.49

所示的金属型铸造铝合金活塞上产生的针孔，即大面积切削加工面上散布着尺寸较小的点状缺陷，主要产生于活塞上部、活塞环槽附近厚断面的外周，其主要原因是合金液中氢气浓度过高。

金属液和铸型之间或在金属液内部发生化学反应所产生的气孔，称为反应性气孔。其中金属-铸型间反应性气孔，通常分布在铸件表面皮下1～3mm，表面经过加工或清理后，就暴露出许多小气孔，所以也称为皮下气孔，形状有球状、梨状。另一类反应性气孔是金属内部化学成分之间或与非金属夹杂物发生化学反应产

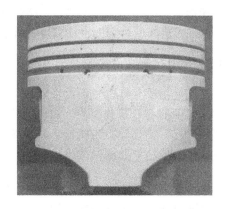

图 6.49　AC8A 铝合金(T6)活塞上的针孔

生的，呈梨形或团球形，均匀分布。该反应性气孔多与液态金属中的熔渣并存，也称为渣气孔。图 6.50 所示的球墨铸铁管中的气孔缺陷，通过金相发现，该气孔中存在非金属夹杂物，经过能谱(EDS)分析表明，夹杂物中存在 Si、Ca、Ba、和 O 等元素，Ba 是孕育剂所特有的元素，说明是残余硅铁孕育剂形成熔渣。因此其气孔是铁液中的 C 与熔渣反应生成 CO 气体所引起。

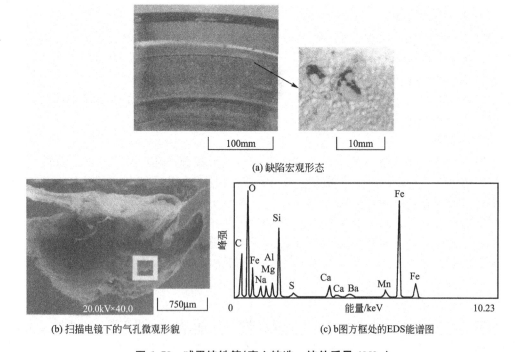

(a) 缺陷宏观形态

(b) 扫描电镜下的气孔微观形貌　　(c) b图方框处的EDS能谱图

图 6.50　球墨铸铁管(离心铸造、铸件质量 400kg)

侵入性气孔主要是砂型和型芯在高温熔体作用下所产生气体侵入金属熔体而形成的，其特征是数量少、体积较大、孔壁光滑、表面有氧化色，多存在于铸件的表面层附近。图 6.51所示湿型铸造的阀体铸件件皮下形成的内表面光滑的气孔，其形成原因主要是砂型的发气量大、透气性不足。

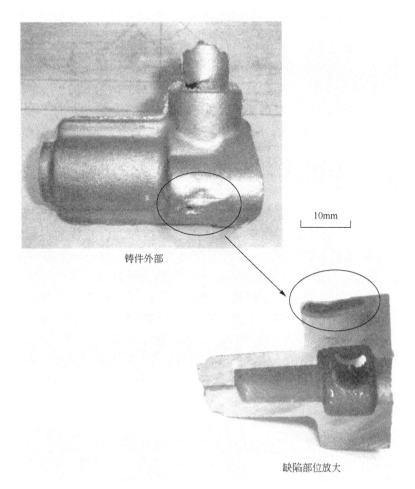

铸件外部

10mm

缺陷部位放大

图 6.51 青铜阀体铸件上的气孔

4）气体在金属中的溶解

在一定温度和压力条件下，气体溶入金属的饱和浓度，称为该条件下气体的溶解度。气体在金属中的溶解度与压力、温度、合金成分等因素相关。对于一特定成分的合金，影响气体溶解度的因素主要是温度和压力。

如不考虑蒸气压的影响，单质气体溶解度 S 与温度、压力的关系可表示为式（6-5）。

$$S = K_0 \sqrt{p} \exp\left(1 - \frac{\Delta H}{2RT}\right) \tag{6-5}$$

式中：K_0——系数；

p——气体分压；

ΔH——气体溶解热；

R——气体常数；

T——热力学温度。

由式（6-5）可见，当温度一定时，气体的溶解度与其分压的平方根成正比，这一规律称为平方根定律，可以式（6-6）表示。

$$S=K\sqrt{p} \tag{6-6}$$

式中：K——气体溶解反应的平衡常数，取决于温度和合金的种类。

氮和氢在铸铁、铸钢中的溶解度，氢在铝、铜、镁合金中的溶解度均服从平方根定律，可见，降低气相中的分压，可以减少金属中氮、氢等气体元素的含量。

当压力不变时，溶解度与温度的关系取决于溶解反应的热效应。对于溶解气体为吸热过程的金属，气体溶解度随温度的升高而增加；反之，气体的溶解度随温度的升高而降低（图 6.52）。

常见形成单质气孔的氢、氮元素在金属及合金中溶解反应的热效应及其形成化合物的倾向见表 6-9。氮、氢在铁中的溶解度与温度的关系则如图 6.53 所示，可见，氮、氢在铁及铁合金熔体中的溶解度均随温度的升高而增大，在 2200℃、2400℃左右分别达到最大值，继续升温后由于金属蒸气压快速增加，气体的溶解度急剧下降，到沸点时溶解度变为 0。实际铸铁熔炼的温度范围内，氢、氮的溶解度是随熔炼温度的升高而上升的。另外，从图 6.53 中还可见，溶解度随晶体结构的变化会发生突变，在铁素体向奥氏体转变过程中，氢、氮溶解度会增加；而 γ-奥氏体相向 δ 相转变中，溶解度下降；熔化成液相后，溶解度又呈上升的趋势。这说明，氮、氢在面心立方晶格（γ 相）中的溶解度较体心立方晶格（α 相、δ 相）中大，是因为面心立方晶格的间隙大于体心立方晶格的间隙。而在 γ 相时，氮溶解度随温度的升高而减少，其主要原因在于氮与铁所形成的氮化铁（Fe_4N）在高温时不稳定，随温度的升高，γ-Fe 中氮化铁将发生分解，致使氮的溶解度降低。

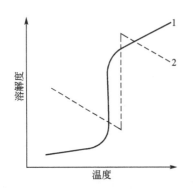

图 6.52　气体溶解度与热效应和温度的关系
1—吸热溶解　2—放热溶解

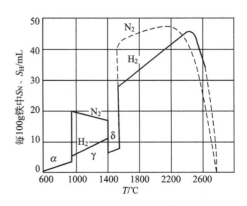

图 6.53　氮和氢在铁中的溶解度与温度的关系
（$p_{N_2}=0.1MPa$、$p_{H_2}=0.1MPa$）

表 6-9　氮和氢在金属或合金中的溶解反应类型及形成化合物倾向

气体	金属或合金	溶解反应类型	形成化合物倾向
氮	铁和铁合金	吸热反应	能形成稳定氮化物
	Al、Ti、V、Zr 等金属及合金	放热反应	
氢	Fe、Ni、Al、Cu、Mg、Cr、Co 等金属及合金	吸热反应	能形成稳定氢化物
	Ti、Zr、V、Nb、Ta、Th 等金属及合金	放热反应	不能形成稳定氢化物

氢在其他金属中的溶解度变化如图 6.54 所示。可见，氢溶解过程为吸热反应的第Ⅰ类金属，随温度的升高，氢的溶解度上升；氢溶解过程为放热反应的第Ⅱ类金属，则与之相反，高温下吸氢量反而减小。

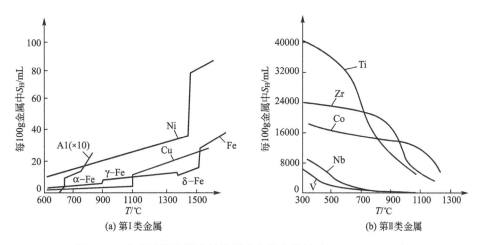

(a) 第Ⅰ类金属　　　　　　　(b) 第Ⅱ类金属

图 6.54　氢在不同金属中的溶解度与温度的关系($p_{H_2}=0.1MPa$)

氮在铝、铜及其合金中的溶解度都非常低，因此在铝、铜及其合金熔炼时，可借助于氮气除去金属液中的有害气体和杂质(即精炼处理)。

氧在铸铁、铸钢中通常以原子氧或 FeO 形式溶入液态铁中，其溶解度与温度的变化规律如图 6.55 所示。可见，氧在液态 Fe 中的溶解度随温度的升高而增大，室温下 $\alpha-Fe$ 几乎不溶解氧。因此铁合金中的氧绝大多数以氧化物和硅酸盐的形式存在。

气体的溶解度除了上面讨论的温度、压力的影响因素外，还与合金的成分密切相关。图 6.56 所示为在铁及铁合金中氢、氮、氧溶解度随合金元素的变化规律。可以看出，氢、氮的溶解度随含碳量的增高而降低，因此铸铁的吸气能力较铸钢小。

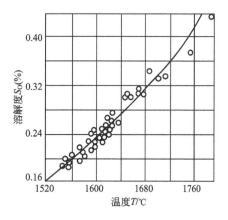

图 6.55　液态铁中氧的溶解度

5) 铸型中气体的产生

浇注时，造型材料与高温金属液要发生物理、化学反应，从而形成大量的气体。物理过程主要是传热，化学反应则主要是造型材料中部分物质的分解及液态金属与铸型的界面反应。

图 6.57 给出了浇注后停留不同时间时铸型内气体的成分。可见铸型内气体的主要成分为 H_2、CO、CO_2，在含氮的树脂砂型中还有一定量的 N_2。使用有机粘接剂的铸型，因有机物热分解速度快，所以浇注后 O_2 含量迅速降低，H_2 含量迅速增加；无机粘结剂的铸型，则由含 O_2、CO_2 较高的氧化性气氛转变为以 H_2 和 CO 为主的还原性气氛。

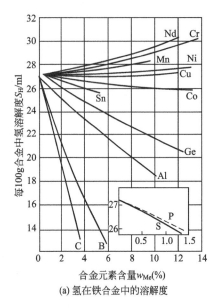

(a) 氢在铁合金中的溶解度

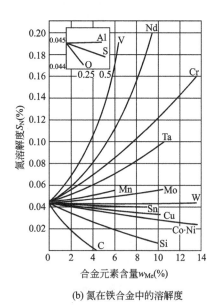

(b) 氮在铁合金中的溶解度

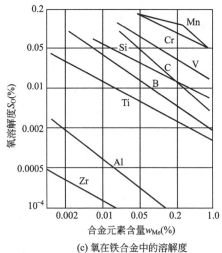

(c) 氧在铁合金中的溶解度

图 6.56 合金元素对二元铁合金中气体溶解度的影响(1600℃)

6) 气泡的析出

溶解于液态金属的气体,在熔炼、浇注及凝固过程是通过扩散逸出、金属内的某元素形成化合物及以气泡形式从液态金属中析出等三种形式从金属中析出的。气体以扩散方式析出,只有在非常缓慢冷却条件下才能充分进行,在实际生产条件下往往难以充分完成,其主要以气泡析出或形成化合物析出为主。

气体以气泡形式析出是通过气泡的形核、长大和上浮等过程完成的。设体积为 V、表面积为 S 的气泡依附在衬底上形核,则这一过程的能量关系可如式(6-7)所示。式中右边第一项表示气泡形成后体系中体积自由能的减少,第二项表示为形成气泡时增加的表面自由能。类似于晶体形核,气泡要能自发形核,则体系总的能量要减少,即 $E < 0$。

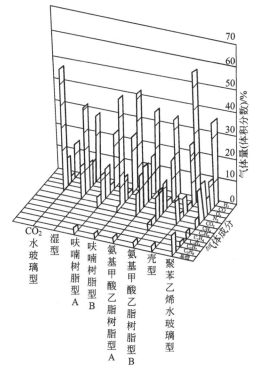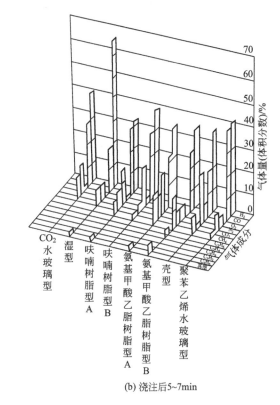

(a) 浇注后2min(CO₂、湿型)，浇注后1.5min(其他铸型)   (b) 浇注后5~7min

图 6.57　铸型内的气体

$$E=-(p_n-p_0)V+\sigma S\left[1-\frac{S_C}{S}(1-\cos\theta)\right] \qquad (6-7)$$

式中：p_n——气泡内气体的压力；

　　　p_0——液体对气泡的压力；

　　　σ——液相与气相的界面张力；

　　　θ——液体与衬底的润湿角；

　　　S_C——吸附作用的面积。

由式(6-7)可知，S_C/S 值越大，E 越小，则形核的总能量减少得越多，即气泡越容易形核。因此，S_C/S 值最大的位置就是气泡最可能形核之处。当 θ 角一定时，S_C/S 值在枝晶根部最大，所以在枝晶根部气泡最容易形成气泡核。另外，当 S_C/S 值一定时，θ 越大，气泡与衬底的润湿性越好，则气泡形核的能量越小，形核越容易。

类似于晶体的生长，气泡形核后也要长大。若气泡要继续生长，则通过气泡的内外压力差来提供驱动力。当满足如式(6-8)的条件时，气泡可以长大；当 P_n-P_0 值越大，则气泡的生长速度越快。

$$p_n>p_0 \qquad (6-8)$$

式中：P_n——气泡内气体的总压力，$P_n=P_{H_2}+P_{O_2}+P_{N_2}+P_{CO_2}+\cdots$，$P_{H_2}$、$P_{O_2}$、$P_{N_2}$、
　　　P_{CO_2} 分别为气泡内各气体的分压；

　　　P_0——液体对气泡的总压力，$P_0=P_a+P_h+P_c$，P_a 为大气压力，

P_h——液态金属静压力，

P_c——气泡克服表面张力所构成的附加压力。

由第 1 章表面张力的分析可见，若气泡直接在熔体内形核，形核之初由于体积很小（即曲率 r 小），由式(1-38)可知，附加压力 P_c 很大，则气泡很难长大。但在现成衬底上形核的气泡，其形状一般呈非规则球形，则其表面曲率半径较大，降低了附加压力，有利于气泡的长大。

气泡形核后，经过短暂的长大过程，当其浮力能克服表面张力及熔体内阻力时，即可脱离衬底上浮，其上浮过程如图 6.58 所示。可见，当润湿角 $\theta < 90°$ 时，气泡尚未长到很大尺寸便完全脱离表面；当润湿角 $\theta > 90°$ 时，长大过程中由细颈产生，气泡脱离现成表面后会残留一个凸透镜状的气泡，可以作为新的核心。气泡上浮的速度可以用第 1 章中介绍的 Stokes 公式进行估算。另外，气泡上浮过程中还会不断地从金属液中吸收气体或气泡间进行合并，也会加速其上浮速度。

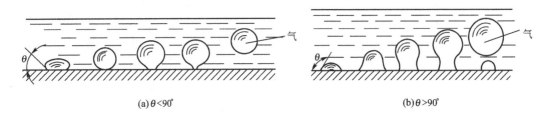

(a) $\theta < 90°$ (b) $\theta > 90°$

图 6.58 气泡脱离衬底表面示意图

2. 析出性气孔

1) 产生析出性气孔的判据

析出性气孔形成的倾向性判定上，常用的判据有 η 判据、S_L 判据。其中，η 判据定义如式(6-9)所示。

$$\eta = \frac{C_L - C_S}{C_S} \tag{6-9}$$

式中：η——气孔判据；

C_S、C_L——合金凝固时，气体在固相和液相中的溶解度。

由于 $C_S/C_L = k_0$，因此 η 判据也可用式(6-10)表示。

$$\eta = \frac{1 - k_0}{k_0} \tag{6-10}$$

将式(6-10)代入 Tiller 公式，可得

$$C_L = C_0(1 + \eta) \tag{6-11}$$

由式(6-11)可见，η 的物理含义是固液界面稳定生长时，液相的气体浓度比原始气体浓度所增加的倍数。η 值越大，气孔则越容易形成。表 6-10 给出了氢在部分金属中的 η 值，可见氢虽然在 Al 中的溶解度并不大，但其 η 值最大，因此易形成氢气孔。根据 η 判据的定义可见，其析出性气孔产生的倾向性仅考虑了气体在熔体内溶质再分配的特性，并没有考虑到实际凝固中工艺参数(如凝固速度、凝固压力等)对气孔析出的影响。

表 6-10　氢在部分金属中的 η 值

金属	$C_L/(cm^3 \cdot 100g^{-1})$	$C_S/(cm^3 \cdot 100g^{-1})$	k_0	η
Al	0.69	0.036	0.053	17.8
Cu	6.00	2.1	0.35	1.86
Fe	23.80	14.3	0.60	0.67
Mg	26.40	18.0	0.69	0.45

S_L 判据,即临界过饱和浓度判据,是对每一种合金在一定的凝固条件下,经过经验或试验确定其临界过饱和浓度 S_L 值,当合金液中的含气量超过 S_L 时,则判定将产生析出性气孔。S_L 判据综合了合金及工艺参数两方面对析出性气孔形成的影响,但其数值也随工艺条件的变化而改变,通常激冷能力强的金属型凝固条件下的 S_L 值较绝热铸型(如砂型)的 S_L 值大。

2)析出性气孔的形成机理

凝固时溶质再分配导致气孔形成,金属凝固时液相中气体溶质看成只存在有限扩散,无对流,无搅拌的状况,固相中气体溶质的扩散可以忽略不计,这样一来,固-液界面前液相中气体溶质的分布可应用 Tiller 公式来描述,即

$$C_L(x) = C_0\left(1 + \frac{1-k_0}{k_0}e^{-\frac{R}{D_L}x}\right) \qquad (6-12)$$

式中:k_0——气体溶质平衡分配系数;

　　　D_L——气体在金属液中的扩散系数;

　　　R——凝固速度;

　　　x——熔体内离固液界面处的距离。

由 Tiller 公式,凝固过程中气体在液相中的浓度分布如图 6.59 所示。初始析出的固相浓度为 $k_0 C_0$,在凝固前沿 $x=0$ 处,液相中气体浓度达到最大 C_0/k_0。假设液相中气体浓度超过其在液态金属中的饱和气体浓度 S_L 时,才析出气泡,则产生的过饱和浓度 Δx 区可由 Tiller 公式求出。

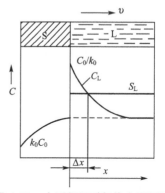

图 6.59　金属凝固时气体在固相及液相中的浓度分布

$$\Delta x = \frac{D_L}{R}\ln\frac{1-k_0}{k_0\left(\dfrac{S_L}{C_0}-1\right)} \qquad (6-13)$$

析出气泡还决定 Δx 存在时间 Δt 的长短,Δt 愈长,愈有利气泡的生成,由式(6-14)可求出。

$$\Delta t = \frac{\Delta x}{R} = \frac{D}{R^2}\ln\frac{1-k_0}{k_0\left(\dfrac{S_L}{C_0}-1\right)} \qquad (6-14)$$

由此可见，当合金成分一定时，Δt 主要由凝固速度 R 决定，而 Δx 是枝晶间尚待凝固的液相内气体溶质的富集区。所以，凝固速度 R，分配系数 k_0，扩散系数 D_L 和原始气体浓度 C_0 都会影响到 Δx、Δt 和液相中气体浓度的分布。

金属在凝固过程中，如果按照体积凝固方式进行，在凝固后期，液相被周围树枝晶分割成体积很小的液相区，这种情况下，可以认为液相中气体浓度是均匀的。在随后的结晶过程中，剩余的液相中气体浓度将不断增加，后结晶的固相中气体浓度也不断提高，凝固后期的液、固相中气体析出压力不断加大，到结晶末期将达到最大值。

从以上金属凝固过程中气体溶质再分配规律可见，结晶前沿，特别是枝晶内液相的气体浓度聚集区将超过它的饱和浓度，被枝晶封闭的液相内，其气体的过饱和浓度值更大，有更大的析出压力，此时析出的气泡由于存在于孤立的液相处，很难排除，保留下来就形成气孔。

3）析出性气孔的防止措施

通过析出性气孔的形成机理及气体来源的分析可知，要避免在凝固组织中产生析出性气孔的缺陷，要从减少熔体含气量以及防止气孔析出两方面着手。

减少熔体含气量，一方面要减少金属液的吸气量，对炉料采取烘干、除湿，防止炉料中的油污、水气造成的气体吸入；也要采取合理的熔化工艺等措施，如适当控制熔炼温度以避免液态金属的过量吸气，也可采用真空熔炼以减少气体含量。另一方面，对金属液中的气体进行去气处理，常用的有浮游去气、氧化去气等方法。

（1）浮游去气，即向金属液中吹入不溶于金属的气体（如氩气、氮气等），产生大量气泡，在气泡上浮过程中使溶解的气体进入气泡而排除。也可加入氯盐，通过反应生成大量不溶于熔体的气体形成气泡，从而进行除气。

（2）氧化去气，对不易氧化的金属液如铜合金，根据氧和氢在铜液中溶解度的相互制约关系，采用"氧化熔炼法"以达到去除氢气的目的，即先吹氧去氢，然后再脱氧。

阻止金属液中气体析出，可从提高铸件冷却速度和增加凝固时的外压等措施实现。如对易形成析出性气孔的铝合金铸件尽量采用金属型铸造方法；或将铸件处于密封加压条件下进行凝固。

3. 侵入性气孔的形成

1）形成机理

将金属液浇入砂型中时，由于各种原因会产生大量的气体。气体的体积随着温度的升高而增大，造成金属-铸型界面上的气压增大。当界面上局部气体的压力 P_n 满足式（6-15）所表示的条件时，气体就能在铸件开始凝固的初期侵入金属液中成为气泡。

$$P_n > P_a + P_h + P_c \qquad (6-15)$$

式中：P_a——大气压力；

P_h——液态金属静压力；

P_c——克服表面张力所构成的附加压力。

气泡不能上浮逸出时就形成梨形气孔。气体由砂型表面进入金属液中形成气泡的形态决定于润湿角 θ、微孔在空间的位置和它的孔径。出现在接触表面上的孔隙或曾经有过气相的地方，可以看成准备好的气泡核，最容易形成侵入气泡。不同润湿角时，气体进入金属液中形成气泡的过程如图 6.60 所示。

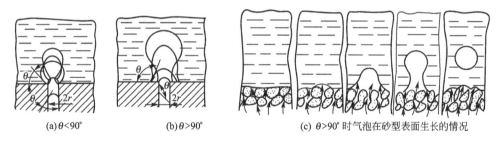

(a) $\theta < 90°$ (b) $\theta > 90°$ (c) $\theta > 90°$ 时气泡在砂型表面生长的情况

图 6.60　气体进入金属液中形成气泡的过程

2) 侵入性气孔的防止措施

减少侵入性气孔的途径可从降低铸型中的气体含量、提高铸型的透气性以及优化浇注系统及浇注工艺等方面考虑。减少型砂中的水分、煤粉等组分的含量，选用适宜的粘结剂等都可降低铸型及型芯的发气性；砂型中增加或优化排气孔的设置，金属型中设置排气道、排气塞等结构都可有效提高铸型的排气能力；适当调整浇注工艺，如采用慢浇等工艺，也能促进型内气体的排出，减少侵入性气孔形成的倾向性。

4. 反应性气孔

1) 反应性气孔的形成机理

反应性气孔主要包含存在于铸件表层或近表层的金属—铸型间反应性气孔和存在于铸件内部的反应性气孔两类。

在浇注及高温下金属液与造型材料发生化学反应，当各气相反应达到平衡状态时，主要形成以 H_2 和 CO 为主的还原性气氛，此气体部分溶于局部金属液，当气体浓度在凝固过程中达到饱和时，则在固液界面前端形核、长大，滞留于金属内形成金属-铸型间反应性气孔。皮下气孔是典型的金属-铸型间反应性气孔，其形成气孔的气体源以下几种形式。

(1) 氢气孔。金属液浇入铸型后，由于金属液-铸型界面处气相中含有较高的氢，使金属液表面层氢的浓度增加，凝固过程中，液固表面前沿气体浓度易达到过饱和以及较高的气体析出压力。同时，金属液-铸型界面处的化学反应在金属液表面行产生的各种氧化物如 FeO、Al_2O_3、MgO 等，以及铸铁中的石墨固相等都能成为气泡形核的衬底，使气体附着它形成气泡，表面层气泡一旦形成后，液相中的氢等气体都向气泡扩散，随着金属结晶沿枝晶间长大，形成皮下气孔。

(2) 氮气孔。铸型或型芯采用各种含氮树脂做粘结剂，分解反应造成界面处气相氮气浓度增加。提高树脂及乌洛托品含量，也会导致型内气相中氮含量增加，当氮含量达到一定浓度，就会产生皮下气孔。

(3) CO 孔。一些研究者认为，金属与铸型表面处金属液与水蒸气或 CO_2 相互作用，使铁液生成 FeO，铸件凝固时由于结晶前沿枝晶内液相碳浓度的偏析，将产生如式(6-16)所示的反应。

$$[FeO] + [C] \rightarrow [Fe] + [CO] \uparrow \qquad (6-16)$$

CO 气泡可依附晶体中的非金属夹杂物形成，这时氢、氮均可扩散进入该气泡，气泡沿枝晶生长方向长大，形成皮下气孔。

金属液内部反应性气孔主要由渣气孔和金属液中元素间反应性气孔两类。

(1) 渣气孔。液态金属与熔渣相互作用产生的气孔称为渣气孔，其明显的特点是气孔和熔渣是依附在一起的。金属在凝固过程中，如果存在氧化夹杂物，其中的 FeO 可以与液相中富集的碳产生如式(6-17)所示反应。

$$(FeO)+[C] \rightarrow Fe+CO\uparrow \qquad (6-17)$$

当碳和 FeO 的量较多时，就可能形成渣气孔。如果铁液中存在石墨相，将发生如式(6-18)所示反应

$$(FeO)+C \rightarrow Fe+CO\uparrow \qquad (6-18)$$

上述反应生成的 CO 气体，依附在 FeO 熔渣上，就形成了渣气孔。

(2) 金属液中元素间反应性气孔中包含碳氧反应气孔，钢液脱氧不全或铁液严重氧化，溶解的氧若与铁液中的碳相遇，将产生 CO 气泡而沸腾，CO 气泡上浮中，吸入氢和氧，使其长大，由于型内温度下降快，凝固时气泡来不及完全排除，最终产生蜂窝状气孔；水蒸气反应气孔，金属液中溶解的 [O] 和 [H]，如果相遇就会产生 H_2O 气泡，凝固前来不及析出的话，就会产生气孔；碳氢反应气孔，铸件最后凝固部位液相中的偏析，含有较高浓度的 [H] 和 [C]，凝固过程中产生 CH_4，形成局部性气孔。

2) 反应性气孔的防止措施

综上所述，反应性气孔的产生可能来源于金属液内部气体元素，也可能来源于铸型或型芯材料。因此，要防止反应性气孔的产生，也要从控制气体元素的来源及气体的析出两方面着手。如采取烘干、除湿等措施，防止和减少气体进入金属液；严格控制合金中氧化性较强元素的含量，如球墨铸铁中的镁及稀土元素、铸钢中用于脱氧的铝；砂型(芯)要严格控制水分，重要铸件可采用干型或表面烘干型，含氮树脂砂要尽量减少尿素含量，控制乌洛托品固化剂的加入量，保证铸型有良好的透气性；适当提高浇注温度，能够降低凝固速度，有利于气体排除。

6.3.3 夹杂物的形成及控制

夹杂物是指金属内部或表面存在的与基体金属成分不同的物质，这里主要讨论金属元素与非金属元素形成的夹杂物(如氧化物、硫化物等)。图 6.61 所示为压铸 AZ91D 镁合金箱体件中的"硬点"缺陷的微观形貌，通过能谱分析可知该缺陷为 MgO 夹杂物。

夹杂物的存在将影响金属的力学性能，它会降低铸件的塑性、韧性和疲劳性能。此外，金属液内含有的悬浮状难熔固体夹杂物显著降低其流动性。易熔的夹杂物(如钢铁中的 FeS)，往往分布在晶界，导致铸件或焊件产生热裂，收缩大，熔点低的夹杂物(如钢中 FeO)，将促进微观缩孔形成。

在某些情况下，可以利用夹杂物来改善合金某些方面的性能。钢当中的微量钙和硫

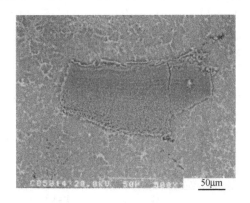

图 6.61　镁合金铸件上的氧化夹杂物

形成球形硫化物，分布于晶内，对机械性能影响不大，却能改善其切削加工性能。

1. 概述

1）夹杂物的分类

夹杂物作为常见的凝固缺陷类型，存在诸多种类、形态，通常可按其化学组成、形成特征及来源进行分类，以便于研究。

夹杂物按其来源可分为内在夹杂物和外来夹杂物。前者是指在熔炼、成形过程中，金属与其内部非金属发生化学反应而产生的化合物；后者是指金属与外界物质（如炉衬、环境气体等）接触发生相互作用所产生的非金属夹杂物。

按夹杂物的化学组成可分为氧化物（如 FeO，MnO，SiO_2，Al_2O_3 等）、硫化物（如 FeS，MnS，Cu_2S 等）、硅酸盐（成分较复杂，是一种玻璃体夹杂物，如 $FeO \cdot SiO_2$，Fe_2SiO_4，Mn_2SiO_4，$FeO \cdot Al_2O_3 \cdot SiO_2$，$nFeO \cdot mMnO \cdot pSiO_2$ 等）。

夹杂物还可按其形成的时间可分为初生夹杂物、二次氧化夹杂物以及偏析夹杂物。初生夹杂物是在金属熔炼及炉前处理过程中产生的非金属夹杂物；而在浇注过程中因氧化而产生的夹杂物称为二次氧化夹杂物；偏析夹杂物是在金属凝固过程中由于溶质再分配作用析出的低熔点相。

2）夹杂物的来源

形成夹杂物的各类氧化物、硫化物等杂质相主要在熔炼、浇注、凝固过程中通过下面几个途径生成或进入金属。

（1）金属在熔炼与铸造过程中，原材料本身所含有的夹杂物。如金属炉料表面粘砂，氧化锈蚀，随同炉料一起进入熔炉的泥砂，焦炭中的灰分等，熔化后变为溶渣。

（2）金属熔炼时，脱氧、脱硫、孕育、球化等处理过程，产生大量的 MnO，SiO_2，Al_2O_3 等夹杂物。

（3）液态金属与炉衬、浇包的耐火材料以及溶渣接触时，会发生相互作用，产生大量 MnO，Al_2O_3 等夹杂物。

（4）金属在熔化、熔体处理及转运、浇注过程中，因金属液表面与空气接触，形成的氧化物。

（5）金属在凝固过程中，进行的各种物理化学反应所形成的如 Al_2O_3、FeO、FeS 等内生夹杂物。

2. 初生夹杂物

1）初生夹杂物的形成

在金属熔炼及炉前处理时，液态金属内会产生大量的初生夹杂物，其形成过程一般经历偏晶析出和聚合长大两个阶段。

（1）夹杂物的偏晶结晶。从金属液中析出固相夹杂物是一个结晶过程，夹杂物往往是结晶过程中最先析出相，大都属于偏晶反应。

夹杂物一般是由金属液内的少量或微量元素组成的，金属液原有的固体夹杂物，有可能作为非自发晶核，在金属液中总是存在着浓度起伏，若向金属液加入某些附加物（如脱氧剂、变质剂等），由于对流、传质和扩散的作用，金属内会出现许多有利于夹杂物形成的元素微观聚集区域，该区的液相浓度到达 L_1 时，将析出非金属夹杂物相，产生如式（6-19）所示的偏晶反应。

$$L_1 \rightarrow L_2 + A_m B_n \tag{6-19}$$

即在 T_0 温度下，含有形成夹杂物元素 A 和 B 的高浓度聚集区域的液相，析出固相非金属夹杂物 $A_m B_n$ 和含有与其平衡的液相 L_2。由于 L_1 与 L_2 的浓度差，反应朝生成 $A_m B_n$ 的方向进行，在此温度下达平衡时，只存在 L_2 与 $A_m B_n$ 相。

（2）夹杂物的聚合长大。初生夹杂物通过偏晶反应从液相中析出，尺寸非常小，仅有几个微米。但是，它的成长速度非常快。试验证明，钢液中加入脱氧剂 10 秒钟后，SiO_2 夹杂就长大了一个数量级。显然，仅仅通过扩散作用，夹杂物的长大是不会如此迅速的。其中一个重要原因是夹杂物粒子的碰撞和聚合。

在金属液内，由于流动及夹杂物本身的密度差，产生上浮或下沉运动导致夹杂间发生碰撞，碰撞后，有些夹杂物间产生化学反应，如

$$3Al_2O_3 + 2SiO_2 \rightarrow 3Al_2O_3 \cdot 2SiO_2 \tag{6-20}$$
$$SiO_2 + FeO \rightarrow FeSiO_3 \tag{6-21}$$

有些夹杂物间机械粘连在一起，组成各种成分分布不均匀、形状极不规则的复杂夹杂物。夹杂物粗化后，提高了运动速度，再与其他夹杂物发生碰撞，这样不断进行，使夹杂物不断长大，成分或形状也越来越复杂，这些复杂的夹杂物有的由于熔点降低而重新熔化，有的上浮到金属液表面。

2）防止或排除金属液中初生夹杂物的途径

（1）加熔剂　在液态金属表面覆盖一层能吸收上浮夹杂物的熔剂（如铝合金精炼时加入氯盐）或加入能降低夹杂物密度或熔点的熔剂（如球墨铸铁加冰晶石），有利于初生夹杂物的排除。

（2）过滤法　使金属液通过过滤器达到去除夹杂物的目的。过滤器分非活性与活性两种，前者起机械作用，如用石墨、镁砖、陶瓷碎屑等，后者还多一种吸附作用，排渣效果更好，如用 NaF、CaF、Na_3AlF_6 等。

此外，排除和减少金属液中气体的措施，同样也能达到排除和减少夹杂物的目的，如合金液静置处理、浮游净化法、真空浇注等。

3. 二次氧化夹杂物

金属液在浇注及填充铸型的过程中，所产生的氧化物称二次氧化夹杂物。

1）二次氧化夹杂物的形成

液态金属与大气接触时，表面很快会形成一层氧化薄膜。随着吸附在表面的氧元素向液体内部扩散，内部易氧化的金属元素向表面扩散，使得氧化膜不断增厚。如果形成的是一层致密的氧化膜，能阻止氧原子继续向内扩散，氧化过程被停止。若氧化膜被破坏，在被破坏的表面上又会很快形成新的氧化膜。

在浇注及充型过程中，由于金属液的流动会产生涡流、紊流、对流、飞溅等，表面氧化物会被卷入金属液内部，此时因温度下降很快，来不及上浮到表面，留在金属中形成二次氧化夹杂物。

二次氧化夹杂物常常出现在铸件上表面及型芯下表面及死角部分，是铸件非金属夹杂缺陷的主要来源，二次氧化夹杂物的形成与合金的化学成分及金属液流等因素有关。

二次氧化夹杂物的形成，取决于金属中各氧化元素的热力学及动力学条件。首先，金属液中要含有强氧化性元素，氧化物的标准生成吉布斯能越低，氧化反应的自发倾向越大，表明该元素氧化性越强，生成二次氧化夹杂物的可能性越大。其次，二次氧化夹杂物的生成还取决于氧化反应的速度，即与合金元素的活度有关。通常合金元素含量都不大，合金液可以看作稀溶液，可用浓度近似代替它的活度。因此，被氧化元素的含量多少就直接影响二次氧化夹杂物的速度和数量。

金属液与大气接触的机会越高，接触面积越大和接触时间越长，产生的二次氧化夹杂物就越多。金属液若是紊流运动，以及金属液产生的涡流、对流会使金属液表面产生波动，增加了与大气接触机会，容易产生二次氧化夹杂物。

2) 防止和减少二次氧化夹杂物的途径

首先，正确选择合金成分，严格控制易氧化元素的含量。其次，合理选择造型材料，如湿型铸造中，需严格控制水分、加入煤粉等碳质材料或采用涂料，形成还原性气氛。此外，必须采取合理的浇注工艺及浇冒口系统，保持金属液充型过程平稳流动。对要求高的重要铸件或易氧化的合金铸件，可以采用真空或在保护性气氛下浇注。

4. 偏析夹杂物

偏析夹杂物是指合金凝固过程中，金属相结晶的同时伴生的非金属夹杂物，其大小属于微观范畴。它的形成与合金凝固时液相中溶质元素的富集有着密切关系。

合金结晶时，由于溶质再分配，在凝固区域内合金及杂质元素将高度富集在枝晶间尚未凝固的液相内，在某温度下靠液固界面的"液滴"有可能具备产生某种夹杂物的条件，这时该处的液相 L_1 中的溶质处于过饱和状态，将产生 $L_1 \rightarrow \beta + L_2$ 的偏晶结晶，析出夹杂物 β，这种夹杂物是从偏析液相中产生的，因此又称为偏析夹杂物。各枝晶间偏析的液相成分不同，产生的偏析夹杂物也就有差异。

例如铁合金中某处"液滴"仅富集了 Mn 和 S，从 Mn-MnS 相图可以看出，产生偏晶反应如式(6-22)所示。

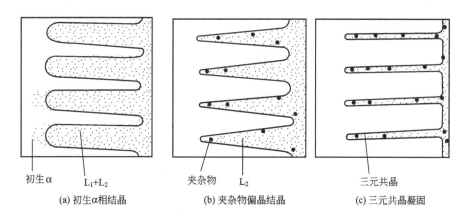

初生α L_1+L_2 夹杂物 L_2 三元共晶

(a) 初生α相结晶   (b) 夹杂物偏晶结晶   (c) 三元共晶凝固

图 6.62 合金凝固时偏析夹杂物陷入晶内示意图

$$L_1(33.2\%S) \xrightarrow{1580℃} L_2(0.3\%S) + MnS \quad (6-22)$$

析出的固相夹杂物 MnS，将被正在成长的枝晶(δ-Fe)所粘附，最后产生在枝晶内。

偏析夹杂物有的能被枝晶粘附陷入晶内(图 6.62),分布较均匀,有的被生长的晶体推移到尚未凝固的液相内,在液相中产生碰撞,聚合而粗化。它们一般保留在凝固区域的液相内,凝固完毕时,被排挤到初晶晶界上(如图 6.63 所示),大多密集分布在断面中心部分或铸件上部。

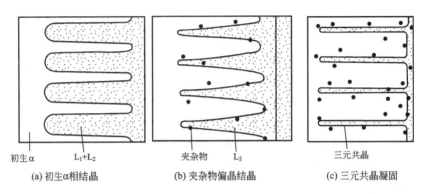

（a）初生α相结晶　　（b）夹杂物偏晶结晶　　（c）三元共晶凝固

图 6.63　合金凝固时夹杂物被推向液相示意图

当晶体、夹杂物、液体三相界面处于平衡时,如图 6.64(a)所示,其界面张力之和应等于零,通过分析其界面张力在 x 轴方向和 y 轴方向的平衡,可求出

$$\sigma_{12}/\sin\theta_3 = \sigma_{23}/\sin\theta_1 = \sigma_{13}/\sin\theta_2 \qquad (6-23)$$

偏析夹杂物的形状决定于界面张力和双边角 θ(两个晶体间的夹角)。多数是由夹杂物和晶体两相组成,如图 6.64(b)所示,相邻两晶体的界面和晶体与偏析的夹杂物之间的界面张力 σ_{12} 的平衡条件如式(6-24)所示。

$$\cos\frac{\theta}{2} = \frac{\sigma_{11}}{2\sigma_{12}} \qquad (6-24)$$

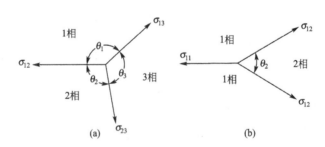

图 6.64　三相接触界面平衡示意图

上式表明,当 $\sigma_{12} \geqslant 1/(2\sigma_{11})$ 时,才能处于平衡状态,θ 从 0°到 180°的不同值,决定夹杂物与晶体交接处的形状,如图 6.65 所示。从图中可以看出,随着夹杂物与晶体界面张力的增加,双边角的增大,夹杂物形状将趋近球形,反之,随着夹杂物与晶体间界面张力的降低,双边角等随之减小,夹杂物将沿晶界分布。

如果 $\sigma_{12} \geqslant \sigma_{11}/2$,平衡状态遭到破坏,夹杂物将以薄层状分布在晶界上,偏析夹杂物

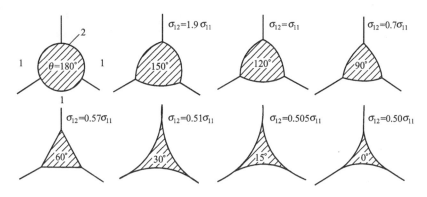

图6.65 不同双边角晶间夹杂物的形状示意图

的大小决定于合金的结晶条件和成分,凡是能使晶粒细化的条件都能减小偏析夹杂物的尺寸。形成夹杂物的元素原始含量愈高,枝晶间偏析液相中富集该元素的数量愈大,同样结晶条件下,产生的夹杂物愈大,数量也愈多。

6.3.4　缩松与缩孔

液态金属在冷却过程中,随着温度下降,液态金属的体积减少;发生凝固时,状态变化导致金属体积也发生显著变化。在固态下冷却继续进行,原子间距还要缩短,体积进一步减少;或者伴随固态相变,体积也随之变化。铸件在液态、凝固态和固态冷却过程中发生的体积减少现象称为收缩,它是铸造合金本身的物理性质,也是引起缩松、缩孔、应力、变形、热裂等缺陷的基本原因。

铸造合金在凝固过程中,由于液态收缩和凝固收缩的产生,往往在铸件最后凝固的部位出现孔洞,称为缩孔,把尺寸较大而且集中的孔洞称为集中缩孔,简称缩孔。缩孔的形状不规则,表面不光滑,甚至可以看到发达的树枝晶末梢。尺寸细小而且分散的孔洞称为分散性缩孔,通常简称为缩松。缩松按其形态分为宏观缩松(简称缩松)和微观缩松(或显微缩松)两类。

铸件中存在的任何形态的缩孔和缩松,都会减少受力的有效面积,在缩孔和缩松的尖角处产生应力集中,导致裂纹的出现,从而使铸件的力学性能显著降低。同时,由于缩孔和缩松的出现,降低了铸件的气密性,使其承压能力下降。因此,在铸件生产中必须采取相应的预防措施,消除或减少缩孔和缩松的发生。

图6.66、图6.67分别为由于收缩而引起缩松、缩孔等凝固缺陷的照片。

1. 自由收缩与受阻收缩

1)金属的自由收缩

金属从液态到常温的体积改变量定义为体收缩,金属在固态时从高温到常温的线尺寸改变量定义为线收缩。

金属从高温 T_0 降到 T_1 时,其体积和线尺寸的变化用式(6-25)、式(6-26)表示。

$$V_1 = V_0[1 - \alpha_V(T_0 - T_1)] \qquad (6-25)$$
$$L_1 = L_0[1 - \alpha_L(T_0 - T_1)] \qquad (6-26)$$

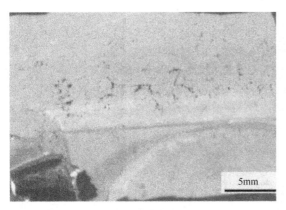

(a) 宏观组织

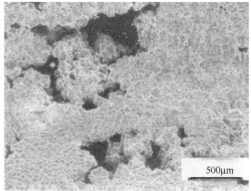

(b) 微观组织

图 6.66 缩松缺陷

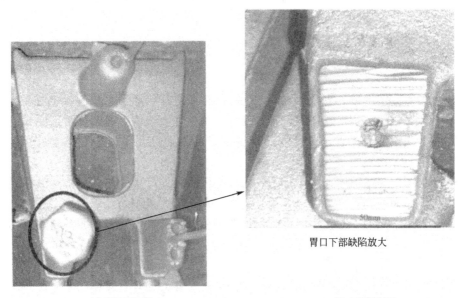

(a) 冒口去除前

(b) 去除冒口后

冒口下部缺陷放大

图 6.67 缩孔缺陷

式中：V_0，V_1——金属在 T_0 和 T_1 温度时的体积；

$\quad\quad L_0$，L_1——金属在 T_0 和 T_1 温度时的长度；

$\quad\quad \alpha_V$、α_L——分别为金属在($T_0 \sim T_1$)温度范围内的体收缩系数和线收缩系数。

在实际使用中，通常用相对收缩来表示金属的收缩特性，把这一相对收缩称为收缩率。当温度从高温 T_0 下降到 T_1 时，金属的体收缩率 ε_V 和线收缩率 ε_L 可分别用式(6-27)、式(6-28)表示。

$$\varepsilon_V = (V_0 - V_1)/V_0 \times 100\% = \alpha_V(T_0 - T_1) \times 100\% \quad\quad (6-27)$$

$$\varepsilon_L = (L_0 - L_1)/L_0 \times 100\% = \alpha_L(T_0 - T_1) \times 100\% \quad\quad (6-28)$$

铸造合金从浇注温度冷却到常温，一般要经历液态收缩、凝固收缩和固态收缩等3个阶段(图6.68)。

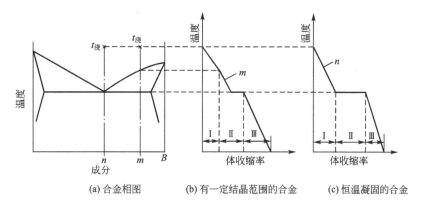

(a) 合金相图　　　　(b) 有一定结晶范围的合金　　　　(c) 恒温凝固的合金

图6.68　铸造合金的收缩过程示意图

具有一定成分的铸造合金从浇注温度 $T_浇$ 冷却到液相线温度 T_L 发生的体收缩称为液态收缩，其液态收缩率 $\varepsilon_{V液}$ 用下面式(6-29)表示。

$$\varepsilon_{V液} = \alpha_{V液}(T_浇 - T_L) \times 100\% \tag{6-29}$$

式中：$\alpha_{V液}$——金属的液态收缩系数。

金属从液相线温度到固相线温度间产生的体收缩称为凝固收缩，对于纯金属和共晶合金，凝固期间的体收缩是由于状态的改变，与温度无关，具有一定的数值。

对于某些合金(如部分 Ga 合金、Bi-Sb 合金)，在凝固过程中体积不但不收缩，反而膨胀，因此，其凝固收缩率 $\varepsilon_{V液}$ 为负值。

对于典型合金的凝固收缩，以 Fe-C 合金(碳钢或铸铁)为例进行说明。其凝固收缩受到相变和温度降低两个因素的影响，可表示为式(6-30)。

$$\varepsilon_{V凝} = \varepsilon_{V(L \to S)} + \alpha_{V凝}(T_L - T_S) \times 100\% \tag{6-30}$$

式中：$\varepsilon_{V(L \to S)}$——因状态改变的体收缩；

$\alpha_{V凝}$——凝固温度范围内的体收缩系数。

钢因状态改变而引起的体收缩为一定值，而含碳量增加时，其结晶温度范围变宽，由温度降低引起的体收缩增大，其凝固收缩率见表6-11。

表6-11　碳钢的凝固收缩率

含碳量 w_C(%)	0.1	0.25	0.35	0.45	0.70
凝固收缩率(%)	2.0	2.5	3.0	4.3	5.3

亚共晶白口铸铁的凝固收缩和铸钢一样，是状态改变和温度降低共同作用的结果，其凝固收缩率可用式(6-31)表示。

$$\varepsilon_{V凝} = \varepsilon_{V(L \to S)} + \alpha_{V凝}(T_L - T_S) \times 100\% \tag{6-31}$$

式中：$\varepsilon_{V凝}$——凝固收缩率；

$\varepsilon_{V(L \to S)}$——因状态改变的体收缩，其平均值为 3.0%；

$\alpha_{V凝}$——凝固温度范围内的体收缩系数，其平均值为 $1.0 \times 10^{-4}℃(\%)$。

$$\varepsilon_{V凝} = 3.0 + 1.0 \times 10^{-4}(T_L - T_S) \times 100\% \qquad (6-32)$$

如前所述，对于亚共晶铸铁，w_C 每增大 1%，降低 90℃，即 $(T_L - T_S)$ 降低 90℃，因此凝固温度范围的表达式可写成如式(6-33)形式。

$$(T_L - T_S) = 90 \times 4.3 - w_C \qquad (6-33)$$

w_C 为铸铁中的总碳含量，得

$$\varepsilon_{V凝} = 3.0 + 0.9(4.3 - w_C) = 6.9 - 0.9 w_C \qquad (6-34)$$

对于亚共晶灰铸铁，在凝固后期共晶转变时，由于石墨化的膨胀而使体收缩得到补偿。每析出 1%（体积分数）的石墨，体积增大 2%，故亚共晶灰铸铁的凝固收缩为

$$\varepsilon_{V凝} = 6.9 - 0.9 w_C - 2C_{石墨} \qquad (6-35)$$

在 $w_C \approx 2\%$ 的一般铁液中，奥氏体中碳含量 $w_C \approx 1.6\%$，剩余的碳量，在慢冷和碳硅量较高的条件下将沿稳定系结晶成石墨，其数量为

$$C_{石墨} = w_C - 1.6\% \qquad (6-36)$$

将此值代入式(6-35)中，即得亚共晶灰铸铁的凝固收缩率

$$\varepsilon_{V凝} = 10.1 - 2.9 w_C \qquad (6-37)$$

表 6-12 所列数值是按式(6-34)和式(6-37)计算所得。可以看出，随碳含量增大，铸铁的凝固收缩率减小。对于灰铸铁，碳量足够高时，在凝固后期将发生体积膨胀现象。这种膨胀作用在铸件内部产生很大压力，使尚未凝固的液体能对因收缩而形成的孔洞进行充填，所以灰铸铁有"自补缩"作用。这是灰铸铁作为铸造合金的一大优点。

表 6-12 亚共晶铸铁的凝固收缩率

含碳量 w_C(%)		2.0	2.5	3.0	3.5	4.0
凝固收缩率 $\varepsilon_{V凝}$(%)	白口铸铁	5.1	4.6	4.2	3.7	3.3
	灰铸铁	4.3	2.8	1.4	-0.1	-1.5

金属在固相线以下发生的体收缩称为固态收缩。固态收缩率 $\varepsilon_{V固}$ 用式(6-38)表示。

$$\varepsilon_{V固} = \alpha_{V固}(T_S - T_0) \times 100\% \qquad (6-38)$$

式中：$\alpha_{V固}$——金属的固态体收缩系数；

T_S——固相线温度；

T_0——室温。

在固态收缩阶段，铸件在各个方向上都表现出线尺寸的缩小，因此，常用线收缩率 ε_L 表示固态收缩，即

$$\varepsilon_L = \alpha_L(T_S - T_L) \times 100\% \qquad (6-39)$$

对于纯金属和共晶合金，线收缩在金属形成凝固壳层时开始；对具有结晶温度范围的合金，线收缩在表面形成凝固骨架后开始。

当合金有固态相变时，α_L 将发生突变，在不同的温度区段有不同的数值。例如铁合金（碳钢或铸铁）在共析转变前、后都随温度降低而收缩，但在共析转变时，会发生一定的体积膨胀，表 6-13、表 6-14 列出了铸钢、白口铸铁、灰铸铁、球墨铸铁等四类典型的铁

合金的线收缩数据。

表 6 - 13　碳钢的线收缩率与碳含量的关系

w_C(%)	$\varepsilon_{珠前}$(%)	$\varepsilon_{\gamma \to \alpha}$(%)	$\varepsilon_{珠后}$(%)	总收缩 ε_l(%)
0.08	1.42	0.11	1.16	2.47
0.14	1.51	0.11	1.06	2.46
0.35	1.47	0.11	1.04	2.40
0.45	1.39	0.11	1.07	2.35
0.55	1.35	0.09	1.05	2.31
0.60	1.21	0.01	0.98	2.18

表 6 - 14　铸铁的自由线收缩

材料名称	化学成分(质量分数)(%)						碳当量 CE(%)	缩前膨胀(%)	珠光体前收缩(%)	共析转变膨胀(%)	珠光体后收缩(%)	总收缩(%)	浇注温度/℃
	C	Si	Mn	P	S	Mg							
白口铸铁	0.65	1.00	0.48	0.06	0.015	—	3.04	0	1.180	0	1	2.180	1300
灰铸铁	0.30	3.14	0.66	0.095	0.026	—	4.38	0.148	0.476	0.246	1	1.082	1270
球墨铸铁	3.00	2.96	0.69	0.11	0.015	0.045	4.02	0.600	0.418	0.011	1	0.807	1250

　　线收缩发生时，其收缩并不受其他条件所制约，则将其称之为自由线收缩。图 6.69 为铁碳合金的自由线收缩曲线，可见灰铁和球铁有两次膨胀过程，第一次膨胀量大，称为体膨胀(缩前膨胀)，由于共晶转变引起的；第二次由共析转变引起，膨胀量较小。白口铸铁的缩前膨胀很小，共析转变膨胀也不明显。而碳钢主要发生共析转变膨胀。

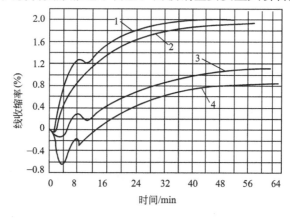

图 6.69　Fe - C 合金的自由线收缩曲线
1—碳钢　2—白口铸铁　3—灰铸铁　4—球墨铸铁

2) 受阻收缩

上述讨论的收缩条件和收缩量，仅考虑了金属本身的成分、温度、相变的影响，实际上，铸件在收缩时还会受到某些外界阻力的影响，如铸型表面摩擦力、热阻力、机械阻力等。铸件在铸型中的收缩仅受到金属表面与铸型表面之间的摩擦阻力的阻碍时，称其为自由收缩；如果铸件在铸型中的收缩还受到其它阻碍，则称受阻收缩。

由于冷却时温度的不均匀性，铸件各部分的收缩彼此制约产生阻力而不能自由收缩时，称为热阻力。热阻力的形成与铸件结构、冷却条件等因素都密切关联。当铸件结构上具有突出部分或内腔存在型芯，在冷却收缩时便会受到铸型和型芯的阻力，而不能自由收缩，这种阻力称为机械阻力。机械阻力的大小取决于造型材料的性能和铸件的结构。

很明显，由于受到上述阻力作用的影响，对同一合金，受阻收缩率小于自由收缩率。在实际生产中采用的铸造收缩率即是考虑到各种阻力影响之后的实际受阻收缩率。表6-15列出了部分合金的收缩率数据，供读者参考。当然，由于铸件结构的多样性以及生产工艺的不同，实际采用的收缩率需根据一定的生产经验获得。

表6-15 几种合金的铸造收缩率

合金类别	收缩率(%)		合金类别	收缩率(%)	
	自由收缩	受阻收缩		自由收缩	受阻收缩
灰铸铁(中小型铸件)	1.0	0.9	球墨铸铁	1.0	0.8
灰铸铁(中、大型铸件)	0.9	0.8	铸钢(碳钢、低合金钢)	1.6～2.0	1.3～1.7
灰铸铁(圆筒形铸件：长度方向)	0.9	0.8	铝硅合金	1.0～1.2	0.8～1.0
灰铸铁(圆筒形铸件：直径方向)	0.7	0.5	锡青铜	1.4	1.2
孕育铸铁	1.0～1.5	0.8～1.0	无锡青铜	2.0～2.2	1.6～1.8
可锻铸铁	0.75～1.0	0.5～0.75	铝铜合金	1.6	1.4
白口铁	1.75	1.5	锌黄铜	1.8～2.0	1.5～1.7

2. 缩松、缩孔的形成机理

1) 缩孔的形成

纯金属共晶成分合金和窄结晶温度范围的合金，在一般的铸造条件下按由表及里的逐层凝固方式凝固，由于其凝固前沿直接与液态金属接触，当液体金属凝固成固体而发生体积收缩时，可以不断得到液体的补充，在铸件最后凝固的地方产生缩孔，容积较大。现以圆柱体铸锭为例分析缩孔的形成过程。

在液相线温度以上时，铸型吸热，液态金属温度下降将产生液态收缩，其体积的减少，通过浇注系统进行补充，型腔总是充满金属液，如图6.70(a)所示。

当铸件表面的温度下降到凝固温度时，铸件凝固成一层固体表面层，与内部的液态金属紧密接触在一起。此时，内浇道已经凝固，与浇注系统之间的通道被切断，如图6.70(b)所示。

随着温度进一步下降，已凝固的固体表面层产生固态收缩，使铸件外表尺寸缩小。同时凝固在继续进行，会发生凝固收缩。内部的液体金属因温度降低产生液态收缩，以及对

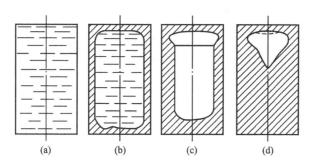

图 6.70　铸件中缩孔形成过程示意图

凝固收缩的补充，体积缩小，表现为液面的下降。在这种情况下，如果液态收缩和凝固收缩造成的体积缩小等于固态收缩引起的体积缩减，则凝固的外壳依然和内部液态金属紧密接触，不会产生缩孔。但是，由于合金的液态收缩和凝固收缩大于表面的固态收缩。从而使液体与顶部表面层脱离，如图 6.70(c) 所示。随着冷却的不断进行，固体表面至心部不断加厚，内部液面不断下降，当金属全部凝固后，在铸件上部形成一个倒锥形的缩孔，如图 6.70(d) 所示。

在液态金属中含气量不大的情况下，当液态金属与顶面层脱离时，液面上部要形成真空。在大气压力的作用下，顶面固体层可能向缩孔方向凹进去，如图 6.70(c)、图 6.70(d) 中虚线所示。因此缩孔应包括外部的缩凹和内部的缩孔两部分。当铸件顶面薄层强度很大时，也可能不出现缩凹。

通过上面的分析可知，在铸件中产生集中缩孔的条件：铸件由表及里地逐层凝固。产生集中缩孔的基本原因：合金的液态收缩和凝固收缩值之和大于固态收缩值。缩孔集中在最后凝固的地方。

2) 缩松的形成

当合金结晶温度范围较宽时，通常按照体积凝固的方式凝固。因此，在这种凝固方式下，凝固区域宽，液态金属的过冷很小，晶体的总数不多，小晶体容易发展成为树枝发达的粗大等轴晶，且很快连成一片，当固相达到一定的体积分数时(约70%)，便将尚未凝固的液体分割为一个个互不相通的小熔池。在这一过程中，同样要发生液态收缩、凝固和固态收缩，由于合金的液态收缩和凝固收缩大于固态收缩，出现的细小孔洞得不到外部合金液的补充而形成分散性的细小缩孔，即缩松。

由此可知，形成缩松基本原因和形成缩孔是相同的，即合金的液态收缩值和凝固收缩值之和大于固态收缩。形成缩松的条件是合金的结晶温度范围较宽，倾向于体积凝固方式。缩松一般分散分布在铸件断面上。对于像板状或棒状等断面厚度均匀的铸件，在凝固后期不易得到外部合金液的补充，往往在轴线区域产生缩松，称为轴线缩松。

显微缩松是伴随着微观气孔的形成而产生的，大多出现在枝晶间和分枝之间，与微观气孔难以区分，在显镜下才能观察到。一般在各种合金铸件中或多或少都存在，一般情况下，不将其作为缺陷。对于要求铸件有较高的气密性、高的力学性能和物理化学性能时，必须予以减少和防止其产生。

当铸件在凝固过程中析出气体时，显微缩松的形成条件用下面式(6-40)表示。

$$p_g + p_s > p_a + \frac{2\sigma}{r} + p_H \tag{6-40}$$

式中：p_g——在某一温度下金属中气体的析出压力；

p_s——对显微孔洞补缩的阻力；

p_a——凝固时金属上的大气压力；

σ——气液界面上的表面张力；

r——显微孔洞半径；

p_H——孔洞上的金属压头。

当金属在常压凝固时，式(6-40)中变化的参数只有 p_g 和 p_s，气体析出压力以与液态金属中气体的含量有关，显微孔洞的补缩阻力 p_s 与枝晶间通道的长度、晶粒形态以及晶粒大小等因素有关。铸件的凝固区域越宽，树枝晶就越发达，则通道越长；晶间和分枝间被封闭的可能性越大，产生显微缩松的可能性就越大。

3. 灰铸铁和球墨铸铁铸件的缩孔和缩松

灰铸铁和球墨铸铁在凝固过程中由于析出石墨相产生体积膨胀，因此它们的缩孔和缩松的形成比一般铸造合金复杂。图 6.71 是该两种铸铁的动态凝固曲线。

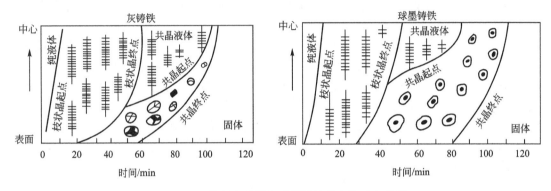

图 6.71　亚共晶灰铸铁和球墨铸铁的凝固动态曲线

可见，亚共晶灰铸铁和球墨铸铁凝固的共同点是初生奥氏体枝晶的凝固过程十分相似，初生枝晶开始点迅速到达铸件中心，使整个铸件同时处于凝固状态，而且初生奥氏体枝晶具有很大连成骨架的能力，使补缩通道受阻。因此，从这个角度来看，这两种铸铁都有产生缩松的可能性。但是，由于它们的共晶凝固方式和石墨长大的机理不同，产生缩孔和缩松的倾向性有很大差别，亚共晶灰铸铁共晶反应近似于中间凝固方式，而球墨铸铁共晶转变温度范围大，近似于宽结晶温度范围的体积凝固方式。

另一方面，如图 6.72 所示，两者虽然共晶凝固都析出石墨而发生体积膨胀，但由于各自的石墨生长机理及形态不同，石墨化膨胀作用对缩松缩孔性能影响截然不同。灰铸铁共晶团中的片状石墨，与枝晶间的共晶液体直接接触，因此片状石墨长大时所产生的体积膨胀大部分作用在所接触的晶间液体上，迫使它们通过枝晶间通道去充填奥氏体枝晶间由于液态收缩和凝固收缩所产生的小孔洞，从而大大降低了灰铸铁产生缩松的严重程度。这就是灰铸铁的所谓"自补缩"能力。

被共晶奥氏体包围的片状石墨，由于碳原子的扩散作用，在横向上也要长大，但是速度很慢。石墨片在横向上长大而产生的膨胀力作用在共晶奥氏体上，使共晶团膨胀，并传到邻近的共晶团上或奥氏体枝晶骨架上，使铸件产生缩前膨胀。很显然，这种缩前膨胀会

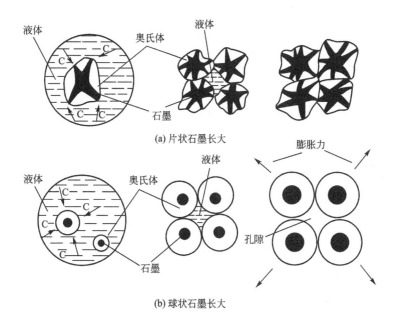

(a) 片状石墨长大

(b) 球状石墨长大

图 6.72　灰铸铁和球墨铸铁共晶石墨长大特点示意图

抵消一部分自补缩效果，但是，由于这种横向的膨胀作用很小而且是逐渐发生的，同时因灰铸铁在共晶凝固中期，在铸件表面已经形成硬壳，因此灰铸铁的缩前膨胀一般只有 0.1%～0.2%左右。所以，灰铸铁件产生缩松的倾向性较小。

　　而对于球墨铸铁，在凝固过程中，当石墨球长大到一定程度后，四周形成奥氏体外壳，碳原子是通过奥氏体外壳扩散到共晶团中使石墨球长大。当共晶团长大到相互接触后，石墨化膨胀所产生的膨胀力，只有一小部分作用在晶间液体上，而大部分作用在相邻的共晶团上或奥氏体枝晶上，趋向于把它们挤开(图 6.72)。因此，球墨铸铁的缩前膨胀比灰铸铁大得多，图 6.73 所示的湿砂型中灰铸铁及球墨铸铁的膨胀曲线也印证了这点。由于按照体积凝固方式凝固，球墨铸铁铸件表面在凝固时没有形成坚固的外壳，此时如果铸型刚度不够，膨胀力将迫使型壁外移，造成胀型。

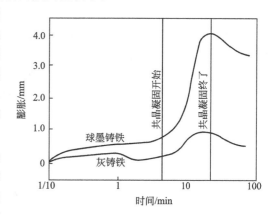

图 6.73　灰铸铁和球墨铸铁在湿砂型中浇注的膨胀曲线

　　随着石墨球的长大，共晶团之间的间隙逐步扩大，使得铸件普遍膨胀。共晶团之间的间隙就是球墨铸铁的显微缩松，并布满铸件整个断面，所以球墨铸铁铸件产生缩松的倾向性很大。如果铸件厚大，球墨铸铁铸件这种较大的缩前膨胀也会导致铸件产生缩孔。但如果铸型刚度足够大，石墨化的膨胀力也可能够将缩松挤合。在这种情况下，球墨铸铁也可看作具有"自补缩"能力。

4. 影响缩孔与缩松的因素及防止措施

1）影响缩孔与缩松的因素

从上述缩松及缩孔形成的机理分析上可以看到，凝固组织产生缩松及缩孔缺陷取决于金属性质、铸型条件、浇注工艺及铸件结构等因素。

合金性质方面，主要包括合金的液态收缩系数、凝固收缩率、固态收缩系数等因素。合金的液态收缩系数 $\alpha_{V液}$ 和凝固收缩率 $\varepsilon_{V凝}$ 越大，缩孔及缩松容积越大。合金的固态收缩系数 $\alpha_{V固}$ 越大，缩孔及缩松容积越小。

铸型条件方面体现在铸型的冷却能力上。提高铸型的激冷能力，可以减小缩孔及缩松容积，铸型激冷能力大，易形成造成边浇注边凝固的条件，使金属的收缩在较大程度上被后注入的金属液补充，使实际发生收缩的液态金属量减少。

浇注工艺条件，如浇注温度、浇注时间、外加压力等，对缩松、缩孔的形成也有重要影响。浇注温度越高，合金的液态收缩越大，缩孔容积越大；浇注速度越缓慢，浇注时间越长，缩孔容积越小；浇注条件对缩松的容积影响不大。凝固过程中增加补缩压力，可减小缩松而增加缩孔的容积。

铸件结构上，铸件壁厚越大，表面层凝固后，内部的金属液温度越高，液态收缩越大，缩孔及缩松容积增加。

2）防止铸件产生缩孔和缩松的途径

如何防止缩孔和缩松缺陷的产生，是生产实践中的基本要求，一般可从工艺方案设计、浇注工艺条件等方面进行控制。

在工艺方案设计方面，首先根据合金凝固的特性采用顺序凝固或同时凝固的工艺原则。

简而言之，顺序凝固原则是采用各种措施，保证铸件结构上各部分按照距冒口的距离由远及近，朝冒口方向凝固，冒口本身最后凝固，如图 6.74 所示。铸件按照这一原则进行凝固，产生最佳的补缩效果能够使缩孔集中在冒口中，获得致密铸件。顺序凝固可以充分发挥冒口的补缩作用，防止缩孔和缩松的形成，获得致密铸件。因此，对凝固收缩大，结晶温度范围较小的合金如某些类型的铸钢件，通常采用这一原则。但是，顺序凝固时，铸件各部分存在温差，在凝固过程中易产生热裂，凝固后容易使铸件产生变形。

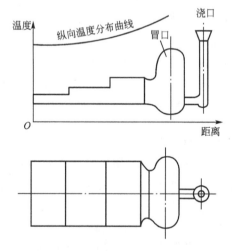

图 6.74　顺序凝固方式示意图

同时凝固原则是采取工艺措施保证铸件结构上各部分之间没有温差或温差尽量小，使各部分同时凝固。这种凝固条件下，没有补缩通道，无法实现补缩。但是由于同时凝固时铸件温差小，不容易产生热裂，凝固后不易引起应力和变形，往往在以下情况下采用：

① 碳硅含量高的灰铸铁，其体收缩小甚至不收缩，合金本身不易产生缩孔和缩松；

② 结晶温度范围大，容易产生缩松的合金，如锡青铜，即使加冒口也无法补缩，对

气密性要求不高时，可采用这一原则，使工艺简化；

③ 壁厚均匀的铸件，尤其是均匀薄壁铸件，倾向于同时凝固，难以补缩，消除缩松困难；

④ 球墨铸铁件利用石墨化膨胀进行自补缩时，必须采用同时凝固原则；

⑤ 对于某些适合采用顺序凝固原则的铸件，如果热裂、变形成为主要矛盾时，可采用同时凝固原则。

在工艺方案设计方面，其次可结合冒口、补贴和冷铁等工艺措施的应用。冒口补贴和冷铁的使用，是防止缩孔和缩松最有效的工艺措施。冒口一般应设置在铸件厚壁或热节部位。冒口的大小应保证铸件被补缩部位最后凝固，并提供足够的金属液用于补缩需要，同时冒口与被补缩部位之间必须有补缩通道。补贴和冷铁通常是配合冒口设置使用的，可以造成人为的补缩通道及末端区，延长冒口的有效补缩距离。此外，冷铁还可以加速铸铁壁局部热节的冷却，实现同时凝固原则。

在浇注条件控制上，一方面可以对浇注温度和浇注速度进行调整，以加强顺序凝固或同时凝固。采用高的浇注温度缓慢地浇注，能增加铸件纵向温差，有利于顺序凝固原则。通过多个内浇道低温快浇，则减小纵向温差，有利于同时凝固原则。铸件工艺方案中，浇注位置设置方式有：顶注式、底注式、中注式(分型面处)，浇注位置不同，温度分布不同，补缩效果也不一样。一般情况下，冒口在顶部的顶注式，适合采用高温慢浇工艺，加强顺序凝固。对底注式浇注系统，采用低温快浇和补浇冒口的方法，可以减小铸件的逆向温差，实现顺序凝固。冒口设在分型面上，液态金属通过冒口引入内浇道，采用高温慢浇，有利于补缩。

另一方面，采用诸如加压补缩等工艺，可防止显微缩松的产生。加压补缩是指将铸件放在具有较高压力的装置中，使其在较高压力下凝固，通过外压来消除显微缩松，获得致密铸件。与前所述，显微缩松产生在枝晶间和分枝之间，孔洞细小弯曲，且弥散分布于整个铸件断面上。一般的工艺措施难以消除。

6.3.5 应力

铸件在凝固及冷却过程中，由于线收缩及固态相变会引起体积的收缩或膨胀。而这种变化往往受到外界的约束或铸件各部分之间的相互制约而不能自由地进行，于是在产生变形的同时还产生应力，这种应力称为铸造应力。

在冷却过程中的任一时刻铸件中存在的应力称为瞬时应力。产生应力的原因消除后，随之也消失的应力称为临时应力；产生应力的原因消除后，铸件中仍然存在的应力称为残余应力。铸造应力是铸件在生产、存放、加工以及使用过程中产生变形和裂纹的主要原因。

1. 应力的形成机理

应力按其产生的原因分为热应力、机械阻碍应力及相变应力等3类。

1) 热应力

铸件在凝固和其后的冷却过程中，由于各部分冷却速度不同，造成同一时刻收缩量的不一致，导致内部彼此制约而产生的应力，称为热应力。以应力框铸件［图6.75(a)］为例，分析热应力形成的过程。

应力框由杆Ⅰ、杆Ⅱ和横梁Ⅲ组成，杆Ⅰ较厚，杆Ⅱ较薄，并假设：①金属液充满铸型后，立即停止流动，杆Ⅰ、杆Ⅱ从同一温度 T_L 开始，冷却到室温 T_0；②合金线收缩开始温度为 T_y，材料的收缩系数 α 不随温度变化；③铸件不产生挠曲变形，横梁Ⅲ为刚性体；④冷却过程中无固态相变，铸件收缩不受铸型阻碍。

图 6.75（b）为杆Ⅰ、杆Ⅱ的冷却曲线。在相同的温度 T_L 开始冷却，由于杆Ⅰ的厚度大于杆Ⅱ，杆Ⅰ的开始冷却速度要小于杆Ⅱ；又因为两杆最终温度都为 T_0，所以冷却后期，杆Ⅰ的冷却速度必然要大于杆Ⅱ。在整个冷却过程，两杆的温差变化如图 6.75（c）所示。图 6.75（d）则反应了杆Ⅰ和杆Ⅱ的瞬时应力的发展过程。

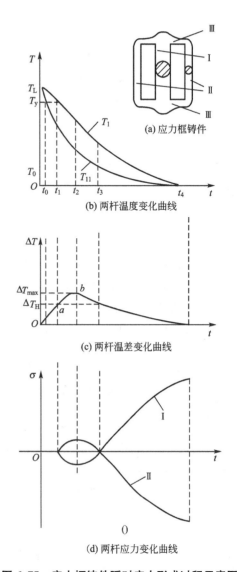

(a) 应力框铸件

(b) 两杆温度变化曲线

(c) 两杆温差变化曲线

(d) 两杆应力变化曲线

图 6.75　应力框铸件瞬时应力形成过程示意图

在 $t_0 \sim t_1$ 时间内，$T_Ⅰ > T_y$，$T_Ⅱ < T_y$。杆Ⅱ开始线收缩，而杆Ⅰ仍然处于凝固初期，枝晶骨架尚未形成。此时铸件的变形由杆Ⅱ确定。到 t_1 时两杆具有同一长度，温差为 ΔT_H，铸件内不产生热应力。

在 $t_1 \sim t_2$ 时间内，$T_Ⅰ < T_y$，$T_Ⅱ < T_y$。两杆均产生线收缩，并且随时间的推移，其温度差逐渐增大。如果两杆都能自由收缩，则杆Ⅱ的收缩量要大于杆Ⅰ。由于两杆彼此相连，始终具有相同的长度，因此杆Ⅱ被拉长，杆Ⅰ被压缩。这样，杆Ⅰ、杆Ⅱ内分别产生拉应力、压应力。在 t_2 时刻，两杆温差最大（ΔT_{max}），应力达到极大值。

在 $t_2 \sim t_3$ 时间内，两杆的温度差逐渐缩小，到 t_3 时刻，两杆温差又减小到 ΔT_H。在此阶段，杆Ⅰ的冷却速度必然要大于杆Ⅱ，即杆Ⅰ的自由线收缩速度大于杆Ⅱ。从 $t_1 \sim t_3$，两杆的自由线收缩量相等。假定铸件只产生弹性变形，所以 t_3 时刻，两杆中的应力值均为零。在 $t_3 \sim t_4$ 时间内，杆Ⅰ的冷却速度仍然要大于杆Ⅱ，即杆Ⅰ的自由线收缩速度大于杆Ⅱ。因此杆Ⅱ被压缩，产生压应力；杆Ⅰ被拉长，产生拉应力。冷却到室温时（t_4），铸件内存在残余应力，杆Ⅱ内为压应力，杆Ⅰ内为拉应力。

对于圆柱形铸件，由于内外层冷却条件不同，开始时外层冷速大，后期则相反。因此外层相当于应力框中的细杆，内部相当于粗杆。冷却到室温时，内部存在残余拉应力，外部存在残余压应力。

2）相变应力

具有固态相变的合金，若各部分发生相变的时刻及相变的程度不同，其内部就可能产生应力，这种应力称为相变应力。

钢在加热和冷却过程中，由于相变产物的比体积不同（表 6-16），发生相变时其体积要变化。如铁素体或珠光体转变为奥氏体时，因为奥氏体的比体积较小，钢的体积要缩小；而奥氏体转变为铁素体、珠光体或马氏体时，体积要膨胀。低碳钢的相变温度较高（600℃以上），发生相变时材料仍处于塑性状态，所以不会产生相变应力。而合金钢只有冷却到 200～350℃时才发生奥氏体向马氏体的转变，并且马氏体的体积较大，因此马氏体形成后，将造成较大的应力。

表 6-16　钢的不同组织的比体积和热膨胀系数

组织	奥氏体	铁素体	珠光体	马氏体	渗碳体
比体积/$(cm^3 \cdot g^{-1})$	0.123～0.125	0.127	0.129	0.127～0.131	0.130
线膨胀系数/$\times 10^{-6}℃^{-1}$	23.0	14.5	—	11.5	12.5
体膨胀系数/$\times 10^{-6}℃^{-1}$	70.0	43.5	—	35.0	37.5

3）机械阻碍应力

金属在冷却过程中因为受到外界阻碍而产生的应力，称为机械阻碍应力。机械阻碍的来源主要有强度较高、退让性较低的铸型和型芯，砂箱内的箱带和型芯内的芯骨，设置在铸件上的拉杆、防裂肋、分型面上的铸件飞边，浇冒口系统和铸件上的某些凸出部分。机械阻碍作用一般使铸件产生拉伸或剪切应力。

2. 控制应力的措施

铸造应力是铸件在生产、存放、加工以及使用过程中产生变形或裂纹的主要原因，因此在实际生产中要适时地减少或消除应力的产生。其主要的途径是针对铸件的结构特点在制定工艺时，尽可能地减小其在冷却过程中各部位的温差，提高铸型和型芯的退让性。

1）合理选择合金牌号和设计铸件结构

在能满足使用要求的前提下，零件材质尽可能采用弹性模量和收缩系数小的铸造合金。当然，在实际应用中，不可避免要使用诸如合金钢等收缩系数较大的铸造合金。此时在工艺制定中，要采取一定的工艺措施使铸件的壁厚差减小、壁厚均匀过渡、减小或消除热节等，以避免产生较大的应力和应力集中。

2）合理制定工艺

为了达到铸件在凝固及冷却过程中温度分布均匀、渐变，可对局部壁厚部分强化冷却，如采用蓄热系数大的型砂、设置冷铁或者进行强制冷却；提高铸型及型芯的退让性；采用面砂或涂料，减小铸型表面的摩擦力；也可采用预热铸型方法，如金属型铸造中预热铸型、熔模铸造中的高温壳型工艺等。

浇注条件上，合理设置内浇口和冒口，选择合适的浇注时间和冷却时间，也能达到均匀温度场，减小应力的目的。

在造型材料方面，提高铸型及型芯的退让性，可大大减少凝固及冷却过程中机械阻碍应力的产生。如在型砂中加入适量的木屑、焦炭等组分，金属型铸造中复杂件使用树脂砂芯等。

3）消除或降低铸件中残余应力

降低或消除铸件中残余应力的方法有人工时效、自然时效、共振时效等方法。人工时效，即热处理法，是最常用的方法，就是将零件加热到塑性状态，并保温一定的时间，利用蠕变产生新的塑性变形，使应力消除。再缓慢冷却，使工件的各部分温度均匀一致，避免出现新的应力。

自然时效是将具有残余应力的铸件放置在露天场地，经历较长时间（通常为几个月），使应力慢慢自然消失。此法费用最低，但时间长，生产效率低，现代生产中一般很少采用。

共振时效是将铸件置于具有共振频率的激振力的作用下，获得相当大的振动能量，在共振过程中，交变应力与残余应力叠加，铸件局部产生塑性变形，以降低或消除残余应力。此方法处理铸件时间短，不受零件大小限制，且没有热处理过程带来的零件表面氧化问题。

6.3.6　变形与裂纹

铸件在凝固和冷却的过程中，当应力超过其强度极限时，会产生塑性变形甚至裂纹，对零件的使用性能造成影响，严重的会导致铸件失效。

1. 变形

1）冷却过程中的变形

铸件在冷却过程中，由于各部分冷却速度不同，引起的收缩量不一致，但各部分彼此相互制约，必然要产生变形。挠曲（Warp）是铸件中最常见的变形。

图 6.76 所示为铸件变形的典型实例。图 6.76(a)是 T 形梁在热应力作用下的变形情况，由于厚壁内产生的残余拉应力、薄壁部分内的残余压应力造成铸件的弯曲。图6.76(b)是镁合金雷达罩铸件，由于浇注系统收缩及引入位置的影响，使 α、β 两个张角变大。图6.76(c)是壁厚均匀的槽形铸件，由于充填铸型先后的影响，下部较上部先冷却，最终出现如图所示的变形。图6.76(d)是采用熔模铸造方法生产的半球状铸钢轴承壳零件，由于浇口棒粗大，最后冷却时的收缩使铸件变成椭圆形，其短轴方向与浇口棒方向一致。

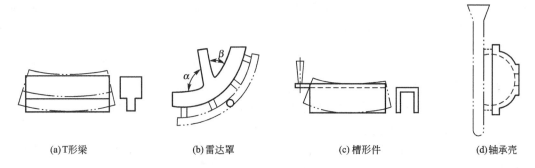

(a)T形梁　　(b)雷达罩　　(c)槽形件　　(d)轴承壳

图 6.76　铸件的变形

图 6.77 为 T 形奥氏体钢铸件在冷却时
挠曲变形的发展过程。在冷却初期阶段，铸
件厚大部分(杆Ⅰ)的冷却速度比薄壁部分
(杆Ⅱ)慢。在同一时刻，杆Ⅰ的自由线收缩
量比杆Ⅱ小，两杆相互作用的结果，使杆Ⅰ
产生外凸的挠曲变形。随着冷却的继续，挠
曲变形量增加。当两杆温差达到最大值时，
杆Ⅰ的外凸挠曲变形达到最大值。随后，杆
Ⅰ的冷却速度较杆Ⅱ快，即自由线收缩速度
大于杆Ⅱ，因此挠曲变形值逐渐减小直至为
零。到某一时刻，铸件复原(挠度为零)后，
铸件截面上仍存在温度差，杆Ⅰ的冷却速度
仍然较杆Ⅱ快，导致杆Ⅰ发生内凹变形。直
到冷却到室温时，铸件的变形方向是杆Ⅰ向
内凹，杆Ⅱ向外凸。

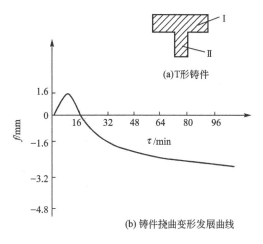

(a)T形铸件

(b) 铸件挠曲变形发展曲线

图 6.77 奥氏体铸钢 T 形梁挠曲变形发展过程

2) 铸件在存放和机械加工后产生的变形

处于应力状态的铸件尺寸是不稳定的，能自发地进行变形和应力松弛以减小内应力，
趋于稳定状态。显然，有残余压应力部分自发伸长，而有残余拉应力部分存在缩短趋势，
才能使铸件残余内应力减小，其结果会导致零件的挠曲变形。

如图 6.78 所示的机床床身，其导轨面较厚，侧面较薄，在冷却至室温时导轨面存在
残余拉应力，侧面存在残余压应力。在存放时，发生挠曲变形，导轨面下凹，薄壁侧面
上凸。

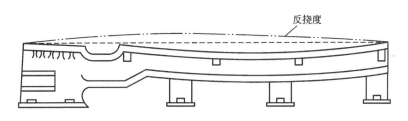

图 6.78 机床床身变形示意图

3) 减小变形产生的措施

从变形的成因来看，通过合理选择合金的成分及铸造工艺方案可以减小变形量。但通
常零件冷却后的残余应力是客观存在的，在变形量超过铸件的尺寸公差时，在工艺设计时
可以通过工艺补正量等参数进行修正；也可在部分零件中通过矫形工艺进行矫正。

矫形方法按铸件是否加热可以分为冷矫形和热矫形两类；按矫形时是否采用成形模
具，可分为自由矫形和模具矫形两类。

中小零件的自由矫形如图 6.79 所示。矫形前应该采用样板或量具对铸件的形状和尺
寸进行检查，判定铸件的变形大小，为矫形操作提供依据。然后将铸件放在平板上或专用
的简易胎模上，用手锤敲打若干次，直至尺寸符合要求。手锤大小根据需要选用。矫形后

应对铸件的形状和尺寸进行检验是否合格。

2. 冷裂

冷裂(Cold Crack)是铸件中应力超出合金的强度极限而产生的，冷裂往往出现在铸件受拉伸的部位，特别是存在应力集中之处。冷裂纹外形呈连续直线状或圆滑曲线状，常常穿过晶粒，断口有金属光泽或轻微的氧化色。

大型复杂铸件由于冷却不均匀，应力状态复杂，铸造应力大而易产生冷裂。有些冷裂纹在打箱清理后即能发现，有些则因铸件内部存在较大的残余应力，在清理和搬运时受到震击形成的。

图 6.80 所示为 ZG35CrMn 齿轮毛坯的冷裂纹。该齿轮的轮缘和轮辐比轮毂薄，冷却较快，比轮毂先收缩，并对轮毂施加压力，轮毂产生塑性变形。当轮毂收缩开始时，受到先凝固的轮缘的阻碍，轮辐中产生拉应力，形成冷裂。

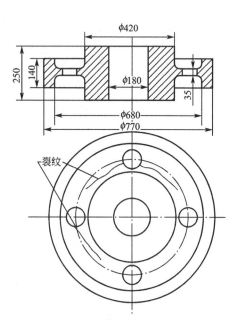

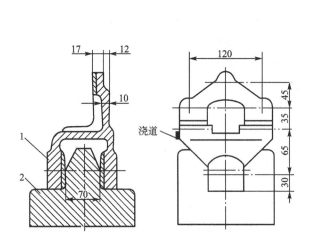

图 6.79 中小件自由矫形示意图
1—铸件　2—简易胎模

图 6.80 铸钢齿轮毛坯的冷裂纹

铸件产生冷裂的倾向与合金的塑性和韧性有密切的关系。非铁合金由于塑性好易产生塑性变形，冷裂倾向小；低碳奥氏体钢弹性极限低而塑性好，也很少形成冷裂。当合金成分中含有降低塑性及韧性的元素时，将增大冷裂形成的倾向，如磷增加铸钢的冷脆性，易导致冷裂缺陷；铸件中非金属夹杂物增多，也增加冷裂缺陷的产生。

冷裂缺陷的防止及控制，一方面要强化合金的熔炼，减少部分有害元素的含量，避免或减少形成低熔点晶间相，减少夹杂物的含量；另一方面要均匀铸件温度场，改善铸型及型芯退让性，减少冷却过程中应力的产生。

对于重要铸件或铸件的重要部分，冷裂缺陷将直接导致产品的报废；但在部分铸件或不影响铸件使用的非关键部位，若合金的焊接性能良好，可通过焊补手段对冷裂进行一定的修复。

3. 热裂

热裂(Hot Crack)是铸件处于高温状态时形成的裂纹类缺陷。热裂是铸件生产中易发生的常见缺陷之一，其外观特征为裂纹表面呈高温氧化色，如铸钢为黑灰色、铸铝为暗灰色；裂纹表面不光滑，有的甚至可以观察到树枝晶凸起；裂纹沿晶界产生和发展，外形不规则，弯弯曲曲。图6.81所示为热裂的宏观和微观形貌。

铸件中的热裂严重降低其力学性能，引起应力集中。在铸件的使用中，裂纹扩展而导致的断裂，是酿成事故的主要原因之一。因此，任何铸件都不允许存在热裂缺陷。

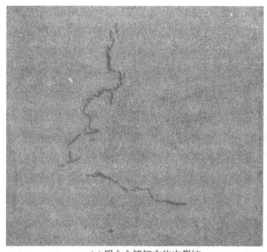
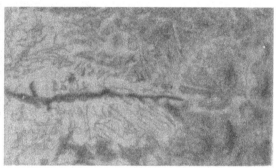

(a) 铝合金铸锭中的内裂纹　　　　　　　　　　　　(b) 热裂(放大100倍)

图6.81　热裂

1) 热裂的分类

热裂根据产生的位置，可分为外裂纹和内裂纹。外裂纹是在铸件的表面即可观察到的，呈现表面宽、内部窄，有的甚至贯穿整个铸件断面，常常产生于铸件的拐角、截面壁厚突变处、外冷铁边缘附近以及最后凝固且受拉应力的部位。隐藏在铸件内部的为内裂纹，大多产生在最后凝固部位，如缩孔附近。绝大多数外裂纹可用肉眼观察到，部分细小的外裂纹需通过荧光检查或磁粉探伤等手段才能发现。内裂纹则需用X射线、γ射线或超声波探伤检查。

2) 热裂形成机理

热裂是在凝固温度范围内邻近固相线时形成的，此时合金处于固液态，因此也将热裂称之为结晶裂纹。

图6.82是采用X射线照相法测得的碳钢铸件形成热裂纹的温度范围。铸件在凝固过程中，每隔一定时间，在记录铸件温度的同时，摄取一张X射线底片。图中"○"为产生热裂前一时刻所记录的温度，"×"为在X射线底片上发现裂纹时的温度，因此热裂产生的温度应在"○-×"所代表的温度之间。图中"○-●"是硫含量偏高的情况，"△-▲"是磷含量较高的情况。由此可见，碳钢产生热裂的温度是在固相线附近，且随硫、磷含量

的增加而降低。

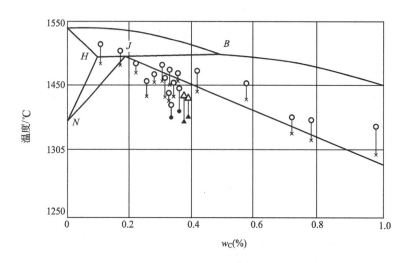

图 6.82 碳钢出现热裂纹的温度

目前在热裂形成的机理方面有液膜理论和强度理论等。

液膜理论认为，热裂形成是由于铸件在凝固末期晶间存在液膜和铸件在凝固过程中受拉应力共同作用的结果。当铸件冷却到固相线附近，晶体周围还有少量未结晶的液体构成液膜。温度越接近固相线，液体数量越少，铸件全部凝固时液膜随之消失。如果铸件收缩受到某种阻碍，变形主要集中在液膜上，晶体周围液膜被拉长。当应力足够大时，液膜开裂，形成晶间裂纹。

以成分为 C_0 合金为例，其结晶过程分为：第一阶段，合金处于液态，可以自由流动，不会产生热裂；第二阶段，合金温度下降到液相线温度以下，固相开始析出，但此时固相未形成骨架，仍能随液态金属自由流动，合金仍具有较好的流动性，也不会产生热裂；第三阶段，当合金冷却到液相线温度以下某一温度时，固相枝晶生长形成骨架，晶间存在少量液相，液体流动不易，此时由于晶间结合力较弱，在拉应力作用下极易产生晶间裂纹；第四阶段，合金完全凝固成固相以后，由于合金在固相线附近塑性好，在应力作用下，合金较易发生塑性变形，此时形成裂纹的几率很小。因此，热裂纹形成主要是处于先析出固相形成骨架到完全凝固完毕这一阶段，此阶段所处温度区间也称为热脆性温度区（图 6.83）。

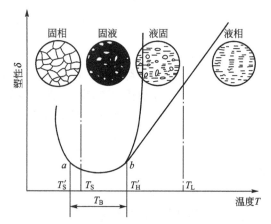

图 6.83 合金结晶的阶段及脆性温度区

T_L—液相线 T_S—固相线 T_B—脆性温度区

液膜理论认为合金产生热裂主要是凝固后期晶间残留的液态金属，即液膜所致。假设当液态金属与先析出的晶体完全润湿时，即 $\theta = 0°$，枝晶间的液体铺展成液膜，此时热裂的形成过程可如图 6.84 所示。设晶间存在厚度为 T 的液膜，铸件收缩受阻时，液膜两侧的固相枝晶被拉开，如果晶间液体与外界液体相通，则液膜端部始终呈平面状，不会产生裂纹(图 6.84(a))；若液膜与外界液体隔绝，液膜在拉应力作用下，表面形成曲率半径为 r 的凹面(图 6.84(b))，此时在表面张力作用下，始终存在一个与外界应力相平衡的附加应力 p，其表达式如式(6-41)所示。

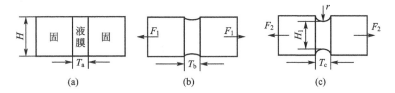

图 6.84 拉伸应力、表面张力与液膜厚度之间的关系

$$p = -\frac{\sigma}{r} \tag{6-41}$$

式中：σ——液体的表面张力。

随着外界作用在晶粒上的应力增大，液膜不断被拉长，r 变小，p 值随之增大。由式(6-41)可知，当 r 等于液膜厚度 1/2 时，附加应力 p 达到最大值；液膜再继续变形，r 变大，p 值下降，平衡条件破坏，则液膜两侧的晶粒急剧分开，形成热裂纹。

当晶间残存的液体以孤立形式存在时，热裂纹的形成机制是在外力作用下，液体汇聚部位产生应力集中，当应力大于合金的高温强度时即可形成微裂纹(图 6.85)。

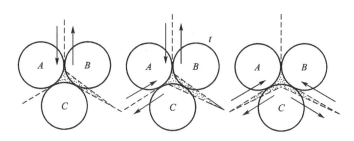

图 6.85 液体以孤立形式存在时热裂纹形成示意图

此时，裂纹的扩展应力如式(6-42)所示。可见，液体的双边角 θ 越小，裂纹扩展界面能越小，合金则越呈脆性。

$$\sigma = \sqrt{\frac{8\mu W}{\pi(1-\nu)l}} \tag{6-42}$$

式中：μ——切变模量；

W——裂纹扩展界面能，当裂纹尖端被液体润湿时 $W = 2\sigma_{SL} - \sigma_{SS} = \sigma_{SS}\left(\frac{1}{\cos\frac{\theta}{2}} - 1\right)$；

ν——泊松比；

l——液珠长度。

强度理论是指当铸件凝固后期，枝晶形成骨架后开始具有固体性质，即开始线收缩和具有高温强度；由于凝固过程中，收缩受阻，铸件中产生应力和变形；当应力或变形超过合金在该温度下的强度极限或变形能力时，铸件便产生热裂纹。对合金高温力学性能研究表明，在固相线附近合金的强度和断裂应变都很低，合金呈脆性断裂。

将某一合金液注入铸型中，待试样温度下降到每个测温点，保温 2min，进行拉伸试验，测量其断裂强度。图 6.86 给出了 Al - Cu 合金强度与温度的关系，可见高于 643℃，合金不具有强度；643℃时，强度为 0.05MPa；随着温度的降低，强度缓慢增加；超过596℃时，强度急剧上升。一般将合金刚刚具有可测强度的温度定义为热脆区上限，将强度开始急剧上升的温度定义为热脆区下限，而热脆区上限与下限所构成的温度区间称为"热脆区"。通常强度理论认为，热裂在热脆区内形成。图 6.87 给出了利用强度法测定的Al - Cu 合金热脆区。热脆区越大，则合金的热烈倾向也越大。

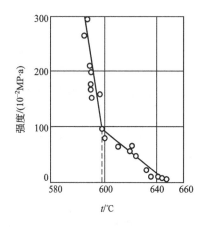

图 6.86 Al - 2%Cu 合金强度与温度的关系

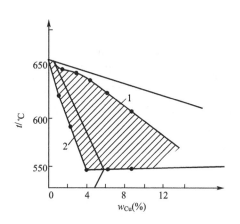

图 6.87 Al - Cu 合金的热脆区
1—热脆区上限　2—热脆区下限

3）控制热裂缺陷形成的途径

从上述热裂形成的机理分析，可见热裂的形成既取决于合金的性质，也取决于铸件的结构、浇注工艺等工艺因素。因此，要避免或控制热裂缺陷的形成，也要从合金成分、铸型性质、浇注工艺及铸件结构等方面采取适宜的措施来实现。

从合金成分方面，既要选择适宜成分的合金，如共晶或近共晶成分合金，其热脆区小，热裂倾向也随之减小；也要控制合金的熔炼及熔体处理工艺，减少增大热裂倾向的杂质元素的含量，如钢中磷、硫元素的控制。

铸型性质方面，改善铸型或型芯的退让性，以降低铸件收缩时的阻力；或采用涂料等工艺以减少铸件与铸型之间的阻力。

浇注工艺方面，通过浇注系统的合理设计，减少浇注系统对铸件收缩的阻碍作用；通过浇冒口的设置，减少铸件冷却过程铸件各部分的温差；采用各类晶粒细化工艺，获得细化等轴晶组织等等减轻或消除热裂的产生。

铸件结构方面，要避免铸件结构设计的不合理之处，如两壁相交应设计成圆角、减少壁厚的不均匀性等；也可在铸件易产生热裂处设置割筋，能有效防止热裂的产生(图 6.88)。

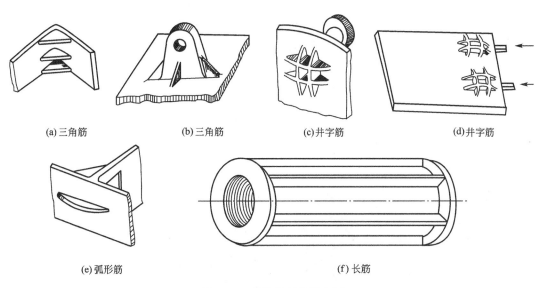

(a)三角筋　　　　(b)三角筋　　　　(c)井字筋　　　　(d)井字筋

(e)弧形筋　　　　　　　　(f)长筋

图6.88　割筋的形状及实例

 阅读材料6-2

世界文化遗产——艾恩布里奇(铁桥)的铸造缺陷

艾恩布里奇(Ironbridge)是1779年建造的铸铁桥(图6.89)，其跨度为30m，目前已经被列为世界文化遗产。该桥的总质量约为387t，由许多铸铁部件组装而成。该桥建在伯明翰市近郊塞文河上。据说当年塞文河(River Severn，也译为塞弗恩河——编者注)常常洪水泛滥，人们希望建造一座洪水冲不走的坚固的大桥。但是，由于建桥的风险太大，当局提出计划后一时间无人问津，后来阿布拉姆-大卫投标修建。他先在乔治炼铁铸造部件后运到现场组装成大桥。当地正是工业革命的发源地，著名的现代炼钢业的圣地。

图6.89　艾恩布里奇铁桥

从远处望去，铁桥优美壮观，不愧是世界文化遗产和著名旅游胜地。但从侧面仔细观察就会发现如图 6.90 所示的气孔缺陷。从内侧观察桥的下部，可以看到由于铸造变形，个别部位的拱形弯曲而不成为圆弧状，甚至有些变形严重的部位不得不利用夹具连接起来(图 6.91)。这类缺陷在图 6.89 的左侧最小的拱顶件中也能观察到，但没有采取任何措施，这可能是因为该处所受的载荷小。可以想象建造如此大型铁桥在当时是非常困难和复杂的工程，所以对载荷小的部位的不太显眼的缺陷，就没有做特殊处理，现场组装后直接投入使用了。对于铸造工作者来说，铁桥的缺陷令人饶有兴趣，又能使人感受到当年铸造者的苦心，建议大家有机会一定去亲眼看看这一著名铁桥。

图 6.90　铸造气孔缺陷

图 6.91　铸造变形缺陷

摘自《铸造缺陷及其对策》，北京：机械工业出版社，2008：67～68。

思 考 题

1. 基本概念

孕育处理	负偏析	析出性气孔
变质处理	晶内偏析	反应性气孔
点阵失配度	胞状偏析	侵入性气孔
形核剂	晶界偏析	渣气孔
瞬时孕育	偏析系数	皮下气孔
孕育衰退	偏析度	η 判据
偏析	偏析比	S_L 判据
短程偏析	正常偏析	浮游去气
长程偏析	逆偏析	外来夹杂物
正偏析	密度偏析	内在夹杂物

初生夹杂物	收缩系数	自然时效
二次氧化夹杂物	收缩率	共振时效
偏析夹杂物	轴线缩松	人工时效
双边角	铸造应力	冷裂
缩孔	瞬时应力	热裂
缩松	残余应力	热脆区
自由收缩	临时应力	割筋
受阻收缩	热应力	完全共格界面
线收缩	机械阻碍应力	部分共格界面
体收缩	相变应力	结晶裂纹

2. 说明铸件宏观组织分别呈柱状晶区和等轴晶区时对其力学性能的影响。

3. 为什么说一般用零件希望获得完全的等轴晶组织？

4. 简述液态金属的流动对传热、传质方面的影响及其对晶粒游离的作用。

5. 枝晶为什么会产生"缩颈"现象？

6. 晶粒游离产生主要有哪些途径？在实际应用中，如何采取工艺措施来强化晶粒游离作用？

7. 简述等轴晶区和柱状晶区形成的过程，如何促进或抑制其形成？

8. 浇注温度对完全等轴晶组织的获得有何影响？

9. 在相似的工艺条件下，分别采用砂型铸造和金属型铸造，铸件形成等轴晶或柱状晶的倾向性有何不同？

10. 如何理解孕育和变质这两种处理工艺的异同？

11. 什么是形核剂？其作用途径有哪些基本类型？

12. 简述强成分过冷元素的作用。

13. 什么是孕育衰退？实际应用中如何避免孕育衰退现象？

14. 简述机械振动对细化等轴晶组织获得的影响？

15. 简述超声波激励下细化等轴晶组织的作用机理。

16. 电磁场对熔体作用的类型有哪些？

17. 简述枝晶偏析产生的主要原因。如何消除枝晶偏析？

18. 为提高铸件的力学性能，如何消除或减少晶界偏析？

19. 防止或减轻密度偏析的方法有哪些？

20. 气体元素在金属中的存在有哪些形态？

21. 在液态成型过程中，气体来源的主要途径是什么？

22. 说明气体在金属中的溶解主要受到哪些因素的影响？

23. 试分析常见氢、氮等气体在铝合金中的溶解规律，并说明为什么能在铝合金中利用吹入氮气进行精炼处理？

24. 为什么铸铁中产生析出性气孔的倾向要小于铸钢？

25. 简述气泡的形核、长大的基本条件。

26. 说明析出性气孔的形成原因及防止措施。

27. 简述侵入性气孔的形成机理及主要预防途径。

28. 说明不同类型反应性气孔形成的主要激烈及其防止措施。

29. 夹杂物对铸件的性能有何影响？夹杂物的类型、来源？

30. 简述初生夹杂物的形成过程及防止措施。

31. 什么是二次氧化夹杂物？如何控制其形成？

32. 双边角对晶间夹杂物形态有何影响？

33. 分析比较铸造合金的收缩与铸件收缩之间的联系与区别。

34. 缩孔形成的原因是什么？如何控制铸件中缩孔缺陷的形成？

35. 为什么灰铸铁和球墨铸铁形成缩松或缩孔的倾向性有差异？

36. 说明应力框铸件中薄壁(或厚壁)瞬时热应力的产生过程。

37. 举例说明常见的宏观偏析及其形成机理，并进一步说明在生产中如何采取措施防止？

38. 如何控制铸件中产生的应力？

39. 铸件中残余应力如何减小或消除？

40. 如何控制铸件中的变形？

41. 比较冷裂和热裂两类缺陷的异同。

42. 简述热裂形成的机理及其控制途径。

附录　高斯误差函数表

$\dfrac{x}{2\sqrt{\alpha_1\tau}}$	$\mathrm{erf}\left(\dfrac{x}{2\sqrt{\alpha_1\tau}}\right)$	$\dfrac{x}{2\sqrt{\alpha_1\tau}}$	$\mathrm{erf}\left(\dfrac{x}{2\sqrt{\alpha_1\tau}}\right)$	$\dfrac{x}{2\sqrt{\alpha_1\tau}}$	$\mathrm{erf}\left(\dfrac{x}{2\sqrt{\alpha_1\tau}}\right)$	$\dfrac{x}{2\sqrt{\alpha_1\tau}}$	$\mathrm{erf}\left(\dfrac{x}{2\sqrt{\alpha_1\tau}}\right)$
0.00	0.00000	0.58	0.58792	1.16	0.89910	1.74	0.98613
0.02	0.02256	0.60	0.60386	1.18	0.90484	1.76	0.98719
0.04	0.04511	0.62	0.61941	1.20	0.91031	1.78	0.98817
0.06	0.06762	0.64	0.63459	1.22	0.91553	1.80	0.98909
0.08	0.09008	0.66	0.64938	1.24	0.92050	1.82	0.98994
0.10	0.11246	0.68	0.66278	1.26	0.92524	1.84	0.99074
0.12	0.13476	0.70	0.67780	1.28	0.92973	1.86	0.99147
0.14	0.15695	0.72	0.69143	1.30	0.93401	1.88	0.99216
0.16	0.17901	0.74	0.70468	1.32	0.93806	1.90	0.99279
0.18	0.20094	0.76	0.71754	1.34	0.94191	1.92	0.99338
0.20	0.22270	0.78	0.73001	1.36	0.94556	1.94	0.99392
0.22	0.24430	0.80	0.74210	1.38	0.94902	1.96	0.99443
0.24	0.26570	0.82	0.75381	1.40	0.95228	1.98	0.99489
0.26	0.28690	0.84	0.76514	1.42	0.95538	2.00	0.995322
0.28	0.30788	0.86	0.77610	1.44	0.95830	2.10	0.997020
0.30	0.32863	0.88	0.78669	1.46	0.96105	2.20	0.998137
0.32	0.34913	0.90	0.79691	1.48	0.96365	2.30	0.998857
0.34	0.36936	0.92	0.80677	1.50	0.96610	2.40	0.999311
0.36	0.38933	0.94	0.81627	1.52	0.96841	2.50	0.999593
0.38	0.40901	0.96	0.82542	1.54	0.97059	2.60	0.999764
0.40	0.42839	0.98	0.83423	1.56	0.97263	2.70	0.999866
0.42	0.44749	1.00	0.84270	1.58	0.97455	2.80	0.999925
0.44	0.46622	1.02	0.85084	1.60	0.97635	2.90	0.999959
0.46	0.48466	1.04	0.85865	1.62	0.97804	3.08	0.999978
0.48	0.50275	1.06	0.86614	1.64	0.97962	3.20	0.999994
0.50	0.52050	1.08	0.87333	1.66	0.98110	3.40	0.999998
0.52	0.53790	1.10	0.88020	1.68	0.98249	3.60	1.000000
0.54	0.55494	1.12	0.88079	1.70	0.98379		
0.56	0.57162	1.14	0.89308	1.72	0.98500		

参 考 文 献

[1] 雷玉成，汪建敏，贾志宏. 金属材料成型原理 [M]. 北京：化学工业出版社，2006.

[2] 安阁英. 铸件形成理论 [M]. 北京：机械工业出版社，1990.

[3] [日] 下地光雄著. 液态金属 [M]. 郭淦钦译. 北京：科学出版社，1987.

[4] [日] 饭田孝道，[加拿大] 罗格里克·格斯里著. 液态金属的物理性能 [M]. 冼爱平，王连文译. 北京：科学出版社，2006.

[5] 边秀房，刘相法，马家骥. 铸造金属遗传学 [M]. 济南：山东科学技术出版社，1999.

[6] 沈定钊. 铸铁冶金 [M]. 北京：冶金工业出版社，1996.

[7] 毛卫民. 半固态金属成形技术 [M]. 北京：机械工业出版社，2006.

[8] 吴树森，柳玉起. 材料成形原理 [M]. 2版. 北京：机械工业出版社，2008.

[9] 李先芬. 熔体结构转变及其对凝固的影响 [M]. 合肥：合肥工业大学出版社，2007.

[10] 翟启杰. 铸铁物理冶金理论与应用 [M]. 北京：冶金工业出版社，1995.

[11] 边秀房. 金属熔体结构 [M]. 上海：上海交通大学出版社，2003.

[12] [美] W. Kurz. D. J. Fisher 著. 凝固原理 [M]. 李建国，胡侨丹，译. 北京：高等教育出版社，2010.

[13] 胡汉起. 金属凝固原理 [M]. 北京：机械工业出版社，1991.

[14] 柳百成，荆涛. 铸造工程的模拟仿真与质量控制 [M]. 北京：机械工业出版社，2002.

[15] 熊守美，许庆彦，康进武. 铸造过程模拟仿真技术 [M]. 北京：机械工业出版社，2007.

[16] 杨全，张真. 金属凝固与铸造过程数值模拟 [M]. 杭州：浙江大学出版社，1996.

[17] 贾志宏. 金属材料液态成型工艺. 北京：化学工业出版社，2008.

[18] [日] 大野笃美著. 金属凝固学 [M]. 唐彦彬，张正德译. 北京：机械工业出版社，1983.

[19] [日] 大野笃美著. 金属的凝固：理论、实践及应用 [M]. 邢建东译. 北京：机械工业出版社，1990.

[20] 刘全坤. 材料成形基本原理 [M]. 北京：机械工业出版社，2006.

[21] 日本铸造工学会. 铸造缺陷及其对策 [M]. 张俊善，尹大伟译. 北京：机械工业出版社，2008.

[22] 吴来明，周亚，等. 古代青铜铸造技术 [M]. 北京：文物出版社，2008.

[23] 马幼平，许云华. 金属凝固原理及技术 [M]. 北京：冶金工业出版社，2008.

[24] 王家忻，黄积荣，等. 金属的凝固及其控制 [M]. 北京：机械工业出版社，1983.

[25] 柳百成，沈厚发. 21世纪的材料成形加工技术与科学 [M]. 北京：机械工业出版社，2004.

[26] 郭景杰，傅恒志. 合金熔体及其处理 [M]. 北京：机械工业出版社，2006.

[27] 牛济泰. 材料和热加工领域的物理模拟技术 [M]. 北京：国防工业出版社，1999.

[28] 董湘怀. 材料成形理论基础 [M]. 北京：化学工业出版社，2008.

[29] 刘雅政. 材料成形理论基础 [M]. 北京：国防工业出版社，2004.

[30] 李晨希. 铸造工艺设计及铸件缺陷控制 [M]. 北京：化学工业出版社，2009.

[31] 常国威，王建中. 金属凝固过程中的晶体生长与控制 [M]. 北京：冶金工业出版社，2004.

[32] 范金辉，华勤. 铸造工程基础 [M]. 北京：北京大学出版社，2009.

[33] 魏华胜. 铸造工程基础 [M]. 北京：机械工业出版社，2002.

[34] 赵洪运. 材料成形原理 [M]. 北京：国防工业出版社，2009.

[35] 傅恒志，柳百成，魏炳波. 凝固科学技术与材料发展(香山科学会议第 211 次学术讨论会论文集) [C]. 北京：国防工业出版社，2004.

[36] 袁章福，柯家骏，李晶. 金属及合金的表面张力 [M]. 北京：科学出版社，2006.

[37] [日] 西泽泰二著. 微观组织热力学 [M]. 郝士明，译. 北京：化学工业出版社，2006.

[38] 冯端，师昌绪，刘治国. 材料科学导论——融贯的论述 [M]. 北京：化学工业出版社，2002.

[39] 徐祖耀，李麟. 材料热力学 [M]. 3 版. 北京：科学出版社，2005.

[40] 吴树森. 材料加工冶金传输原理 [M]. 北京：机械工业出版社，2001.